# 千年坝梦

## 长江治水文化研究

黄权生　罗美洁　著

中国水利水电出版社
www.waterpub.com.cn
·北京·

## 内 容 提 要

本书以三峡工程为中心，以长江上游大坝和水利水电工程为重点，对长江上游的水利大坝进行了跨越时空的深入研究，对于今天重新看待三峡工程的历史意义具有十分重要的参考价值。本书研究方法科学合理，既有扎实的专题调查报告，又有细致的史料和文献梳理，堪称田野工作和文献分析的完美结合。另外，本书的人文访谈、问卷调查与田野调查都运用严谨而前沿的研究手段，做到了以事实和数据说话。

本书适合相关专业师生阅读，也可作为水文化爱好者的读物。

**图书在版编目（CIP）数据**

千年坝梦：长江治水文化研究 / 黄权生，罗美洁著. -- 北京：中国水利水电出版社，2021.6
ISBN 978-7-5170-9102-8

Ⅰ. ①千… Ⅱ. ①黄… ②罗… Ⅲ. ①长江—河道整治—文化研究 Ⅳ. ①TV882.2

中国版本图书馆 CIP 数据核字（2021）第 111705 号

| 书　　名 | 千年坝梦：长江治水文化研究<br>QIANNIAN BA MENG：CHANGJIANG ZHISHUI WENHUA YANJIU |
|---|---|
| 作　　者 | 黄权生　罗美洁　著 |
| 出版发行 | 中国水利水电出版社<br>（北京市海淀区玉渊潭南路 1 号 D 座　100038）<br>网址：www.waterpub.com.cn<br>E-mail：sales@mwr.gov.cn<br>电话：（010）68545888（营销中心） |
| 经　　售 | 北京科水图书销售有限公司<br>电话：（010）68545874、63202643<br>全国各地新华书店和相关出版物销售网点 |
| 排　　版 | 黄建锋 |
| 印　　刷 | 天津嘉恒印务有限公司 |
| 规　　格 | 184mm×260mm　16 开本　15.25 印张　290 千字 |
| 版　　次 | 2021 年 6 月第 1 版　2021 年 6 月第 1 次印刷 |
| 定　　价 | 78.00 元 |

# 前 言

PREFACE

我和罗美洁研究生毕业后，先后来到位于中国“水电之都”宜昌的三峡大学工作。该书是罗美洁主持的教育部人文社会科学青年基金项目“川江与荆江流域水利史研究（12YJC770041）”成果中的部分内容。

本书分为治水实践篇、治水理论篇和调查问卷篇三个部分。峡江是长江交通枢纽与咽喉，通过对峡江航运治理和“川江石坝”的历史进行考察，发现长江三峡的“凿石安澜（通航）”和“筑坝防洪”是两种相互矛盾的水利思想，而中华人民共和国成立前无法解决这一矛盾，只有三峡工程建成后才能最终解决。长江坝闸的历史和石龙坝水电建设说明，长江有建坝和发展水电的历史积淀。从都江堰到川江石坝再到石龙坝建设实践，以及孙中山先生“以闸堰其水”的思想都是中华民族“坝梦”思想的延续，而三峡工程建设是“千年坝梦”实践的“集大成者”和“圆梦工程”。无论是从水的本质还是从大禹治水“堵疏结合”的理论来看，三峡工程都与中国传统水利思想基本一致。对面向云南高中生的三峡工程以及西南水电的调查问卷进行分析，可知“中华少年”对水电“中国梦”是十分认同的。

本书紧密围绕“长江治水”这一主题，上篇主要是关于长江治水历史考察的内容，中篇和下篇分别主要是有关治水理论介绍和水利问卷调查的内容。就学术价值而言，本书对长江上游的水利大坝进行了跨越时空的深入研究，指出长江三峡古代建坝史可追溯至一千年以前。今天三峡工程的“水电梦”和“建坝梦”具有千年“梦史”，三峡工程作为“大国重器”，其建坝文化的历史积淀至少跨越千年。就社会影响而言，本书研究长江治水文化，书中呈现的前人智慧尤其是长江治水的整体观、生态观为今人开发利用水利工程提供了很好的借鉴。本书以三峡工程为中心，以长江上游大坝和水利水电工程为重点，兼顾长江治水理论和现实。本书作为有关“长江治水文化”的著述，内容是丰富多彩的，但是还有不足之处，希望能通过后续研究予以弥补。自三峡大学成立水文化研究所以来，本书算阶段性成果之一。

谨以此书献给伟大的中国共产党成立一百周年！

黄权生

2021年5月16日

# 目　录

CONTENTS

## 第四章　赛典赤坝闸研究



## 第五章　石龙坝水电站修建史研究



## 第六章　防洪堤坝用料研究



## 第七章　三峡工程：中国坝梦

# 中篇　治水理论篇

## 第八章　从水的本质和功能谈治水文化



## 第九章　大禹“堵疏五行”治水文化



## 第十章　孙中山“水闸堰水”与“中国梦”思想研究

## 下篇　问卷调查篇

# 上篇

## 治水实践篇

# 第一章 都江堰：统一之坝

有学者指出，“土木工程师”李冰“大愚，又大智。大拙，又大巧”。李冰“未曾留下什么生平资料，只留下硬扎扎的水坝一座，让人们去猜详”，“死于两千年前，却明明还在指挥水流”，“没有一个人能活得这样长寿”[①]。事实上，世界上没有哪一个水利工程建成两千年后还在使用，如果说有例外，那就是岷江上李冰建造的都江堰。岷江为长江文化之源，其根其魂在都江堰，都江堰是长江上游乃至特定时期国家命脉之所在，造就了“天府之国”，造就了长江航运之繁荣，抚育了川江和峡江，是巴蜀以及三峡之福祉，是中华民族的福祉，其水利思想及水利地位跨越时空，影响和启迪着中华民族。研究中国水利历史，都江堰是绕不开的话题，没有都江堰，就没有长江流域的“天府之国”；没有都江堰，就没有秦汉等王朝统一中国的物质基础。对于川江而言，没有都江堰，一切水利活动都将显得苍白无力。故在讨论长江流域的大坝和水电站之前，先对都江堰的水利文化加以探讨。

## 一、江宗岷源

都江堰位于成都平原西北部岷江上游边沿，区域内地势西北高、东南低，是战国后期秦国蜀郡太守李冰在古蜀国治水工程基础上组织人民修建的大型水利工

① 余秋雨. 文化苦旅［M］. 北京：知识出版社，1992：39.

程[①]，这座“无坝之坝”，不仅奠定了巴蜀富庶之基础，更成就了华夏民族精神的文化象征。有学者指出：“中国历史上最激动人心的工程不是长城，而是都江堰。……它的规模从表面上看远不如长城宏大，却注定要稳稳当当地造福千年。如果说，长城占据了辽阔的空间，那么，它却实实在在地占据了邈远的时间。长城的社会功用早已废弛，而它至今还在为无数民众输送汩汩清流。……毫不夸张地说，它永久性地灌溉了中华民族。”[②]

我国古代大型水利工程不少，但大都湮灭失效，都江堰却独树一帜，至今仍发挥着社会功用，是中国乃至世界水利工程史上的一大奇迹，更是人类优秀文化遗产中的一座丰碑。也可以这样说，都江堰是世界上唯一留存的以无坝引水为特征的生态水利工程，是典型的人与自然和谐统一的系统工程。都江堰不仅以历史悠久、规模宏大、布局合理、经久不衰著称于世，更以乘势利导、因地制宜、无坝引水、灌排自如享誉全球，从而被誉为“世界活的水利博物馆”[③]。1982 年，都江堰被国务院列为全国重点文物保护单位。

中国古人有“江宗岷源”[④]之说，这种说法源于《尚书·禹贡》——“岷山导江”。因此古人便认为岷江是长江正源。千里岷江自松茂一带逶迤东行，直趋成都平原，水性难扼，冲薄荡啮，大为民害。早在李冰修建都江堰之前，就有先人为治理岷江做了大量探索和准备工作。最早的传说当然是大禹导江，据相关史料记载，大禹出生于汶川县石纽村[⑤]，《禹贡》所谓“岷山导江，东别为沱”，是说其治水活动从汶、灌等区域开始，率先对岷江开展治理工作。紧接着古蜀王“望帝”杜宇、从帝鳖灵亦开始治理岷江，如《水经注·江水》就曾记载：“江水又东别为沱，开明之所凿也。”《华阳国志·蜀志》亦说，蜀王杜宇时期，“会有水灾，其相开明决玉垒山，以除水害”。应该说，这些先行者为日后都江堰的修建作出了开拓性的贡献，其宝贵经验亦为后来李冰治水提供了有益的借鉴。明代地理学家徐霞客经过实地考察后提出“故推江源者，必当以金沙为首”的观点，从而确认了金沙江作为长江上源而纠正了自《禹贡》以来“岷山导江”这一延续了两千

① 有关都江堰创建史的问题，学术界还有不同的意见。第一种看法是全部渠首工程均由李冰创建；第二种看法是蜀王开明凿宝瓶口，李冰在其基础上修建都江堰；第三种看法是开明与李冰本是一人；第四种看法是以上两人均无开凿之可能性。但随着渠首外江东汉李冰石像的出土，或可佐证李冰主持修建都江堰一事。参见吴敏良《都江堰经久不衰的历史意义》，以及四川省水利厅、都江堰管理局编写的《都江堰史研究》。

② 余秋雨．文化苦旅［M］．北京：知识出版社，1992：36.

③ 苟子平，王国平．都江堰：两个世纪的影像纪录［M］．济南：山东画报出版社，2007：2.

④ 蓝勇．长江正源探索历史是非考辨［J］．历史研究，2005（1）：173-178.

⑤ 汉代扬雄《蜀王本纪》中就曾记载：“禹本汶山郡广柔县人，生于石纽。”参见《蜀王本纪》，壁经堂丛书本。

年的谬误。徐霞客《溯江纪源》（一作《江源考》）考订指出："第见《禹贡》'岷山导江'之文，遂以江源归之，而不知禹之导，乃其为害于中国之始，非其滥觞发脉之始也。导河自积石，而河源不始于积石；导江自岷山，而江源亦不出于岷山。岷流入江，而未始为江源，正如渭流入河，而未始为河源也。不第此也，岷流之南，又有大渡河，西自吐蕃，经黎、雅与岷江合，在金沙江西北，其源亦长于岷而不及金沙，故推江源者，必当以金沙为首。"①

无疑，徐霞客《溯江纪源》是伟大的地理考证，其从山川河流的地理坐标来看问题，无疑是客观和科学的。但在长江上游，由于建成都江堰，蜀地成为"天府之地"，而岷江是藏彝走廊最主要的河流，就文化源流而言，其是名副其实的长江文化之源。都江堰建成后，其对中华民族的国家政治、经济、文化产生了巨大的影响。正是这些影响奠定了其文化河流及长江上游的文化之源流的地位。在这里，"岷山导江、江宗岷源"有其政治、经济、文化历史等背景。

## 二、鬼斧神工

都江堰能于战国后期在成都平原兴建，并在日后得以巩固和发展，不仅因其有独特的历史背景，还由于其有特殊的自然地理条件。战国时期，群雄逐鹿，兵戈四起，各国先后变法，争相延揽人才以增强国力。《史记·商君列传》记载秦国通过商鞅变法，一跃成为"国富兵强，长雄诸侯。周室归籍，四方来贺"的强国②，亟欲统一天下。然欲取天下，则需稳定富饶之后方基地，以提供人力财力，方可行之。《华阳国志·蜀志》载，公元前316年，司马错即向秦惠王建议："其国富饶，得其布帛金银，足给军用。水通于楚，有巴之劲卒，浮大舶船以东向楚，楚地可得，得蜀则得楚，楚亡则天下并矣。"③秦惠王采纳此意见，秦军势如破竹，一举占领巴蜀之地。当秦国的统一大业走向新阶段时，后勤物资储备日渐吃紧，为促进蜀地经济生产，秦相范雎向秦昭王举荐李冰任蜀郡太守。但原来的成都平原水系紊乱，旱涝交替，无法保证充足的粮源、兵源供应。因此，要将蜀地建设成可靠的战略基地，兴修水利以便利航运和灌溉则是先决条件④。《华阳国志·蜀志》

① ［明］徐弘祖．徐霞客游记·溯江纪源［M］．褚绍唐，吴应寿，校．上海：上海古籍出版社，1982：1129．

② ［西汉］司马迁．史记·商君列传第八［M］．北京：中华书局，1959：2238．

③ ［东晋］常璩．华阳国志·蜀志［M］．刘琳，注．成都：巴蜀书社，1984：191．

④ 《灌县都江堰水利志》编辑组．灌县都江堰水利志［G］．1983：9．

载："冰能知天文、地理，谓汶山为天彭门；乃至湔氐县，见两山对如阙，因号天彭阙。仿佛若见神。……冰乃壅江作堋，穿郫江、检江，别支流双过郡下，以行舟船。"[①] 湔堋即都江堰水利工程的重要组成部分，后世多认为是水坝的雏形，说明当时的都江堰已经发挥阻水、调水、保障航行的作用。

李冰熟知天文地理，善于识察水脉，拥有兴建大型水利工程的经验与技术，这些都使其成为领导西蜀各族人民修建都江堰的历史条件[②]。除去独特的历史背景，都江堰地区优越的地理及水源条件亦是这座"无坝之坝"修造的自然条件。都江堰位于都江堰市城西，距成都市城区 60 千米。区域内地形从西北向东南呈扇状展开，是龙门山区与成都平原两种不同自然区域的天然结合部。都江堰渠首以上即是岷江上游，这段河道古称"汶水""汶江""湔江"，是都江堰的主体水源。水从万山中来，两岸巉岩陡壁，坡度极大[③]。岷江上游河道自北向南沿途接纳大小河流溪水 138 条，流至都江堰渠首长 341 千米，据统计，1937—1985 年，岷江上游年均径流量达 150.82 亿立方米。渠首以下就是广阔的灌区，范围北达安县，南到井研，东到蓬溪，西至邛崃，面积达 2.25 万平方千米。都江堰主体工程即修建在岷江上游干流出山口与成都扇状平原顶端的交界处，海拔 730 米，为全灌区的制高点。可以说，得天独厚的自然环境为都江堰立于"不败之地"奠定了坚实的基础。在此基础上，秦昭王后期（前 276—前 251 年）蜀郡守李冰总结前人治水的经验，通过实地考察，根据岷江出高山峡谷、河面开阔导致流速顿减的特点，结合左岸山势弯环的地形特点，率领西蜀各族民众修筑分水堤，开凿宝瓶口，布设溢洪坝，开通河道，引水行舟，立石人以测水势变化，精心设计了都江堰水利工程[④]。史书中对此事有记载，其中《史记·河渠书》言："蜀守冰凿离堆，辟沫水之害，穿二江成都之中。此渠皆可行舟，有余则用溉浸，百姓飨其利。至于所过，往往引其水益用溉。田畴之渠，以万亿计，然莫足数也。"《汉书·沟洫志》则改"辟"为"避"，另外加"沟渠甚多"，可见从秦到汉都江堰灌溉的沟渠增加，效益增强，《沟洫志》尤其指出修都江堰者为蜀守李冰[⑤]。

《华阳国志》记载："冰乃壅江作堋，穿郫江、检江，别支流双过郡下，以行舟船。……旱则引水浸润，雨则杜塞水门。……于玉女房下白沙邮作三石人，

---

① ［东晋］常璩．华阳国志·蜀志［M］．刘琳，注．成都：巴蜀书社，1984：201-202.

② 关于李冰创建都江堰的历史背景，还可参阅王纯五的《李冰创建都江堰的时代背景》和中国人民政治协商会议都江堰市委员会文史资料工作委员会编印的《都江堰市文史资料》第 14 辑，1998 年版，第 8～11 页。

③ 《灌县都江堰水利志》编辑组．灌县都江堰水利志［G］．1983：4.

④ 四川省地方志编纂委员会．都江堰志［M］．成都：四川辞书出版社，1993：1-4，9.

⑤ 周魁一等．二十五史河渠志注释［M］．北京：中国书店出版社，1990：2，14-15.

立三水中。与江神要：水竭不至足，盛不没肩。”[①]修筑成的都江堰可分三大主体工程，即渠首鱼嘴分水堤、飞沙堰泄洪道、宝瓶进水口，并辅以韩家坝、百丈堤、马脚沱、二王庙顺水堤、人字堤、外江节制闸和右岸取水口等附属工程[②]，共同组成一个导水、壅水、分水、引水和泄洪、排沙相结合的系统工程。各项工程相互依存、彼此制约、协调自如，联合发挥分流引水、泄洪排沙的重要作用。渠首工程是都江堰的主体，其成败关乎都江堰整个灌区的兴衰。渠首主体工程的范围，上自岷江上游干流出山口与支流白沙河汇合后起，下至内江宝瓶口止，总长 3020 米，正处于高山峡谷出口进入平原的突变之地[③]，充分利用河道地形条件与水力因素，整体布局十分巧妙。其中，选取取水口是渠首工程最重要的基础，而修筑鱼嘴则是解决取水问题的关键。

李冰“壅江作堋”，即以竹笼装卵石垒砌分水堤，唐代《元和郡县志》载：“楗尾堰，在县西南二十五里。李冰作之，以防江决。破竹为笼，圆径三尺，长十丈，以石实中，累而壅水。汉成帝时，瓠子河决，王延塞之，用此法也。”[④]大堰的前端即是鱼嘴，也就是都江堰“无坝引水”分水堤上游迎水顶冲的尖状物，其位置恰好选在二王庙前岷江干流的江心，把岷江分成内、外二江，特殊的位置、地形与鱼嘴工程相得益彰，起到很好的分水分沙作用。洪水时鱼嘴的分水自然形成外六内四的比例，收到防洪之效，灌溉时，又形成内六外四的水流结构，以利灌溉之用，从而完美地解决了枯水时内江灌区用水和汛期成都平原防涝的问题。此外，鱼嘴还可发挥出色的排沙作用。当岷江洪峰流量超过每秒 1700 立方米时，岷江主流经鱼嘴关口挑向左岸盐井滩，再折向右岸马脚沱护岸工程，水流又向左转朝内江冲去。这时内江正面取水，外江则可侧面排沙。因此，内江分流比大于外江，外江分沙比则大于内江[⑤]，整体设计具有水沙归总、易统易分的显著特点。

历史上都江堰鱼嘴几经变迁，由于多次遭特大洪水冲毁，其位置、结构都有较大变动。李冰创建时分水鱼嘴在古白沙邮下，即今鱼嘴以上约 1650 米处，其基本结构为竹笼装石垒砌。此后相沿于后世，汉、唐、宋诸朝率循其法，但因岷江河床摆动不稳，鱼嘴分水堤时毁时修，其位置反复、多次上下移动。

据元代揭傒斯《蜀堰碑》载，至元元年（1335 年），四川肃政廉访使吉当普为求“一劳永逸”，采用条石圬工砌鱼嘴，条石之间以铸铁锭扣联，“以铁万六千斤，

---

① ［东晋］常璩．华阳国志·蜀志［M］．刘琳，注．成都：巴蜀书社，1984：202.

② 《灌县都江堰水利志》编辑组．灌县都江堰水利志［G］．1983：10.

③ 四川省地方志编纂委员会．都江堰志［M］．成都：四川辞书出版社，1993：2，174.

④ ［唐］李吉甫．元和郡县志·剑南道上［M］．贺次君，校．北京：中华书局，1983：774.

⑤ 《灌县都江堰水利志》编辑组．灌县都江堰水利志［G］．1983：11.

铸为大龟，贯以铁柱，而镇其源”。遗憾的是，铁龟鱼嘴重量虽大，体积却小，不到40年即在岷江悍流冲击下没于江底。明嘉靖二十九年（1550年），按察司佥事施千祥提督四川水利，派遣崇宁知县刘守德、灌县知县王来聘于当年兴工，用铁铸成铁牛鱼嘴。明代陈鎏《都江堰铁牛记》中记载：“牛凡二，各长丈余，首合尾分，如人字状，以其锐迎水之冲，高与堰嘴等。”铁牛鱼嘴是都江堰工程史上的壮举，铁牛身上还铸有铭文：“问堰口，准牛首；问堰底，循牛趾；堰堤广狭，顺牛尾；水没角端诸堰丰，须称高低休减水。”虽然铁牛重达7万多斤，但“以重克水”，即用强化鱼嘴本身重量结构的方法，无法化解砂砾石河床被掏空的问题。30多年后，铁牛又被冲没于江底，之后又改回以竹笼堆筑。清代前期，鱼嘴又移到二王庙以下的玉垒关虎头岩对面河心，约在今鱼嘴下700米左右。清末，鱼嘴又上移到二王庙安澜索桥以上。民国14年（1925年），鱼嘴再次下移70米左右，1929年被冲毁，又上移70米左右。1933年，岷江上游地震湖小南海溃坝，鱼嘴被严重冲毁。1936年，四川省水利局用水泥浆砌条石重建鱼嘴，位置从内江向外江移动10米，在设计思想上突破单纯考虑建筑物自身重量之局限，强调“固底防冲”，从此稳固至今。1974年，又用钢筋混凝土进一步加固鱼嘴[①]。紧接鱼嘴分水堤尾部的为飞沙堰泄洪道，与内江左岸的虎头岩相对，上距分水鱼嘴700米，下距宝瓶口约120米，堰坝高2米，古称侍郎堰，近代改称飞沙堰。岷江江水经鱼嘴分流入内江，至虎头岩，水势一折向南扑向右岸，古人于此作堰，具有显著的排沙作用。其排沙原理是：水流进入内江后，主流沿左岸走，表层水直冲虎头岩，变成底流转向飞沙堰，形成螺旋形，底沙到此即横向被推移至飞沙堰。从水文力学的角度看，这是“弯道环流”和“正面取水、侧面排沙”共同作用的结果[②]。

飞沙堰坝身构造亦历经变换，历史上曾长期沿用竹笼堆砌的方法。明代，飞沙堰坝面砌龟背海漫石三层。清末，用竹笼纵横垒砌，间以梅花桩贯穿上下三层，并沿坝前边缘作四道挑水坝，以增强抗洪能力。清光绪时，丁宝桢曾用巨石垒砌，并涂以油灰。民国时期，飞沙堰主要溢洪段改用混凝土心墙。然而飞沙堰顶高有一定之规，故自古以来有“低作堰”之法则，相传至今。现在飞沙堰已改用混凝土浇灌，宽可行车。夏秋之季，水流经分水鱼嘴，径流而下，入宝瓶口。多余水量及泥沙则由飞沙堰泄入外江。这就是“治水三字经”之“立湃阙”“低作堰”[③]。

宝瓶进水口是在内江进口河段左岸玉垒山末端岩嘴颈部开凿的一个口子。李冰创建都江堰时，在岩嘴低伏部分，即在今分水鱼嘴以下1070米处凿开一个边

① 四川省地方志编纂委员会．都江堰志［M］．成都：四川辞书出版社，1993：176-177，180-181．

② 《灌县都江堰水利志》编辑组．灌县都江堰水利志［G］．1983：14．

③ 四川省地方志编纂委员会．都江堰志［M］．成都：四川辞书出版社，1993：185．

坡很陡的梯形引水口，“穿二江成都之中”。原口顶部宽31米，底部宽19米，平均宽22米。凿开后的砾岩嘴称作“离堆”。离堆迎水面宽45米，受水势直冲；背水面宽28米，长76米，高出河床16～19米。因宝瓶口上下河床较宽，形如瓶颈，为成都平原及川中丘陵的引水咽喉，工程非常重要，故称“宝瓶口”。1970年冬，又用混凝土彻底加固宝瓶口左右两侧和离堆迎水面，加固后的宝瓶口底宽14.3米，顶宽28.9米，平均宽20.4米，高18.8米，峡口长36米，以下河床宽40～50米。加固后的宝瓶口缩窄，但糙率减小，流速增大，在同水位的情况下增大了流量①。

岷江水流通过百丈堤、分水鱼嘴、金刚堤、飞沙堰进入宝瓶口，供给下游灌溉、漂木、航运及城乡生产、生活用水，成就“有余则用溉浸，百姓飨其利”的伟业。都江堰在建成后两千多年的历史中，逐渐形成一整套堰务管理制度，并逐步兴建了灌溉渠系，进一步保证了都江堰的经久不衰，有利于灌区的扩大。堰务管理制度中，堰官的设置是其他管理制度得以实施的首要保证因素。李冰建成都江堰后，就留下了一个堰工管理机构，由湔氐道负责工程管理与维护。汉代另设都水尉等水官管理堰务修治。三国时期至唐、宋、元诸朝，日常堰务由地方长官办理。明初，都江堰事务由灌县知县兼理，因无专人管理，导致“堰务废弛”，后于明弘治三年（1490年）派刘世熙主持都江堰维修。明嘉靖时，设按察司佥事提督四川水利，后又设水利道等专门机构。清初，设水利同知，驻守灌县，专管堰务。民国时期，都江堰管理机构发生变化。民国初年（1911年）改水利同知为水利委员，后又改为都江堰驻灌水利委员。民国24年（1935年），于灌县设四川省水利局，统一管理都江堰。民国25年（1936年），水利局移至成都，又于都江堰设都江堰工程处，专司都江堰事务。中华人民共和国成立后，在四川省水利局下设都江堰管理处，统一管理都江堰诸项事宜。1978年后，都江堰管理处升为都江堰管理局②。除设置堰官外，堰务管理制度的核心就是确立堰务维修制度。其维修“皆依定例行之。其工作有经常性质者，分岁修、大修及特修三种工程。又有临时性质者一种，则名之曰抢修工程”③。

岷江流入成都平原，独特的地理环境造就了修建都江堰的地质、地理条件，而以李冰为代表的水利人，以及形成的独特管理制度造就了举世闻名的都江堰，数千年泽被巴蜀，恩惠流播长江。都江堰的物质文化通过长江得以流播，畅通的川江水运则成为巴蜀对外交往的孔道，甚至是关系国家生计的大事。都江堰滋润

---

① 四川省地方志编纂委员会．都江堰志［M］．成都：四川辞书出版社，1993：186．

② 《灌县都江堰水利志》编辑组．灌县都江堰水利志［G］．1983：14，21-22．

③ ［民国］四川省水利局．都江堰水利工程述要及改造计划大纲［M］．成都：四川省水利局，1943：13．

下的“天府之国”与“两湖熟、天下足”的两湖，经济与文化交流频繁，“川盐济楚”与“川粮济楚”皆成为整个国家经济体系的重要一环。都江堰农业水利发展起来之后，通过三峡航运这一交通枢纽，巴蜀物流像流淌的川江一样富有生机。而启动川江和长江上游发展之门的就是“无坝之坝”的都江堰，它是一扇交通之门，是一扇灌溉之门，是巴蜀人民的乳汁之门，是一扇发展之门，是中华民族上下几千年水利成绩的力量之门。这扇“门”使川江从长江上游走向中下游，走向美好的未来。

## 三、天府之国

古代蜀地非涝即旱，有“泽国”“赤盆”之称。这种状况是在李冰修都江堰后才得以彻底改变的。余秋雨在《文化苦旅》中的《都江堰》一文中指出，都江堰“水流不像万里长城那样突兀在外，而是细细浸润、节节延伸，延伸的距离并不比长城短”，“它却卑处一隅，像一位绝不炫耀、毫无所求的乡间母亲，只知贡献。一查履历，长城还只是它的后辈”[①]。《史记·河渠书》记载：“蜀守冰凿离堆，辟沫水之害，穿二江成都之中。此渠皆可行舟，有余则用溉浸，百姓飨其利。至于所过，往往引其水益用溉，田畴之渠，以万亿计，然莫足数也。”[②]唐李吉甫《元和郡县志》载：“犍尾堰，在县西南二十五里，李冰作之，以防江决。破竹为笼，圆径三尺，长十丈，以石实之。累而壅水。”[③]由此李冰将岷江分为内外江，起航运、灌溉与分洪的作用。清末美国人盖洛参观都江堰后认为四川杰出人物中，“最伟大的人是李冰，他为四川增添了光辉——使得原来长一棵草的地方能长出两棵来，这样的人才是人类真正的恩主”[④]。

### （一）筑堰以利军事水运

李冰修都江堰，初期目的主要在于水运，即通过水运加强秦国对东部楚国的战略包抄，而非灌溉。此时，秦国最大的对手来自雄踞南方，凭借长江流域水利

① 余秋雨．文化苦旅［M］．北京：知识出版社，1992：37.

② 周魁一等．二十五史河渠志注释［M］．北京：中国书店出版社，1990：2.

③ ［唐］李吉甫．元和郡县志·剑南道上［M］．贺次君，校．北京：中华书局，1983：774.

④ ［美］盖洛．中国十八省府［M］．沈弘，郝田虎，姜文涛，译．济南：山东画报出版社，2008：281.

发达，曾是春秋五霸之一，直到战国仍为七雄之一的楚国。因此秦占据巴蜀，雄踞长江上游之后，就利用川江航运控制楚国[①]。《华阳国志·蜀志》载，公元前308年，极力主张据巴蜀、出三峡而图楚的司马错指出，“率巴蜀众十万，大舶船万艘，米六百万斛，浮江伐楚，取商於之地，为黔中郡”。《华阳国志·蜀志》还记载：“秦孝文王以李冰为蜀守。……冰乃壅江作堋，穿郫江、检江，别支流双过郡下，以行舟船。岷山多梓、柏、大竹，颓随水流，坐致材木，功省用饶。又溉灌三郡，开稻田。于是蜀沃野千里，号为‘陆海’。旱则引水浸润，雨则杜塞水门，故记曰：水旱从人，不知饥馑，时无荒年，天下谓之‘天府’也。”[②]由此可见，李冰修都江堰的首要目的是配合秦国的军事水运，次之为灌溉、防洪。

**（二）都江堰与“天府之国”**

都江堰最初虽为军事考量而建，但是客观上，其最大的作用是灌溉和防洪，使巴蜀成为“天府之国”。到了唐代，益州繁富，与当时全国的经济名都扬州并驾齐驱，号称“扬一益二”。这与都江堰水利工程的滋润是分不开的。南宋范成大《吴船录》对都江堰的评价是：“合江者，乃岷江别派，自永康离堆分入成都及彭、蜀诸郡水，皆合于此。以下新津。绿野平林，烟水清远，极似江南风景。”范成大认为成都平原似江南，当时合江亭在今成都望江楼，“蜀人入吴者，皆自此登舟。其西则万里桥”。诸葛亮送费祎出使吴国时曰：“万里之行，始于此。”后因“万里桥”为名桥。如杜甫诗曰：“门泊东吴万里船。”此桥正为吴人所设。而“自蜀都下峡，滩之始也”[③]。在唐宋人眼里，峡江从合江亭开始，峡江与成都关系紧密。

《水经注·江水》总结都江堰的作用曰：“水旱从人，不知饥馑，沃野千里，世号陆海，谓之天府也。”俗谓之“都安大堰”[④]。《宋史·河渠志》评价都江堰曰：“始，嘉、眉、蜀、益间，夏潦洋溢，必有溃暴冲决可畏之患。自凿离堆以分其势，一派南流于成都以合岷江，一派由永康至泸州以合大江，一派入东川，而后西川沫水之害减，而耕桑之利博矣。”[⑤]明代陈文烛《都江堰记》指出：“蜀称天府，号陆海，岂谓沃野不在人耶！秦法作渠与井田并，太史公论禹分二渠以引河，其来旧矣。如西门豹引漳水，郑当时引渭水，足利于国。中原变迁，间殚为河，法

① 《长江水利史略》编写组．长江水利史略［M］．北京：水利电力出版社，1979：32-33．

② ［东晋］常璩．华阳国志［M］．刘琳，注．成都：巴蜀书社，1984：201-202．

③ 冯广宏．都江堰文献集成·历史文献卷［M］．成都：巴蜀书社，2007：169-170．

④ 冯广宏．都江堰文献集成·历史文献卷［M］．成都：巴蜀书社，2007：31．

⑤ 周魁一等．二十五史河渠志注释［M］．北京：中国书店出版社，1990：167．

多湮灭，惟李公之堰幸存于蜀。”[①]这些都阐明了都江堰工程对“天府之国”繁盛的巨大作用。清末美国人盖洛参观都江堰后指出：“诚实而正直地为民众服务要更高贵和更有益，李冰真正的献身精神和他在历代民众中的感召力堪为后世垂范。”[②]都江堰不仅成为中国乃至全世界现存最古老的水利工程，而且在中华民族两千多年的发展过程中，为国家统一、改善巴蜀交通、加强各区域的经济文化交流和发展、解决人口压力等发挥了巨大的历史作用。

### （三）都江堰“国之所资”

三国时期，最弱的蜀国之所以能与吴、魏抗衡，全资都江堰灌溉之利，故清人周盛典《都江堰灵异记》曰：“益州古称天府，所恃者水利也。”[③]《水经注·江水》记载：“诸葛亮北征，以此堰农本，国之所资，以征丁千二百人主护之，有堰官。”[④]故诸葛武侯在《隆中对》陈述益州时说：“益州隘塞，沃野千里，天府之土。”[⑤]都江堰使四川“沃野千里”，成为“天府之土”，是“国之所资”，对全国亦具有重要意义。都江堰的修建为历代中央政府“西粮东输”创造了条件，对中央王朝的稳定起到了积极作用。如果没有都江堰，巴蜀地区就只能是国家供赋之地。《舆地纪胜》引《隋书·地理志》指出，当时的黔州“夏供茶蜡，秋输米粮”[⑥]。《元和郡县图志》载当时该地区的贡赋情况为“（黔州）贡赋：开元贡：黄蜡，赋：纻，布。元和贡：蜡五十斤，竹布、苎麻布。（彭水）左右盐泉，今本道官收其课。（涪州）贡赋：开元贡：麸金，文铁刀，蒟酱。元和贡：白蜜，连头十段布一匹。（思州）贡赋：开元贡：葛，朱砂。元和贡：蜡十五斤。（费州）贡赋：开元贡：蜡四十斤。（施州）贡赋：开元贡：清油、蜜、黄连、药子、蜡。元和贡：黄连十斤，药子二百颗”[⑦]。但有了都江堰，巴蜀的经济地位就不一样了。《新唐书·陈子昂传》曰：“蜀为西南一都会，国之宝府，又人富粟多，浮江而下，

---

① 四川省地方志编纂委员会．都江堰志·附录［M］．成都：四川辞书出版社，1993：513.

② ［美］盖洛．中国十八省府［M］．沈弘，郝田虎，姜文涛，译．济南：山东画报出版社，2008：286.

③ 四川省文化厅文物处，灌县志编纂委员会，灌县文物保管所．都江堰文物志［G］．1986：148.

④ 冯广宏．都江堰文献集成·历史文献卷［M］．成都：巴蜀书社，2007：31.

⑤ ［西晋］陈寿．三国志·诸葛亮传第五［M］．陈乃乾，校．北京：中华书局，1959：912.

⑥ ［南宋］王象之．舆地纪胜［M］．李勇先，校．成都：四川大学出版社，2005：5147.

⑦ ［唐］李吉甫．元和郡县图志［M］．贺次君，校．北京：中华书局，2005：736-753.

可济中国。”[1]而对于长江三峡而言，其利在于三峡的水运交通，三峡水运交通发达，有赖于以都江堰为背景的蜀地经济、社会和文化的发展。

自巴蜀浮江而下，所赖者，三峡航运也。可以说，巴蜀水陆交通、商务繁盛的动力和源泉不是成都和重庆两个大城市，而是都江堰水利工程。四川和湖广粮食产量居全国之最。“两湖熟，天下足”“川米济楚”“川盐济楚”自然而然提升了三峡的交通区位，故学者指出“实际上形成了长江三峡为交通孔道的川米、川货、川盐等贩运的交通路线，以四川居首，湖广居中，江浙为尾，沟通了全国性的米粮流通网络”[2]。抗战期间，千万人口涌入巴蜀地区，国民政府迁入重庆，由此导致巨大的经济负担，都江堰灌溉的肥沃的川西平原为之提供了基本的粮食供应。余秋雨在《都江堰》一文中指出：“说得近一点，有了它，抗日战争中的中国才有一个比较安定的后方。”[3]清末美国人盖洛参观都江堰后，看到成都平原常常得到雨水润泽，人民也精耕细作，自然条件优越。但他指出：“这一地区的丰裕多半是因为灌溉和李冰的水利工程，这一点使得成都成为中国最大省份（指的是人口数量最多——笔者注）的首府。”[4]故都江堰确实是“国之所资”“三峡之福”，也就是说都江堰的农业灌溉和三峡地区的交通航运共同支撑和推动了“天府之国”的发展，蜀之农业和巴地航运，加之巴蜀两地各自拥有的盐业（巴以盐泉为主，蜀以井盐为主），共同构成了巴蜀地区的水路物流网络，为整个中华民族的政治、经济和文化的发展作出了巨大贡献。

## 四、峡路：统一之路

《礼记·乐记》曰：“周道四达，礼乐交通。”[5]此处“交通”包括文化交往。利用都江堰水利灌溉生产的物质产品交换，以及各种交流产生的人口流动，很大程度上都要借助于川江航运才能实现。没有都江堰的川江航运，物质和文化交流

① ［北宋］欧阳修，［北宋］宋祁．新唐书·陈子昂传［M］．北京：中华书局，1975：4074．

② 王笛．跨出封闭的世界——长江上游区域社会研究［M］．北京：中华书局，1993：207．

③ 余秋雨．文化苦旅［M］．北京：知识出版社，1992：36．

④ ［美］盖洛．中国十八省府［M］．沈弘，郝田虎，姜文涛，译．济南：山东画报出版社，2008：287．

⑤ 龚抗云，王文锦．礼记正义·乐记［M］．北京：北京大学出版社，2000：1327．

将大打折扣。都江堰滋润下的成都作为川江物质和文化的起点与峡路，作为国家物资的重要枢纽，其地位不可忽视，正如学者指出，宋代“川滇川黔交通梗塞，川陕交通受军事上制约，唯峡路横贯东西，便成为四川与中央政府唯一通途”[①]。清刘献廷《广阳杂记》记载：“犹之李思训生成都，便有三峡气象。……此古人不师人而师造化之明证也。”[②]这体现了峡江与成都平原在经济交通和文化交融方面的紧密关系。峡江是巴蜀东出长江入荆楚达吴越的通道，故都江堰滋润下的成都与峡江之间是一种依赖关系。

### （一）川江

四川宜宾到湖北宜昌段的长江水域属万里长江的上游部分，全长 1020 千米，过去这段长江干流主要途经四川，而物流也是由巴蜀通过水路而达江汉，故这段水域得名“川江”。时至今日，重庆直辖多年，早从四川省分离出来，然巴蜀情深，旧习难改，人们依旧呼它“川江”。千里川江，波涛澎湃，浩浩汤汤。巴（蜀）楚自古文化相近，如《华阳国志・巴志》记载：“江州以东，滨江山险，其人半楚，姿态敦重。”[③]清代杨毓秀《东湖竹枝词》中有“岷江千里折流东，江绕孤城万壑中。暂驻輶轩问乡俗，楚风半杂蜀人风”的描写[④]。清代易顺鼎《三峡竹枝词》描述曰：“山远水长思若何，竹枝声里断魂多。千重巫峡连巴峡，一片渝歌接楚歌。楚客扁舟抱一琴，千峰月上绿萝深。莫弹三峡流泉操，中有哀猿冷雁音。”[⑤]该诗指出，巴（蜀）楚两地由于地缘相接，彼此文化相互影响，而“巫峡连巴峡”“渝歌接楚歌”是对两地地缘相接、文化相习的概括。这种文化相近，与川江航运畅通、利于经济和文化交流息息相关。而自古川江经宜昌转输的蜀船也非常多，故清代杨毓秀《东湖竹枝词》又曰，“蜀船千桨下南津，日暮江干震鼓�船”，“西陵城外赤矶头，急濑回流万叶舟”[⑥]。川江就是巴（蜀）楚经济文化交流的大动脉，而这个大动脉的经济重心在以都江堰为基础的成都平原，都江堰则是启动整个川江航运发展的动力和源泉。

### （二）峡江（路）

重庆奉节至湖北宜昌江段，山高滩险，峡谷栉比，又名“峡江”。此段就是

① 蓝勇. 长江三峡历史地理［M］. 成都：四川人民出版社，2003：308.

② ［清］刘献廷. 广阳杂记［M］. 汪北平，夏志和，校. 北京：中华书局，1957：126.

③ ［东晋］常璩. 华阳国志・巴志［M］. 刘琳，注. 成都：巴蜀书社，1984：49.

④ 徐明庭，张颖，杜宏英. 湖北竹枝词［M］. 武汉：湖北人民出版社，2007：331.

⑤ 林孔翼、沙铭璞. 四川竹枝词［M］. 成都：四川人民出版社，1989：181.

⑥ 徐明庭，张颖，杜宏英. 湖北竹枝词［M］. 武汉：湖北人民出版社，2007：332.

狭义的三峡：从重庆奉节县白帝城到宜昌南津关，分瞿塘峡、巫峡、西陵峡三段。明代王嘉言《瞿塘峡记》曰：“峡者何？取以山夹水而为名也。楚蜀之交，以峡称者多矣，而三峡为险。三者何？归峡、巫峡、瞿唐（同“塘”，下同——笔者注）峡，三峡同称险矣，而瞿唐为最，旧所谓西陵峡者是也。峡在城（夔）东十二里，两崖对峙，中贯大江，盖全蜀之门户。”①“归峡”即今天的西陵峡，而古之“瞿唐峡”却是今“西陵峡”之名。三峡的名称最终是由历史地理学家杨守敬厘定的。

《水经注疏·江水》载：“江水又东径广溪峡，即瞿塘峡也。在今奉节县东十三里。斯乃三峡之首也。守敬按：此云‘广溪峡’为三峡之首，下云江水东径巫峡，自三峡七百里中，两岸连天，略无阙处。又云：江水东径西陵峡，所谓三峡，此其一也。是郦氏以广溪、巫峡、西陵为三峡。……盖自滟滪堆至虎须滩，统名瞿塘峡，一名广溪峡，即夔峡也。自空亡沱至门扇峡，统名巫峡，其尾尽于巴东，故又曰巴峡也。自兵书峡至平善坝，统名西陵峡，其峡起于归州而翘于黄牛，讫于扇子，故又曰归乡峡、黄牛峡、扇子峡也。诸说纷纷，断以夔峡、巫峡、西陵峡为三峡。”②

杨守敬将三峡作为一种峡谷地貌来看，是对三段大峡谷的总称，具体而言，西起重庆奉节白帝城，东至湖北宜昌南津关，跨奉节、巫山、巴东、秭归、夷陵五县（区），全长约193千米（从荆门山开始计算为197千米）。在1000多千米的川江航运中，峡江滩险水急，是整个过程中是最为艰险的地段，但交通区位十分重要。而从交通地理角度界定，峡江只是川江最东边的一部分，即杨守敬界定的狭义上的长江三峡江段的部分。文化上的峡江段非常模糊，它泛指川东河谷的江段，该段水路称为峡路。峡路上流淌着为都江堰浇灌而生的物质与文化。

古代，峡路和川江同样得到通过水路旅经巴蜀的人的认可，如唐末韦庄《峡程记》说，“泸、合、遂、蜀四郡，皆峡之郡”③。其认为三峡是从今天宜宾到宜昌的广大地区，大概为川江流经的行政区域。《吴船录》曰：“至恭州，自此入峡路。大抵自西川至东川，风土已不同，至峡路益陋矣。……自此至秭归皆然。承平时谓之川峡，自不同年而语。军兴，置大帅司，始总名四川。然法令科条，犹称川峡。”④这是将重庆到三峡西陵峡界定为峡路，比较接近今天意义上的三峡区域，即宜渝之间为三峡区域范围。事实上，有时峡路就是指川江航运水道。清代洪良品描写蜀楚贸易的《竹枝词》曰：“赤甲山头云气开，蜀盐川锦截江来。

① 黎小龙．三峡通志校注·夔峡·记·瞿塘峡记［M］．重庆：重庆出版社，2014：47.

② 谢承仁．杨守敬全集［M］．武汉：湖北人民出版社，1988：2042-2043.

③ ［北宋］李昉．太平御览·地部十八·峡［M］．北京：中华书局，1960：260.

④ ［南宋］范成大．范成大笔记六种［M］．孔凡礼，校．北京：中华书局，2002：214.

一帆载过夔门去，白镪高于滟滪堆。”[①]可知古人用“峡江航运”指代“川江航运”是比较常见的。但峡路主要指川江水路，更多是泛指范成大所指的重庆到宜昌这段水路。

### （三）三峡工程与都江堰

都江堰无时无刻不在影响着中国的水利事业。20世纪70年代初，仓促上马的葛洲坝水利枢纽被暂时叫停了。1972年11月8—12日，中央领导和水利专家一起讨论葛洲坝的问题，都江堰的成功经验使我国坚定了修建葛洲坝和三峡工程的信心。根据《关于中央领导同志听取葛洲坝工程汇报时的指示的摘录》记载，当时周恩来总理指出，“都江堰总算是科学，有水平，有创造嘛！两千年前有水平，两千年后应该更高嘛”[②]。可见，就当时的中央领导而言，葛洲坝和三峡工程都受到都江堰水利工程的科学性和创造性的影响与启迪，是都江堰坚定了中国自己能在实践中搞好三峡工程和葛洲坝工程的信心。在古代，三峡航运文化的物质基础是都江堰之水利。都江堰和三峡工程（含葛洲坝工程）一古一今，一传统一现代，都为中华民族的水利史书写了不朽的传奇，而三峡工程本身也是都江堰水利文化的继承和发扬，都江堰让中华民族的长江流域成为保障国家和民族发展的物质源泉，而三峡工程成为21世纪中国走向富强的水利文化标杆。都江堰是中国建设于古代并使用至今的大型水利工程，是长江水利的“鼻祖”，是全世界迄今年代最久、唯一留存、以无坝引水为特征的宏大水利工程，也是全国重点文物保护单位。如今世界文化遗产遍布，都江堰作为世界文化遗产，是当之无愧的。她是世界水利之圭臬，无法复制、无法仿造；她在这里，长江的岷江上，在中国人心里，在世界水利的山巅；她在中华治水文化的血脉里，她就是——都江堰。

今天，中华民族修建三峡工程是对都江堰水利工程文化的继承和传承。都江堰水利工程的原理影响了全国各地的水利工程，如清代四川按察使窦垿作诗《分水坝》，记载都江堰分水和维修的整个过程是：“灌口二郎庙，即此二王宫。庙前俯江水，双流如交虹。中立分水坝，启开司春冬。冬闲便疏浚，工毕待春融。启坝防水入，离堆当其冲。直穿离堆出，远济成都农。千流与万派，沟洫由此通。滇之松花坝，与此大略同。”[③]

所谓的“滇之松花坝”，就是元代云南的水利枢纽工程，可见都江堰的影响力是巨大的。三峡工程是集防洪、航运、发电、灌溉、调水等多项功能于一体的

① 余学新，余堃．三峡竹枝词［M］．北京：大众文艺出版社，2013：228.

② 刘一是．工程文献·葛洲坝工程丛书15［M］．天津：南开大学出版社，1998：12.

③ 《灌县都江堰水利志》编辑组．灌县都江堰水利志［G］．1983：94.

水利枢纽工程，是对两千年都江堰水利工程的传承，是中华民族“千年坝梦”的实践，是对百年前石龙坝水电站“敢为人先”开拓精神的发扬光大。

接下来的篇章中，本书将探讨三峡航运治滩和峡江建造防洪坝的相关内容。纵观华夏水利史，三峡工程防洪和航运建设，其“凿石安澜”和“筑坝防洪”的水利思想并非现代才有的，早在几百年前，甚至上千年前就已经存在。“凿石安澜”和“筑坝防洪”本是相互矛盾的两种水利思想，而三峡工程是解决这一矛盾的典范。

# 第二章 凿石安澜：三峡航道治理研究

三峡航运在军事、客流、物流上具有极为重要的地位。三峡航道自古就有治理，有官方的，也有民间的。三峡自古就有大禹“凿石安澜”的神话和传说，宋代的赵诚、陈起和明代的吴守忠治理过某段险滩；清代的汪鉴系统地将瞿塘峡和巫峡纤道予以疏通；清代的李本忠是民间治理航道和开凿纤道的典型代表，是传统社会“凿石安澜”之大禹的化身。三峡航道治理的历史经验告诉我们，疏浚航道、“凿石安澜”是峡江治水的主流思想。在古代峡江治水过程中，峡江航运畅通与长江中下游防洪是一个矛盾的有机整体，“凿石安澜”的航道治理和长江中下游“筑坝防洪”无法实现有机结合。

## 一、三峡航运的重要性

### （一）峡江交通：楚蜀门户

自古以来，巴蜀文化与荆楚文化就非常接近，四川有“巴人半楚”之说。例如《华阳国志·巴志》记载：“江州以东，滨江山险，其人半楚，姿态敦重。”[①]光绪《大宁县志·风俗》指出，巫溪县“接壤荆楚，客籍素多两湖人。风尚所习，由来久矣”[②]。又如康熙时陆箕永《锦州竹枝词》描写到：“村墟零落旧遗民，课雨占晴半楚人。

① ［东晋］常璩. 华阳国志·巴志［M］. 刘琳，注. 成都：巴蜀书社，1984：49.

② ［清］高维岳，［清］魏远猷. 大宁县志（光绪）·地理·风俗［G］. 巫溪县志编纂委员会，校. 1884：93.

几处青林茅作屋，相离一坝即比邻。”其注云：“川地多楚民，绵邑为最。”[①]反过来，楚地川（蜀）人自古也多。如陆游《入蜀记》卷五记载，在汉阳“由江滨堤上还船，民居市肆，数里不绝。其间复有巷陌，往来憧憧如织。盖四方商贾所集，而蜀人为多”。陆游到了沙市，“解舟，击鼓鸣橹，舟人皆大噪，拥堤观者如堵墙。泊新河口，距沙市三四里，盖蜀人修船处”[②]。在荆楚，蜀人数量为最。峡江是连接荆楚和巴蜀的交通要道，对彼此都非常重要。

归州和峡州乃楚蜀之门户，为兵家必争之地，是长江上游和下游交汇的交通孔道，也是人口流动的水陆交通要道。如《读史方舆纪要·湖广四》指出，归州“左荆、湘而右巴、蜀，面施、黔而背金、房。战国时，为秦、楚相攻之地。三国吴以为西偏重镇。晋王濬等谋自蜀沿流来伐，守将吾彦请增建平之戍，以扼其冲要。陆抗亦曰：‘西陵、建平，国之藩表，既处上流，受敌二境。是也。唐平萧铣，师自归峡而东。宋平孟蜀，刘光义军出归州。嘉熙中，蒙古将搭海入蜀，孟珙帅荆湖，知贼必道施、黔透湖、湘，乃分兵屯归峡及松滋诸处，为夔声援。明初平伪夏，亦分兵由峡路进克瞿塘。州其楚、蜀之门户欤？”[③]归州作为军事要地的地位十分突出。峡州居归州之下，彼此为唇齿关系，历史上，峡州（今西陵、夷陵和宜都及枝江长阳一带）一直是兵家必争之地，故东吴大将陆逊有“夷陵要害，国之关限”之说[④]。历代军事家都曾在该地筑城。如《水经注·江水》记载：“江水出峡东南流，径故城洲，洲附北岸，洲头曰郭洲，长二里，广一里，上有步阐故城。方圆称洲，周回略满，故城洲上，城周五里，吴西陵督步骘所筑也。”[⑤]古有后汉与蜀地公孙述荆门虎牙长江第一桥之战，三国有夷陵之战……近有抗战的石牌之战。抗战时石牌被称为最后的“国门”，可见其战略地位之重要。故明末清初的顾祖禹就夷陵州指出，“西陵，国之西门。及王濬克西陵，西陵以东无与抗矣。隋之亡陈，亦自西陵。唐平萧铣，先取峡州，而铣之亡也忽焉。宋吕氏祉云：‘荆州要害，实在夷陵。’……夷陵之安危，与荆州为存亡矣”[⑥]。《读

① 林孔翼，沙铭璞．四川竹枝词［M］．成都：四川人民出版社，1989：86．

② ［南宋］陆游．入蜀记校注［M］．蒋方，注．武汉：湖北人民出版社，2004：160，189．

③ ［清］顾祖禹．读史方舆纪要·湖广四［M］．贺次君，施和金，校．北京：中华书局，2005：3689．

④ ［西晋］陈寿．三国志·陆逊传［M］．［南朝］裴松之，注．北京：中华书局，1959：1346．

⑤ ［北魏］郦道元．水经注校正·江水［M］．陈桥驿，校．北京：中华书局，2007：793．

⑥ ［清］顾祖禹．读史方舆纪要·湖广四［M］．贺次君，施和金，校．北京：中华书局，2005：3679．

史方舆纪要・湖广四》载：“荆州左吴右蜀，临江负汉，根本之地也。”[①]夔州和夷陵为三峡腹地，三峡为巴蜀和荆楚之衔接咽喉与关口之地。

因此，包括宜昌在内的三峡为历代兵家据险而守、破险而攻的必争之地。三峡区域从人类迈入文明之时起，战争的烽火就频频燃烧。三峡区域特殊的地理环境，是军事文化形成的“天然舞台”和“土壤”[②]。宜昌为长江中上游接合部，是西南地区尤其是巴蜀的门户，也是巴蜀东入楚地的关口。因此宜昌是名副其实的“楚蜀门户”之地。然而，如此重要的黄金水道洪水多，山高水险，且多山崩，常常堵塞航道。宜昌黄陵庙中最显眼的“凿石安澜”，就是治理航道险滩的精神和文化的总结。

### （二）山险卖纤：挑葱卖菜

三峡地区自然条件极差，物资极其贫乏，自古生计困难。谚语曰“靠山吃山，靠水吃水”，在整个三峡，人们只能水中求生活了。所谓“富贵险中求”，然而峡江男儿不是“富贵险中求”，而是“生计险中求”，甚至只是为了活命。戊戌六君子之一的刘光第记载，峡江“然贫人多，无业者尤众。询诸土人，咸言近年生计减色过半，丁口日繁，盖藏实鲜，脱有饥馑，非鸟兽散，则为盗蜂起耳！”[③]清中后期，不光峡江贫瘠，整个长江流域都面临人多地少、社会贫困的局面。而刘光第溯江返乡巴蜀，发现人们“终年勤苦，不足衣食”。沿途所见，“时有死人，与波上下”，为此人们“流亡逃徙，甚至抢劫犯法，害及客途”。川江为沿江人民留下了求生之道。例如宜昌西坝“江中沙堤高数丈，有黄陵庙，现值江涨，四围皆水。堤上长街二，胥卖船具、竹篙、百丈（篾缆，劈竹为大辫，用麻绳连贯以牵舟船——笔者注）；桡贩之多，甲乎川楚”[④]。此处“百丈”多指拉纤的纤夫，三峡沿线都是卖纤处。所谓卖纤，“三峡中险滩，过去有人守候，船舟上驶，议定价钱，即代为拖纤曳船，谓之卖纤”[⑤]。峡江驾船拉纤求生计之人非常多。

光绪十八年（1892 年）海关统计，全年航行于宜昌到重庆间的大小木船中，英商挂旗船 434 只，美商挂旗船 2 只。光绪十九年（1893 年）宜昌海关报告，宜渝之间川江木帆船达 1.2 万余只，船户纤夫不下 20 万人。光绪二十一年（1895 年），宜昌港埠全年驶往重庆的挂旗木船（悬英、美、中三国国旗）共 1200 艘，

① ［清］顾祖禹. 读史方舆纪要・湖广四［M］. 贺次君，施和金，校. 北京：中华书局，2005：3653.

② 阮荣华. 长江三峡军事地理位置及其战争评价［J］. 三峡大学学报，2004（1）.

③ 《刘光第集》编辑组. 刘光第集・南旋记［M］. 北京：中华书局，1986：110.

④ 《刘光第集》编辑组. 刘光第集・南旋记［M］. 北京：中华书局，1986：80-98.

⑤ 《刘光第集》编辑组. 刘光第集・南旋记［M］. 北京：中华书局，1986：101.

载货 36881 吨[①]。光绪二十三年（1897 年）宜昌港埠全年驶往重庆的英、美、中三国挂旗木船共 1444 只，载荷 49036 吨。光绪二十五年（1899 年）全年行驶于宜昌至重庆的挂旗木船共 2908 只[②]。挂旗木船只是川江木船的少部分。而海关所称川江木帆船达 1.2 万余只仅是保守的估计，加上海关未掌握的船只，总的船只当在 2 万只以上。

就以海关最保守的 1.2 万只计，我们来看川江木船需要多少劳动力。《三省边防备览》引用陈明申《夔行纪程》记载："由此入巫峡，川江之船其名不一，不能备载，就见者记之。……船大载重，桡不胜水，则用大楫以五六人推摇。最小者有五板船，无篷，即划子。其厂船、螳螂头、柏木船均带五板船为接纤，上下度人之用。板头船其梢上卷而歪下水，只推桡楫，船头用大木梢与舵相应，上水则竖桅张帆。大船用纤五六十人，小亦二三十人，船头仍用桡楫，上拉下推，逆流而上，遇滩则合三四船之纤夫百余人，共拉一船上滩，再拉一船，名为并纤。"[③]由此可见，小船需要 5 ～ 6 人推摇，20 ～ 30 人拉纤，折中需要 30 人，大船翻倍，则需要 60 人左右。1.2 万只船则需要 36 万～ 72 万人，如果海关掌握的船只仅占一半，则大约有 100 万人从事川江航运事业，与之相关的服务则应当是 1∶1 的比例，故最高可达 200 万人从事相关的运输、维修、管理和服务工作。

《峡江险滩志·峡江语释》记载："熟于滩形临时雇用之人曰滩子。""纤夫之首领曰头老。""临时雇纤夫曰帮纤，亦曰帮滩，又曰添滩。"[④]峡江除了船户和桡贩外，纤夫最多。纤夫为卖纤者，又有百丈、滩子、帮纤、添滩等称呼。卖纤是万不得已求生计的方式。对此，《平滩纪略·蜀江指掌》作如下记载。

> 巫山县属大峡口下首数里，北岸有一险路，名曰"挑葱卖菜"。何也？其路悬壁陡石，纤夫实难行走。是以纤夫常有滚岩毙命之事。而纤夫闲坐谈讲："宁可挑葱卖菜，不可扯船营生。"故此路名曰"挑葱卖菜"。[⑤]

三峡纤夫拉纤俗称"扯船"，三峡"宁可挑葱卖菜，不可扯船营生"，是对纤夫"扯船"这一营生的危险性所作的诙谐而无奈的总结。但是，面对悬崖峭壁、汹涌峡江，即使"滚岩毙命"，纤夫为了生计也只能选择危险。这些纤夫在拉纤

---

① 中国人民政治协商会议宜昌市委员会文史资料委员会．宜昌百年大事记［M］．宜昌：中国三峡出版社，1994：43-45.

② 中国人民政治协商会议宜昌市委员会文史资料委员会．宜昌百年大事记［M］．宜昌：中国三峡出版社，1994：48-52.

③ 蓝勇．稀见重庆地方文献汇点（上）［M］．重庆：重庆大学出版社，2013：412.

④ 刘声元．峡江滩险志·峡江语释（民国十一年）［M］．北京：线装书局，2004：355-356.

⑤ ［清］李本忠．平滩纪略·蜀江指掌（道光）［M］．北京：线状书局，2004：280.

之时，大多赤身裸体，打着赤脚。谚有之曰，“四川人，来得阔，穿长衫，打赤脚”。时人载，“此实未发挥尽致。就愚所见，则凡稍事劳动之人，终年均赤其脚，若在乡村，妇女亦复如是”[①]。打赤脚的都是在水边求生计的峡江人，不得已而为之。这些纤夫大多数时候“四肢着地，号叫着，像公牛一样大声吼着”。遇到悬崖峭壁，这些纤夫“像山羊一样在石头上跳来跳去”[②]。《海关十年报告（1892—1901年）》中记载：“本地的商行没有什么重要的变化，多数是一些税务或者货运代理商。本地还有大量依靠船运业谋生的人群，主要是纤夫，我还不能确定他们是否有什么显著变化。这些纤夫在长江上游的纤道上靠拉纤为生，他们聚居在宜昌郊区一处叫作‘西坝’的地方。”[③]西坝是纤夫重要的聚居地之一，从宜昌西坝进入峡江的船只有数千之多，一只船就需要数十人拉纤，而西坝也就成为“卖纤”之地。当然西坝也是四川、湖南商人和船工聚居地，因为四川会馆（川主宫）和湖南会馆（伏波宫）都在西坝。

事实上，纤夫得到的工资极其微薄，甚至只是给一口饭吃。纤夫闲谈险滩之处是“挑葱卖菜”，事实上，如果有“挑葱卖菜”的机会，谁会卖纤拉“百丈”而做“滩子”呢？！

### （三）水险滩急：涨水封峡

三峡航道十分重要，但三峡峡谷险峻、滩多水急、礁石密布，航道危险难行。三峡水大水险，历代记载非常多。清人熊登瀛所撰《李公凿滩纪功碑记并序》指出：“楚蜀之间多险滩，其怪石峥嵘，怒涛砰湃，见者靡不惊心动魄。而舸舰舳舻，汩没于洪波巨浪中者，殆非屈指所能计，此诚不知其所始，而为患固已久也。”[④]五月到八月峡江还不能行船，例如《三峡通志》卷五《峡俗从谈》记载：“自五月至八月，江流泛溢，瞿唐不可上下，舟船当戒，谓之封夏，又曰封峡。”[⑤]峡江涨水，除了影响交通航运，还淹没城市，形成极其严重的自然灾害。《三峡通志·崩洪纪异》记载：“周孝王十三年，江汉水。元至大三年夏六月，峡路大水，山崩，坏民居，死者甚众。正德八年，大水。正德十五年，江汉水合。嘉靖十四年夏，雨经月，溪水四溢山涧，水田冲崩无算。……秋七月，江泛大水异常，沿

① 曾智中，尤德彦．张恨水说重庆·重庆旅感录续篇［M］．成都：四川文艺出版社，2007：48.

② ［英］阿奇博尔德·约翰·利特尔．扁舟过三峡［M］．黄立思，译．昆明：云南人民出版社，2016：70-72.

③ 2020年4月18日李明义先生提供资料。

④ 肖波．传奇楚商李本忠［M］．武汉：长江出版社，2017：240.

⑤ 蓝勇．稀见重庆地方文献汇点（上）［M］．重庆：重庆大学出版社，2013：160.

江民舍漂流殆尽，禾稼淹没，无秋饥。四十年夏五月，淫雨浃旬，州治崩圮，官署民舍多为倾没，今圮城是也。嘉靖丁未，巫山县大水，溢舟入市。庚申，水溢，撑舟入城，斗米三钱。”[①]从《三峡通志·崩洪纪异》可知，三峡洪水漂民舍、淹稼禾、溺生灵、引山崩、倾官署、圮城池……危害之大，难以言表。

再看瞿塘峡之险。明代曾任夔州府同知的王嘉言所作的《瞿唐峡记》记载：“夫瞿唐之险，冠于诸峡者何？盖西南万水总注于斯，而双崖把束，极为狭隘。以故萦回曲折，龃龉艰难，惊涛奔浪，喧豗訇訇，归舸行艓。一遭风动，则上下失势。而此生安危尽付之，撇漩触石，瞬息间矣。虽然，关门一守，百二之势也。”[②]

清末曾任四川总督的刘秉璋指出：“窃查川省险滩栉比，而数不可枚举，其最奇险者，为三峡。夔峡起奉节白盐山，为三峡之首，即古瞿唐峡。当峡口滟滪堆，冬则出水二十余丈，夏则没于水中二三十丈，势险溜急，人力难施……凡此三峡，峭壁插天，悬崖千仞，并无山径可通，蜀道之难，于斯为最。中惟一线川江，急湍奔流，上下行船，绝无纤路，每当夏季水涨，舟行辄覆，每岁遭覆溺毙者，不下数十百人。”[③]

三峡汛期与枯水期水位变化大，如民谚有“涨水的泄滩，退水的青滩”之说。加之航道滑坡众多，常常堵塞航道，如东汉永元十二年（100年）滑坡，形成滩礁数百余米。郦道元《水经注·江水》记载，三峡新崩滩，“汉和帝永元十二年崩，晋太元二年又崩，当崩之日，水逆流百余里，涌起数十丈”[④]。明嘉靖二十一年（1542年），滑坡体堵江断航甚至达32年之久。滩险地名非常多，著名的有滟滪滩、吒滩、泄滩、青滩、崆舲（也写作“空舲”，下同——笔者注）滩等。民谣有“泄滩、青滩不算滩，崆舲才是鬼门关”的总结。宜昌江面的礁石素有“九滩十三峡”等说[⑤]。三峡航道整治是“凿石安澜”务本之道。

### （四）洪水山崩：凿石疏浚

三峡洪水常常引起崩滩，涨水与山崩及泥石流相伴相生。例如《三峡通志·崩洪纪异》记载：“东汉和帝永元二十年夏，四月，南郡秭归，山高四百丈，崩，填压死人，民百余。明年冬至，蛮夷反，遣使募荆州吏民万余人讨平之。宋皇祐间，归州山崩，江石断流，舟楫不通。元至大三年夏六月，峡路大水，山崩，坏民居，死者甚众。嘉靖十四年夏，雨经月，溪水四溢山涧，水田冲崩无算。二十一年六

① 黎小龙．三峡通志校注·崩洪纪异［M］．重庆：重庆出版社，2014：134-135.

② 黎小龙．三峡通志校注·夔峡·记·瞿唐峡记［M］．重庆：重庆出版社，2014：47.

③ 巫山县志编纂委员会．巫山县志（光绪）·水利志［G］．1988：64-65.

④ ［北魏］郦道元．水经注校证·江水［M］．陈桥驿，校．北京：中华书局，2007：790.

⑤ 湖北省宜昌市地名委员会．湖北省宜昌市地名志［G］．1984：239.

月十日，新滩北岸，山泉涌出，泥滓，山势渐裂，居民惊骇逃避，顷之，崩五里许，巨石腾，闭塞江流，压民舍百余家，舟楫不通。三十七年夏，新滩又崩，裂居民舍数十间，压死三百余人。三十九年夏五月，雨雹伤禾。秋七月，江泛，大水异常，沿江民舍漂流殆尽，禾稼淹没，无秋饥。四十年夏五月，淫雨浃旬，州治崩圮，官署民舍多为倾没，今圮城是也。兴山县，二十年夏六月，夜雨雹如斗，次者如拳，又次者如弹，自东北降至东关草店，山水聚涌涨溢，民舍冲漂，溺死者不可胜计。嘉靖戊子，象山左麓有古碑，因澍雨倾出，为泥涂所淤漫，不可识。后洗磨视之，屈庙祥符年碑，其文左氏法纪载甚悉，且刻镂亦工。议移本祠，复为江泥所没，觅之无得。”①洪水与山崩伴生，加之三峡地质本身也较为脆弱，如云阳至秭归一线灾害频发，主要因为该地区在地质构造上位于川东褶皱带、川鄂湘黔隆起褶皱带、淮阳山字形西翼反射弧、大巴山弧形褶皱带四大构造体系交汇复合的部位②。

三峡洪水引发的山崩数量多，往往造成严重后果，例如“清咸丰八年大宁，八月久雨，猫儿滩山陷，死千余人”。又如清乾隆三十二年（1767年）夔州，四月十六、十七、十八日大雨，城北山水陡发，由关庙沟入城，陷旧城基，后另立城郭③。根据近年来的地质调查，古代建立过州、县城的地方，如石牌、香溪镇、西瀼口、奉节以东的赤甲山都曾发生过山地地质灾害④。

山崩和泥石流的影响是多方面的，如《三峡通志·崩洪纪异》所说的“巨石腾，闭塞江流，压民舍百余家，舟楫不通”，则需要凿石、凿滩进行疏浚。为了保持峡江交通的畅通，历代政府为该航道建立了较为完备的管理制度。在讨论“凿石安澜”航道治理历史之前，先看看峡江与航道相关的管理制度。

## 二、三峡航运管理制度

从水运交通看，三峡航运是长江水运的咽喉。三峡位于“天府之国”与“两湖熟、天下足”的长江中下游平原之间，因此其水运交通的畅通需要国家军事和管理制度提供保障。三峡地区在战国末期便设立了郡县制度，楚国在今三峡巫山

① 黎小龙. 三峡通志校注·崩洪纪异［M］. 重庆：重庆出版社，2014：134-135.

② 刘新民，李娜. 三峡库区自然环境概述［J］. 长江三峡库区滑坡与泥石流研究，1991：8.

③ 温克刚. 中国气象灾害大典·重庆卷［M］. 北京：气象出版社，2008：289-290.

④ 李鄂荣. 长江三峡地区的历史地质灾害问题［J］. 地质学史论丛，1989：90.

县设巫县。历代地方行政制度都非常重视对该地区的管理。除了加强行政管理外，三峡水运交通实行水运驿站和救生红船制度，这是三峡水运独特的管理制度。

### （一）水运驿站制度

宋代，峡路是转运蜀地布帛、粮草和纲马的重要漕运路线，而此时成都仍是水码头，长江水路正式设置水驿，峡江交通进入了一个新的历史时期①。例如《宋史·食货志》记载："川、益诸州金帛及租、市之布，自剑门列传置，分辇负担至嘉州，水运达荆南。自荆南遣纲吏运送京师。"②故黄庭坚《竹枝词》曰："鬼门关外莫言远，五十三驿是皇州。"元代，川江水路十分畅通，《元史》记载："以乌蒙路隶云南行省，仍诏谕乌蒙路总管阿牟，置立站驿，修治道路，其一应事务并听行省平章赛典赤节制。立川蜀水驿，自叙州达荆南府。"③元初水驿有14个，后来增设到19个，后又增设了巫山县1站和归州万流站1站，共21站，合2001户，船212艘④。明代，峡路水驿发展到历史上最健全和完备的时期，当时，仅成都到重庆就有水驿36个，而合计成都到宜昌凤楼驿，共63驿⑤。到清代，水驿有所裁汰，但增加了不少塘汛为补充。自宋代到清代，驿站对保障峡江的水运起到了重要的作用。

### （二）救生红船制度

明清时期，中国经济重心东移南迁已成定局，川江航运的地位更加重要，"失吉"之事更加频繁。为了减少"失吉"之事的后果和影响，一些地方官员在川江险滩上设置木船专司对"失吉"船只进行抢救，形成一整套制度。因其救生船系用红色涂刷为标志，故又称为"救生红船制"⑥。救生红船救人第一，财物与货物其次。例如清代沈云骏的《峡江救生船记》记载，宜昌总兵贺缙绅"亲巡险要，就泊红船……每申令于麾下士卒，谓行舟猝遇暴风，撞击巨石，必以救人为急，次及货物。敢有乘危匿货，诈伪索谢者，重惩无宥。此所以楚蜀往来，颂声如楚

① 蓝勇．深谷回音——三峡经济开发的历史反思［M］．重庆：西南师范大学出版社，1994：174-175.

② ［元］脱脱，［元］帖睦尔达世，［元］贺惟一，等．宋史·食货志［M］．北京：中华书局，1985：4252.

③ ［明］宋濂．元史·本纪第十·世祖［M］．北京：中华书局，1976：201.

④ 蓝勇．四川古代交通路线史［M］．重庆：西南师范大学出版社，1989：179.

⑤ 蓝勇．四川古代交通路线史［M］．重庆：西南师范大学出版社，1989：186.

⑥ 蓝勇．深谷回音——三峡经济开发的历史反思［M］．重庆：西南师范大学出版社，1994：130.

一口也”①。

峡江实行救生红船制度，宜昌西坝是红船佃田所在地之一。《三省边防备览》卷五《水道》载：“川江险滩鳞次相连，其著名者报部有案，各滩设有救生船，以备不虞，云贵运、京运、楚铜、铅船只例由泸州铜店上兑至重庆府，齐帮川东道盘验、开行、护送至楚境，每起船二十三只，共需桡夫、船户约计千人，沿途州县于铜铅船入境，必派拨兵役护送运员，将所执兵牌送至州县署，粘贴印花，以昭慎重。”②“船户约计千人”都要经过宜昌西坝往返长江上游和中游。荆楚吴越入川路中，古之峡州（今宜昌市）、归州和夔州三州之地形是最险峻的，例如巫山到湖北九湖道路上，“两山相望能讲话，见面握手半日难。既要爬山又涉水，四十八道脚不干”，“一上到山巅，一下到河边。对门喊得应，相逢要半天”③。故就大宗商贸而言，选择陆路成本非常高，所以绝大部分商贸还是经过峡江。据蓝勇不完全统计，从四川江安到宜昌东湖900多千米水程，设置74只救生红船，设置滩险之地76个，共有水手423名，每12千米就有一只救生红船④。为了提高救护的水平，救生水手们还自编了《峡江救生船志》，图文并茂，标有河道曲折、滩险位置、炮台位置和救生船位置⑤。清代巫山奉节段救生红船情况详见表1。

**表1　清代巫山奉节段救生红船情况表⑥**

| 区段 | 救生红船数/只 | 水手数/人 | 备注 |
|---|---|---|---|
| 奉节青崖子滩 | 1 | 6 | 于嘉庆八年报部，列为极险之滩，至今无更改 |
| 奉节二沱滩 | 1 | 6 | 于嘉庆八年报部，列为极险之滩，至今无更改 |
| 奉节滟滪石滩 | 1 | 6 | 于嘉庆八年报部，列为极险之滩，至今无更改 |
| 奉节石板峡滩 | 1 | 6 | 于嘉庆八年报部，列为极险之滩，至今无更改 |
| 奉节小黑石滩 | 1 | 6 | 于嘉庆八年报部，列为极险之滩，至今无更改 |
| 奉节男女孔滩 | 1 | 6 | 于嘉庆八年报部，列为次险之滩，至今无更改 |
| 上至下马滩，下至鳊鱼溪止 | 7 | 42 | 巫山于光绪三年新设，另设巡船1只，水勇8名 |
| | 1 | 6 | 巫山于光绪九年增添 |

① ［清］李炘，［清］沈云骏．归州志（光绪）·峡江救生船记［M］．台北：成文出版社，1976：145-146．

② 蓝勇．稀见重庆地方文献汇点（上）［M］．重庆：重庆大学出版社，2013：314．

③ 四川省巫山县地名领导小组．四川省巫山县地名录［G］．1983：127．

④ 蓝勇．深谷回音——三峡经济开发的历史反思［M］．重庆：西南师范大学出版社，1994：135．

⑤ 蓝勇．西南历史文化地理［M］．重庆：西南师范大学出版社，1997：439．

⑥ 巫山县志编纂委员会．巫山县志（光绪）·水利志［G］．1988：63-64．

续表

| 区段 | 救生红船数 / 只 | 水手数 / 人 | 备注 |
| --- | --- | --- | --- |
| 上至下马滩，下至鳊鱼溪止 | 1 | 6 | 巫山于光绪十三年三月增添 |
| | 2 | 12 | 巫山于光绪十四年三月增添 |
| 总计 | 17 | 102 | |

在巫山设立的红船制度十分完备，峡江每一个地方的行船都记载得非常仔细。以西坝和葛洲坝二岛为例，就记载了西坝、至喜亭、黄陵庙、和尚石、长碛子、屯甲沱、葛洲坝、二江、三江、老虎堆十个地名和航运要点。例如《峡江救生船志·行船必要》记载："宜昌府东湖县西坝起，上至四川重庆府巴县止，行船要津路程备考。北岸至喜亭：即黄陵庙。若小河通套，即红石子扎水之际。若小河流动，红石子满架水，上至老黄陵庙九十里。北岸和尚石：水漫此石，峡间红石子当际。南岸李家河。北岸长碛子。北岸屯甲沱：满架水，下水船靠此处或欢喜坡。南岸笔架山。南岸碑湾。南岸下紫阳。河中葛洲坝。北岸二江。北岸三江。南岸上紫阳。南岸恶石子：上大水，船用长纤，行山溜子。北岸老虎堆。南岸山溜子。"[①]《峡江救生船志》将险滩所需注意事项都说明清楚，以防"失吉"事故。

巫山归夔州管辖，下有归州，归州而下为夷陵州（古峡州），宜昌所在险滩以红石滩最险，以此滩统筹整个宜昌府东湖县救生红船事宜。乾隆《东湖县志·山川》记载，红石子滩"在峡江北岸罗佃溪口，距县八十里，最险"[②]。《最新川江图说集成·宜昌至夔州府水道程途由宜昌上驶》记载，如意滩，"北岸，大水险。一名无义滩。泡漩大"；红石子，"北岸，大水险，红石未现，定须在美人沱、山斗（三斗）坪停泊，候水平再走"；山斗坪，"南岸，小场、分当门，即南浒滩。下大水此处可以泊船"[③]。此处"如意"实为"无义"，峡江中红石滩，因为江中红石（堆）形成险滩。《平滩纪略》记载："江心有一石堆，名火炮朱，计长二十余丈，高六丈余，宽十一丈余，业已打至正月平水，以后无此朱名。此朱下首南岸有一滩名渣波滩。对面北岸有一滩名曰红石子。此二滩冬春之水，上下行舟，无碍于事。夏秋之水，北边红石子下水船只损坏者多，去船毙命者不少。此滩乃东湖所属第一凶滩。"红石滩作为今宜昌县（清东湖县）"第一凶滩"，成为宜昌险滩的代名词。故东湖以红石滩救生红船指代整个救生红船体系，可见其在船工和水手心中的凶险程度。宜昌红石滩何以成为宜昌县"第一凶滩"的呢？《平滩纪略》记载："其红石坏船之由，皆因火炮朱、渣波二滩堵截江心。其渣

① ［清］罗缙坤．峡江救生船志（光绪四年刻本）［M］．成都：四川大学出版社，2015：186-187.

② ［清］林有席．东湖县志（乾隆）·山川志［M］．南京：江苏古籍出版社，2012：67.

③ 杨宝珊．最新川江图说集成［M］．北京：线装书局，2004：3.

波滩横出江心三十余丈，长五十余丈，高十余丈，堵住江水，向北岸红石子堆横冲。是以泡漩汹涌。当季之水，上下行舟，俱受其害。"[①] 宜昌红石滩是宜昌县"第一凶滩"，而清代应对各种"红石滩"的地方就是宜昌江心岛西坝。

宜昌西坝所在地是红石滩所在峡区救生红船收入的重要来源地，也是红石滩"田房"赁租所在地。为了保证救生红船制度的运行，该地区由官方和地方士绅共同管理。经费由官出、租赁、捐赠等多方筹措。例如同治《宜昌府志》卷四《建置下》对红石滩记载如下。

> 旧设救生红船一支，水手六名，今增设红船六支，水手三十六名。又移城河红船一支于此。水甲一名，委派巡视弹压。官一员，忠恕堂绅士一人。按：红石滩与白龙洞、严希沱、大峰珠、锅笼子、沾山珠而六皆称湍流险处。旧设救生红船各一支，水手各六名。岁支工食银二百五十九两二钱。除原有籽粒折算约银六七十两外，不敷者，按季由藩库请领。岁久滋弊，名存实废。并红船亦无有存者。而近年滩险莫甚于红石，余悉平矣。咸丰十年，署东湖令刘浚乃劝谕商民增设红船二十艇，专在红石循环救护，并立忠恕堂，延正绅主之。经知县金大镛禀请前署知府唐协和，会同刘浚倡劝，先后得捐赀三千五百缗，置田纳租，以赡经费。邑绅传文烺等复请移城河红船二支于红石。每岁由本道派员巡视，以此客舟绝少覆溺，渐成坦途。嗣因费复短绌，知县金大镛禀请六滩应领经费一百八十两，移并红石，尚不能给，盐局委员候补同知刘浚乃议盐、厘二局，月各捐钱二十缗助之。于是申请备案，著为令焉。田房附左。
>
> 一置镇川门外铺面二间，在河街下大码头，坐西朝东。计价二千八百贯，每年赁租钱二百八十贯。一在黄草坝置田五块，计价三百一十贯，周大康佃种，每年纳稞钱二十八贯。又黄草坝置田三块，计价一百九十贯，杨奉锦佃种，每年纳稞钱十八贯。又黄草坝置田一大段，计典价四十五贯，刘启顺佃种，每年纳稞钱九贯。以上田房买约共三纸，典约一纸，均存忠恕堂。首士轮流经管，其租稞钱均归红石滩办公应用。[②]

清代宜昌的盐税、厘金税主要在西坝办理，在此设立租赁房屋和在西坝黄草坝置田纳租，都是由西坝独特的交通区位决定的。救生红船制度得到清政府的高度重视，并得到地方大员和地方财政及中央财政的支持，这与三峡水运的重要地位是分不开的。救生红船制度有一整套的规章，例如巫山"于夔巫江面新设

---

① 中国水利水电科学研究院水利史研究室．再续行水金鉴·长江卷［M］．武汉：湖北人民出版社，2004：842．

② ［清］王柏心，［清］聂光銮．宜昌府志（同治）·建置下［M］．台北：成文出版社，1970：178-179．

救生红船十四只，分为两局经管。巫局设于巫山城内，由省派州县一员专管其事”，此为政府管理机构；“上至下马滩，下至鳊鱼溪止，设红船七只，招募水勇四十二名，巡船一只，水勇八名”，此为具体人员构成和所负责的以县为界的水域范围；“委员不时分途梭巡，月支薪水并巡船、红船口食。每红船救生一名，赏钱一千四百文，捞尸一具，赏钱一千文。若救活之人无行李者，给与路费。捞获尸身，并给棺木石牌等项，每月俱由夔州府库请领”[①]，这是工资、事故处理和奖赏制度。这些表明，救生红船制度在川江有一套具体的规章制度。此外，掩埋无主尸骸义地还被地方政府特意载入史册。例如光绪《归州志》卷三《义冢》记载：“归州义冢五座，坐落老官庙、大慈寺、叱溪塘、何家湾、北关外，养济院，在北门外，今无。旧址犹存。”[②]归州义冢始于明清，源于该地滩险水急，海损多。《归州志·峡江救生船记》载：“买置义地，掩埋无主尸骸前，将州民卖契谕令，盖印备档存案，比即遵照办理矣。而窃虑历年既久，僻壤，愚氓或侵基址，转相盗卖，不几有负协戎之苦衷哉！至于善积之大无矣，赘述惟载其基址，以志不朽云。”[③]

《峡江救生船志》记载：“由四川夔州府至湖北宜昌府一带河道，何处最险，何处次险，没处应设救生船若干支，每支钉造需银若干，水手、舵工等月支口粮若干，每年共需经费若干，其船平时应由何官绅经营，方能行之久远，不致有名无实，一并详细妥议章程并绘图，帖说禀覆核办。一面将发交汇票库平银四千两，先将该号兑取收存湖北军需局。”[④]由此可见，《峡江救生船志》是一套非常完善的维护航运安全的管理制度。故蓝勇总结道：“清代救生红船制度有着船身的形制、每船水手数、运作经费和水手报酬、救护奖励和义埋制等系统的管理体制；其作用除随时救险外，还有租赁护航的功能，其救护制度在中国水上慈善救护史上有开创之功。”[⑤]

---

① 巫山县志编纂委员会. 巫山县志（光绪）·水利志［G］. 1988：66-67.

② ［清］李炘，［清］沈云骏. 归州志（光绪）·义冢下［M］. 台北：成文出版社，1976：143.

③ ［清］李炘，［清］沈云骏. 归州志（光绪）·峡江救生船记［M］. 台北：成文出版社，1976：146-147.

④ ［清］罗缙坤. 峡江救生船志（光绪四年刻本）［M］. 成都：四川大学出版社，2015：36-37.

⑤ 蓝勇. 清代长江上游救生红船制续考［J］. 中国社会经济史研究，2005（3）.

## 三、凿石安澜：三峡航道的整治

治理航道为何要“凿石”呢？皆因石与水“争江”“争路”。同治《东湖县志·艺文志》记载的张巘所作之《峡中行》曰：“石与水争江，水与石争路。水不容石顽，石愈逢水怒。汹沌逐日来，一叶危于露。却羡鸟身轻，欲唱公无渡。”[①]该诗极好地总结了险滩产生的机理，若想航道安澜，不让水怒，就要凿去顽石。

### （一）远古时期三峡水道整治

远古时期，古人便开始治理三峡航道，例如《水经注·江水》记载，“其峡盖自昔禹凿以通江，郭景纯所谓巴东之峡，夏后疏凿者也”[②]。又如《华阳国志·巴志》记载：“及禹治水，命州巴蜀，以属梁州。禹娶于涂，辛壬癸甲而去，生子启呱呱啼，不及视，三过其门而不入室，务在救时，今江州涂山是也，帝禹之庙铭存焉。（禹）会诸侯于会稽，执玉帛者万国，巴蜀往焉。”[③]三国时期蜀国来敏所作的《本蜀论》记载：“望帝立（鳖灵）以为相。时巫山峡而蜀水不流。帝使令凿巫峡通水，蜀得陆处。望帝自以德不若，遂以国禅，号曰开明。”[④]大禹与鳖灵等传说中的英雄人物可能只是组织人民疏凿和开通三峡水路，而人民将疏凿和开通峡路的功劳归功于这些英雄，事实上三峡人才是三峡交通历史的创造者和开拓者。

在巫峡，有大禹与巫山神女的传说。例如巫山神话传说记载：“西王母的小女儿瑶姬，劈死十二条混江蛟龙以后，爱上了高峰入云、江水碧绿的巫山，便在此定居下来，帮助夏禹开凿三峡，疏通江水，为樵夫驱虎豹，为农人保丰收，为病人种灵芝，为行船谋安全，日久天长，她的身躯化为一个石峰，每天她第一个迎来朝霞，最后一个送走晚霞，故名望霞峰。”[⑤]文人骚客关注的是巫山神女“自荐枕席”之韵事，而流传三峡的巫山神女帮助大禹治水的故事在民间家喻户晓，

① 宜昌市委党史地方志办公室．东湖县志（同治）·艺文志［G］．2012：322．

② ［北魏］郦道元．水经注校证·江水［M］．陈桥驿，校．北京：中华书局，2007：778．

③ ［东晋］常璩．华阳国志·巴志［M］．刘琳，注．成都：巴蜀书社，1984：20-21．

④ ［东晋］常璩．华阳国志校補图注·蜀志［M］．任乃强，注．上海：上海古籍出版社，1997：121．

⑤ 四川省巫山县地名领导小组．四川省巫山县地名录［G］．1983：27．

如陆游《入蜀记》也记载：“二十三日，过巫山凝真观，谒妙用真人祠。真人，即世所谓巫山神女也。祠正对巫山，峰峦上入霄汉，山脚直插江中。……庙后山半，有石坛平旷，传云夏禹见神女授符书于此坛上。……岁旱，祈雨颇应。”[①]故巫山神女在三峡民间更多是以帮助大禹“凿石安澜”之护佑神灵的形象出现。在三峡，如巫山神女一样的仙女护佑苍生之传说成为一种文化，是穷苦大众如宗教般的心灵慰藉。

因此，三峡地区普遍存在和仙女传说相关的地名，如秭归仙女岩，“古代传说，此山上有一仙女，凡人们过红白喜事时就向她借碗碟，故称之仙女岩”[②]；宜都仙女洞，“相传很早以前，洞内住一仙女，穷人遇难有求必应，富人求则不灵，故名仙女洞”[③]；远安八仙洞，“传说古代有七男一女八位神人在此修仙，故名八仙洞。洞底有一石台和水坑，人称求雨台和洗手坑，每遇干旱农民至此拜神求雨”[④]；巫山神女庙，“与神女峰相对，背依神女授书台，建平清台村……巫山县城东一公里处宋代建有神女祠；楚阳也有神女庙”[⑤]；巫溪仙女溪，“传说有仙女下凡降临此溪，故名”[⑥]；兴山仙女山：“传说山上曾有仙女显圣，故山原名显灵山，后演变为今仙女山”[⑦]。这些有关仙女的神话和传说显然有着近似宗教信仰的功能。

在西陵峡有黄牛开峡的传说，传说大禹在西陵峡治水的时候，是黄牛帮忙凿开三峡的。例如诸葛亮所作《黄陵庙记》记载：“趋蜀道，履黄牛。……神有功助禹开江，不事凿斧，顺济舟航，当庙食兹土。仆复而兴之，再建其庙貌，目之曰黄牛庙，以显神功。”[⑧]历代文献对黄牛庙多有记载。例如范成大《吴船录》记载：“八月戊辰，朔。发归州。五里至白狗滩。三十里至新滩。此滩恶名豪三峡。八十里至黄牛峡。上有洺川庙，黄牛之神也，亦云助禹疏川者。”[⑨]今天西陵峡黄陵庙，“凿石安澜”成为大禹治水思想的点金之语，虽然欧阳修改“黄牛庙”为“黄陵庙”，但在人民心中，黄牛也有一席之地。“黄牛开峡”“凿石安澜”是有其文化渊源的，而“凿石安澜”也成为峡江航运交通治理的主导思想。例如《黄陵庙事迹记》载：“禹乃焰魔帝天伊祈王之子，素为大力神，遇上帝怜

① 黎小龙．三峡通志校注·入蜀记［M］．重庆：重庆出版社，2014：26-27.
② 湖北省秭归县地名领导小组．湖北省秭归县地名志［G］．1982：441.
③ 湖北省宜都县地名领导小组．湖北省宜都县地名志［G］．1982：335.
④ 湖北省远安县地名领导小组．湖北省远安县地名志［G］．1982：364.
⑤ 四川省巫山县地名领导小组．四川省巫山县地名录［G］．1983：277.
⑥ 四川省巫溪县地名领导小组．四川省巫溪县地名录［G］．1982：141.
⑦ 湖北省兴山县地名领导小组．湖北省兴山县地名志［G］．1982：375.
⑧ 蓝勇．稀见重庆地方文献汇点（上）［M］．重庆：重庆大学出版社，2013：114.
⑨ 蓝勇．稀见重庆地方文献汇点（上）［M］．重庆：重庆大学出版社，2013：116.

水之大劫，故降生禹，以治之。后遣五星，仿其行事，俱生于世。……天之五星六丁六甲，地之五行九宫八卦，悉集听命。太白金精炼丙丁火，铸造锥、锸、斧、凿、鳊、锄、鎚、钻。岁星、苍龙驱木，公刘削椎桩、杵桩、轮舆、舟车，土星、黄牛以耕于岷山，导江洺川。当从岷字以洺川，为黄牛祠。”此时大禹与黄牛融入太多传统文化因子，尤其是五行学说。《黄陵庙事迹记》又曰：“黄牛，土星所化，五行之中，土能克水，黄牛之色乃中央土也。”[①]这便是牛能镇水的原因。其源在于黄牛属土，土克水，源于我国五行相生相克学说，故在三峡有黄牛开峡之说。

### （二）宋代三峡水道整治

宋代整治三峡航道最为著名的是郡守赵诚，他组织当地人治理航道，故被尊称为“赵江”。宋代王象之《舆地纪胜》记述：“天圣丙戌，州东二十里赞唐山崩，蜀江断流，沿溯易舟以行。皇祐间郡守赵诚首以此留意，躬亲督责，附薪石根，火纵石裂。不半载而功成，江开舟济，名曰赵江，有磨崖铭。今新滩有双庙，在秭归县东二十里，祠江渎、黄牛二神象之。窃谓赞山壅江流，沿溯皆易舟，故上祀江渎、下祀黄牛。自赵诚凿开新滩之后，沿溯无易舟之苦，皆赵史君诚之功。而祀典不及第，祀二神，失其旨矣。”[②]郡守赵诚“凿石安澜”，固然改善了航道，但也在无形中影响了部分人——当地转输人员的生计。只有借助当地黄牛神灵，才能减少实施“凿石安澜”工程的阻力。

《三峡通志・名宦流芳》记载：“赵诚，皇祐间知归州。先是，山颓江石断流，诚负薪石根，纵火裂石，不半载而功成。江开舟济，名曰‘赵江’，有磨崖铭。”[③]磨崖铭藏于新滩南岸的江渎庙内，其中有一块石碑，记载了（赵诚）疏通新滩河道的故事，这也是目前保存的历史上关于新滩岩崩灾害的唯一石刻。石碑高 1.49 米、宽 0.81 米、厚 0.1 米。碑文魏体，笔力雄浑，字迹工整。全文为：“宋皇祐三年前进士曾华旦撰碑称，因山崩石压成此滩，害舟不可胜记。于是著令自十月至十二月禁行。知归州尚书都官员外郎赵诚闻于朝，疏凿之。用工八十日而滩害始去，时皇祐三年也。盖江绝于天圣中，至此而后通。”[④]由此可知，天圣年间峡江发生崩岸后，“蜀江断流，沿溯易舟以行”，郡守赵诚采用李冰修都江堰的“积薪烧石”技术，花了半年时间才得以疏通。

---

① 蓝勇．稀见重庆地方文献汇点（上）［M］．重庆：重庆大学出版社，2013：154-155.

② ［南宋］王象之．舆地纪胜・荆湖北路［M］．扬州：江苏广陵古籍刻印社，1991：654.

③ 黎小龙．三峡通志校注・名宦流芳・陈起［M］．重庆出版社，2014：121.

④ 国务院三峡工程建设委员会办公室，国家文物局．长江三峡工程文物保护项目报告・三峡湖北段沿江石刻［M］．北京：科学出版社，2010：4.

宋代在治滩方面可与赵诚相提并论的是陈起。明代《三峡通志·名宦流芳》记载："陈起，沅江人，南唐时举进士。初为宁乡令，改秭归，疏凿杂滩。欧阳修称之。转湘乡、萍乡令，乃迁黄梅。有妖寇藉幻术惑众，起恶，擒之，由是知名，召拜侍御史。"[①]雍正《湖广通志》引《明一统志》指出，陈起"沅陵人。景祐进士。调宁乡令，改秭归，又历湘乡、萍乡令。皆有声。在秭归日，疏凿新滩，舟赖以安。终永州倅。"陈起疏凿新滩，舟赖以安。而赵诚与陈起，是少有的为文献记载的宋代治滩官员。

### （三）明代三峡纤道和水道整治

明代，峡路仍是中央政府重要的漕运水道，同时人们也另辟蹊径，在峡路岸上开辟陆路，一则行人，二则利于水运纤夫行走以助船只上行。明人王士性《广志绎》指出："李太白称'蜀道之难，难于上青天'，不知者以为栈道，非也。乃归巴陆路，正当峡江岸上。"[②]元代以后，因怕四川割据，故控制峡江之瞿塘卫（在夔州瞿塘峡），其在军事上归楚地管辖，故该地军事和行政职责之间便产生了矛盾。从夔州瞿塘峡瞿塘关到西陵峡之峡口宜昌之路，变成了"鬼门关"之路。

王士性《广志绎》指出："鬼门关正在蜀道，今人恶其名，以其地近瞿塘，改瞿门关，亦美。此地名为楚辖也，蜀不修。蜀请楚修，楚谓吊楚地，楚人不行，蜀行之，楚亦不修。"[③]蜀楚军事、行政之间的"犬牙交错"对整个峡江航道和纤道治理是非常不利的。

王士性《广志绎》指出："万历戊子，徐中丞元泰抚蜀，邵中丞陛抚楚，徐饷工费八百金于楚以请，邵修之而还其金，至今道路宽夷，不病倾跌。惟是归、巴郡邑僻小残惫，不足供过客之屐履，携家行者，苦于日不完一站则露宿，少停车之所，又荒寂无人烟聚落，故行者仍难之。"[④]万历修蜀楚之间的"蜀道"，已经非常不容易，在峡江无论疏浚航道还是开凿陆路纤道，楚人或当地人往往阻挠。何也？明代礼部尚书敖文祯《修治空舲峡记》指出："舟人往往相戒叵测，而居民、渔子、亡赖、恶少反伺其货贿漂溺以为利。薮上之人有所不闻，或议而报，罢以故，有司亦格于奉行而莫敢闻。"[⑤]历史上，出于长江黄金水道的原因，国家必须打通峡江，地方虽有阻挠，但还是难以阻挡。故有关疏凿航道的文献记载往往较多。而蜀楚之间有关西陵峡沿江纤道鲜有开凿的历史记载，倒是四川沿

① 黎小龙．三峡通志校注·名宦流芳·陈起［M］．重庆出版社，2014：121．
② ［明］王士性．广志绎·西南诸省［M］．周振鹤，校．北京：中华书局，2006：303．
③ ［明］王士性．广志绎·西南诸省［M］．周振鹤，校．北京：中华书局，2006：304．
④ ［明］王士性．广志绎·西南诸省［M］．周振鹤，校．北京：中华书局，2006：304．
⑤ 黎小龙．三峡通志校注·记·修治空舲峡记［M］．重庆：重庆出版社，2014：107．

江纤道开凿的历史记载较多。

西陵峡疏凿航道历代较多，例如明代敖文祯《修治空舲峡记》记载：“今代巡紫亭甘公来按，全楚铲奸剔蠹，悉就芟夷，利所当兴，纤巨毕集，乃概议修治兹峡。檄当道率郡，若州之贰，长倅亲行，相度量计工费，擘画而授之事。计石之当凿者，为丈三百六十有奇，工计之，日六十，人四旬有五日。费计之，一切攻治之具，与食力之直，百五十金。金取之本州。私贩之赎锾而官不知，费工计日受直而民不知扰。珠石既平，峡流安轨，舳舻衔尾，上下讴歌。凡官客之往来，商旅之出入，咸称利涉。而吏于兹土者，亦得藉以免于不戒之虞。昔之空舲，今为通舲矣。”此乃名副其实的“凿石安澜”，凿去的石头是空舲峡中的三珠石。敖文祯是受友人归州知州吴守忠之托而撰《修治空舲峡记》一文的。敖文祯《修治空舲峡记》描述道：“峡中流屹立一大石，大石左下三石连珠，峙伏水中，土人又号曰三珠石。舟行必由大石，左旋捩柁，右转即接三珠，毫厘失顾，舟摩石上，遂糜解漂没，不可措手。”三珠石“峙伏”在峡江中，“舟摩石上，遂糜解漂没，不可措手”，这也是该段峡谷叫“空舲峡”的缘由。因为“空舲峡，为三峡之一。曰空舲者，言舟舲至此（三珠石——笔者注），必空载，而后敢涉也”。航道治理，凿去航道中的巨石，疏浚航道，故黄牛峡黄陵庙的“凿石安澜”恰如其分地表达了航道疏浚的真谛。敖文祯《修治空舲峡记》在无意中总结了“凿石安澜”的具体方法：“石惟险即匿其端，即有所凭藉，而必得掊击之，必断治之，使陂者平，险者夷，而不至滋害也。”[①]

记载新滩滑坡灾害和整治情况的另一篇碑文是《重凿新滩碑记》，其系明朝天启五年（1625年）湖广提刑按察乔拱壁所撰，该碑已失，所幸为清乾隆五十五年（1790年）所编的《归州志》录存。碑文为：“滩善触常崩于宋天圣中，至梗往来舟楫。越数百年，嘉靖壬寅夏崩。”[②]清同治《宜昌府志》卷二《疆域志上》对乔拱壁疏浚新滩记载曰：“明嘉靖二十一年，久雨山颓，两岸壁立，大石横亘江心。天启五年，按察使乔公拱壁凿平之。”[③]乔拱壁疏浚滩险，就是对黄陵庙四个大字“凿石安澜”的最好体现。历代官员疏浚滩险，无论“凿石安澜”功效如何，必然镌刻于石碑之上，一则记其事，二则彰其功，三则引导民风。敖文祯《修治空舲峡记》对修功德碑和作功德铭作如下阐述。

斯已兹举也，其乃所以观风与直指。初巡辽海，东徼肃清。今巡楚，

① 黎小龙．三峡通志校注・修治空舲峡记［M］．重庆：重庆出版社，2014：106-110.

② 国务院三峡工程建设委员会办公室，国家文物局．长江三峡工程文物保护项目报告・三峡湖北段沿江石刻［M］．北京：科学出版社，2010：4.

③［清］王柏心，［清］聂光銮．宜昌府志（同治）・疆域志上［M］．台北：成文出版社，1970：63.

> 楚事无不举。兹当报代归朝。天子宵旰厉精轸恤，元元重罹菑沴有。诏问直指若所兴，利若所除害。直指其条悉以对，而莫先治险。夫世未有险侧之风，行而平康正直之化，可几也。方今四方水旱疾痢，累岁不绝书，而西垂又报弗靖矣。使在事者，皆蚤计利害，擿除险伏如直指，则何至见事而图急而后以往之咎哉！直指与余同师，举于乡，又同举南宫，有同心之谊。故因归州（指知归州吴守忠——笔者注）纪其功而书之如此云。若乃镌铭荆水之上，与羊叔子、杜元凯诸人相后先为名重，则直指之思深而厚。自待者当不止此也。兹役也，与夷陵黄陵庙官艚同议，其险同，其治同，其告成功同，夷陵当自有记。[①]

敖文祯撰《修治空舲峡记》，将涉及的人、事、功等“镌铭荆水之上”，“纪其功而书之”，起到“观风”“平康正直之化”的作用。

### （四）清前期峡江航道治理

清代，三峡人口激增，生态环境破坏严重，尤其是峡江农垦加剧，造成水土流失，致使峡江险滩增多，使得治理航道和修理纤道的工作更加频繁。如西陵峡的查波滩，乾隆二十三年，“荆宜道来谦鸣觅工劈削尖峭，以杀水势，舟行便之，因以立石以志不朽”[②]。可见峡江航道整治自宋至明、清一直在进行，而这些活动都属“急公尚义”之举。如光绪《巫山县志·人物志》记载：“县西一百二十里，峡名黑石，怪石鸱蹲，锋棱巉峭，如锯如钞。每水涨舟航遇之，无不立碎。有拔贡生史士铨，职员张琳、宋秉胜、杨锦，监生王士用，于乾隆三十二年，设法平之。以井油煅石，取次开凿，用银数千金乃成。适观察李见之，以为义举。给匾曰‘利济为怀’。”[③]

### （五）汪鉴对三峡纤道的治理

清代，夔州知府汪鉴对三峡纤道整治得较为彻底，更具整体性和系统性，该纤道一直使用至今。光绪《奉节县志·政绩》载：“汪鉴，字晓潭，安徽旌德县人，由御使简放夔州。丰裁懔然，不畏强御，临事剖决如流，幕友、门丁一切谢绝。尝望夔门险隘，欲疏通以便行旅，因筹款数万金，奏请创开峡路百余里，为从来所未有。余款购书数万卷，分置七学署；买田土若干亩作义冢；以三千金修京师夔府会馆；以五千金存万县‘兴发寿’号生息，作夔郡乡会试及京官津贴费。

---

① 黎小龙．三峡通志校注·修治空舲峡记［M］．重庆：重庆出版社，2014：107-108．

② ［清］金大镛，［清］王柏心．续修东湖县志（同治）·山川·滩［M］．南京：江苏古籍出版社，2001：414．

③ 巫山县志编纂委员会．巫山县志（光绪）·人物志［G］．1988：301．

复创兴既济会，添置水龙，以防火灾。嗣调补首郡以道员简用。”①

1. 筹资

瞿塘峡与巫峡之间的纤道，“数千年来未能经营开凿者，诚以工艰而费巨也”。所以，修路的前提是准备所需资金。清光绪十四年（1888年），汪鉴在自捐白银一万两后，又于官、商、民募白银六万两。“是役，该府汪鉴捐银一万两，臣筹拨闲款，捐银二万八千余两，渝、夔两属官商，乐捐银二万二千两，又钱二万余串。除支用一切经费及设石桩铁链等用外，存银一万两，发商生息，以作纤路、轿路、桥道岁修之资。”②

2. 修路方法及过程

当时的四川总督刘秉璋于奏折中说：“光绪十四年九月间，夔州府汪鉴，立志捐廉，禀请开修，经臣批准。先从夔峡开工，自白帝城起，下至大溪之对面状元堆止，曲折纡回，约三十里。施工之始，工匠无所凭借，乃对壁凿孔，层累而上。每开一大窦，实以火药，然（燃）引线而炸之。旋炸旋凿，使千仞峭壁之腰，嵌成五六尺宽平坦路，纤、轿可以并行其中。分造沟涧平桥十九道。……自巫山对岸起，下至川楚交界之鳊鱼溪、青莲溪止，计七十五里，地段较长，经费较巨。计造大拱桥四道，迤逦开凿，变险岩为康庄，今已一律告成。”③

3. 汪鉴纤道的作用与地位

清代《奉节县志》记载此工程曰：“当盛涨封峡之时，行人往来山路，肩挑臂负，络绎称便；而舟行有纤路，亦少覆溺之患。”④汪鉴“有志竟成，竭一己之诚，胜五丁之力，免行人于胥溺”⑤。周询《蜀海丛谈·汪筱潭太守》记载汪鉴曰：“公莅夔后，即以所得，于夔峡壁间凿开一路。广二丈余，凡百余里，所费巨万。自此溯流者，乃有施纤之地，不专候风矣。余戊戌会试回川，苦舟中郁久，与同船者登峡，缘此路步至夔城，历六十余里。见所凿之道，尽作匚字形（指的是半隧道，凹进山崖——笔者注），颇宽广。惟一俯视大江，则下临数十百丈，不禁战栗，相与叹其施工之不易。至今绝壁上尚有‘开辟奇功’（现已淹没——笔者注）四大字以纪之，非虚誉也！”⑥该纤道的建成，连接了巫山至奉节的陆上交通，

① ［清］曾秀翘，［清］杨德坤．奉节县志（光绪）·政绩［M］．成都：巴蜀书社，1992：678.

② 巫山县志编纂委员会．巫山县志（光绪）·水利志·险滩［G］．1988：65-66.

③ 巫山县志编纂委员会．巫山县志（光绪）·水利志·险滩［G］．1988：65.

④ ［清］曾秀翘，杨德坤．奉节县志（光绪）·山川志·险滩［M］．成都：巴蜀书社，1992：612.

⑤ 巫山县志编纂委员会．巫山县志（光绪）·水利志·险滩［G］．1988：66.

⑥ 周询．蜀海丛谈·人物类·汪筱潭太守［M］．成都：巴蜀书社，1986：230-231.

成为当时贯通三峡上部分的要津。后人在绝壁上刻下“天梯津隶”“开辟奇功”八个大字来纪念这一千古壮举，可谓恰如其分。

遗憾的是，川楚纤道并没有连成一体，因为“本拟接修楚境巴峡，惟力是视。经臣（刘秉璋）电商湖北督抚，臣接其回电，由楚筹修，是以修竟川界而止”[①]。前面已经讨论过明代王士性《广志绎》所说，“地名为楚辖也，蜀不修，蜀请楚修，楚谓虽楚地，楚人不行，蜀行之，楚亦不修”[②]。夔州府知府汪鉴作为清廉有为的地方官员，从某种意义上讲，修纤道改善水路交通是其职责。他也是第一个较为系统地对瞿塘峡到巫峡四川段纤路进行整体整修的官员。

### （六）“大禹”李本忠：凿石利济

1. 治滩缘由

湖北汉阳县商人李本忠自费整治三峡航道，不分川楚，为瞿塘峡、巫峡、西陵峡付出一生精力，成为三峡航运治理的传奇佳话。关于李本忠（1759—1841），熊登瀛所撰的《李公凿滩纪功碑记并序》记载：“公名本忠，字凌汉，湖北汉阳人也。祖若父皆业商，贩贸川楚间。祖以覆舟溺毙后，其父亦遭溺舟，虽以救免，而其母已尽节死矣。公抱先人之隐痛，而悲行旅之罹其害也。常矢愿曰：他日苟有力，必凿尽诸滩乃已。”[③]清光绪《归州志》也记载李本忠一生整治三峡航道的缘由，如光绪《归州志·平滩说》记载：“查李祥兴名本忠，汉阳人，其祖溺于滩，父亦覆舟，于是故立誓为此，竟以贾致富，得偿其志，或亦奇孝所感云。”[④]《四川重庆府巴县禹王宫碑记》记载：“忆公贸川，常抱先人之隐痛，悲行旅之为害，呼天矢志，他日苟有力，必凿尽诸滩乃已。”由此可见李本忠祖父、父亲皆为商贩。祖父李武在一次贩运途中遇险，船沉于秭归城下的泄滩，货毁人亡，尸骨无存。后来父亲李之义的运货船只又在泄滩翻沉。虽然其父落水后遇救生还，但失事的消息一传至家中，李本忠之母便悬梁自尽了。自此李本忠家中经济状况一落千丈，他当时身负祖债白银数千两，更为祖父、母亲的亡故而悲痛。他暗暗发誓：“他日苟有力，必凿尽诸滩。”这是其整治三峡航道的家庭背景与个人背景。当时人们对于李本忠的决心是比较怀疑的。《四川重庆府巴县禹王宫碑记》指出：“听斯语者，无不以公言大而夸。一介人耳，思与河伯为仇固难；险滩垒垒，欲

① 巫山县志编纂委员会．巫山县志（光绪）·水利志·险滩［G］．1988：65．

② ［明］王士性．广志绎·西南诸省［M］．周振鹤，校．北京：中华书局，2006：304．

③ 肖波．传奇楚商李本忠［M］．武汉：长江出版社，2017：240．

④ ［清］李炘，［清］沈云骏．归州志（光绪）·险隘·平滩说［M］．台北：成文出版社，1976：43．

行凿尽尤难！公贫士也，顾安所得数万金工资，则难之更难也！”[①]有志者事竟成，李本忠用毕生精力，真正以“凿尽峡江险滩”为己任。对于峡江治滩而言，李本忠堪称“千古一人”，可谓前无古人、后无来者，其所为是“急公尚义”“利济为怀”的义举。

2. 凿滩准备

在荆楚之人眼里，李氏家族是从事米和盐买卖的商人。南宋吴自牧《梦粱录》曰：“人家每日不可缺者，柴、米、油、盐、酱、醋、酒、茶。”[②]米和盐是其中最重要的。李氏家族的发迹具有传奇色彩，似乎“财从天降”。这也是让李本忠“呼天矢志”，为其“急公尚义”“利济为怀”而“凿石安澜”留下了伏笔。清代洪良品（1827—1897）于光绪年间所撰的《湖北通志志余》作如下记载。

> 汉阳李祥兴，鹾（盐）商也，嘉庆中叶富甲两湖。其祖父渡子出身，因过客遗一包裹重资，拾还之。酬以金，谢曰：余不贪多而取少耶？悉却之。赠以豚肩，乃受。至月朔，以之供神，设船头行礼。忽为鹰掠，盘旋江干，欲下不下。李逐之，率舟以从。至荒洲无人处，豚肩坠下，鹰忽不见。甫近岸，岸已崩塌，半露败舟形状，谛视良久，中藏白镪满仓。舟木触之成泥，则古所沙淤沉舟也。李载白镪归家，而前遗资者适至，重李为人，邀其同贩川米，复贷以重金。李亦出所拾金以副之，自川至吴越，舳舻五千里，往来如织者，多李家船也。由是创诸善举，若救生局、崇善堂，每岁费以数万计。先是蜀江上下，素有险滩乱石林立，潜伏波中，行舟触之立覆。李捐资设法，悉平其险。[③]

显然，该故事是李氏家族发达后，后人为彰显李氏祖人的荣光而创造的传说。但该故事说明，李氏家族在社会上和民间具有良好的商誉和口碑。李氏家族“急公尚义”“利济为怀”的善举为之赢得了“遗金”和“豚肩”，使得李氏家族“白镪满仓”，才成就了川楚、吴越“李祥兴”商号和“李家船”的成功，才造就了“舳舻五千里，往来如织者”的盛况。“李家船”的发展也需要疏凿峡江险滩，以服务其商业贸易。李本忠“捐资设法，悉平其险”具有主观和客观多重因素。抛开其他因素不论，我们来看看李本忠治滩成功的原因。

第一，治滩先要筹措充足资金。当时李本忠父亲留下了大量债务，而李本忠是经商奇才，“自是出披星、入戴月，不数年而坐拥厚赀”（熊登瀛《李公凿滩纪功碑记》）。李本忠秉承祖辈遗志，“贸迁为业，往来川楚间”，“以贾致富，

---

① 肖波．传奇楚商李本忠［M］．武汉：长江出版社，2017：243．

② ［南宋］孟元老，［南宋］吴自牧．东京梦华录·梦粱录（外四种）［M］．上海：古典文学出版社，1957：270．

③ 肖波．传奇楚商李本忠［M］．武汉：长江出版社，2017：236．

得偿其志”，苦心经营二十多年，成为沟通川楚的一位大行商，家资殷富。这为其放弃商旅，决心倾其“所有独立乐输之财”整治三峡航道准备了物质条件①。李本忠之所以有如此经济实力，主要是他抓住了当时社会最好的商机，一是米，二是盐。例如光绪《大宁县志·风俗》记载，巫溪大宁厂盐场，“灶工丁逾数千人，论工受值，足羁縻之，然五方杂处，良莠不齐。《舆地纪胜》所谓‘吴蜀之货，盛萃于此，一泉之力，足以奔走四方’，信非诬也。”由此可见，四川各地以煮盐为生的外来移民众多（其中半为楚人），成为地方“羁縻”治理与安置（楚地）移民的重要手段。而“客商挽运货物（盐），上而万县，下而荆沙”②，为蜀楚盐业贸易的繁荣打下了基础。对于汉口而言，无论是川盐还是淮盐都是高利润的行业。清代叶调元《汉口竹枝词》描写道：“上街盐店本钱饶，宅第重深巷一条。盐价凭提盐课现，万般生意让他骄。”另有“一包盐赚几厘钱，积少成多累万千。若是客帮无倒账，盐行生意是神仙”③。由此可见盐业是非常赚钱。盐业为国家专营，而李氏家族“急公尚义”“利济为怀”“疏浚险滩”“凿石安澜”的义举也让李氏家族在参与盐业方面得到了国家的认同或许可。

第二，李氏家族开办“李祥兴”商号经销米和盐亦需要峡路畅通。李家祖父和父亲在峡江两次“失吉”，说明李氏家庭三代行走峡江，“川米”和“川盐”贸易，船运是唯一可行的运输方式。四川和湖广粮食产量居全国之最，“两湖熟，天下足”“川米济楚”“川盐济楚”，自然而然彰显了长江水运交通的重要性。而商贸活动中，三峡水道的畅通至关重要，故学者指出“实际上形成了以长江三峡为交通孔道的川米、川货、川盐等贩运的交通路线，以四川居首，湖广居中，江浙为尾，沟通了全国性的米粮流通网络”④。

第三，李本忠多行“善举”和“义举”，为峡江凿滩做好了声誉上的准备。叶调元《汉口竹枝词》载：“龙王庙口汉江连，急浪惊泷似箭穿。水果行开飞阁上，渡江船杈木簰前。”叶调元注曰：“庙在江汉交应之处，陡岸飞流，不能停泊。有木簰长数丈，广半之，用大杙、铁索系于江岸，外以泊船，内以长跳接岸，李祥兴力也。水果行聚集于此。飞阁凌空，货物山积，燕巢幕上，居危若安。”⑤可见，李本忠常在汉口做慈善。在全国性的米粮（盐）流通网络中，湖广居中，武汉为九省通衢之地。李氏家族合理利用汉口商贸网络中心，以武汉为中心，上达巴蜀，

① 冯祖祥，丁松昂．李本忠的《平滩纪略》及其启示［J］．生态经济，1991（1）．

② ［清］高维岳，［清］魏远猷．大宁县志（光绪）·地理·风俗［G］．巫溪县志编纂委员会，校．1884：94．

③ 沙月．清叶氏汉口竹枝词解读·市廛·盐行［M］．武汉：崇文书局，2012：43，47．

④ 王笛．跨出封闭的世界——长江上游区域社会研究［M］．北京：中华书局，1993：207．

⑤ 沙月．清叶氏汉口竹枝词解读·市廛·龙王庙［M］．武汉：崇文书局：32．

下达吴越。这也说明李氏家族早在“峡江凿滩”获得良好声誉之前，就已经参与了“诸善举”，如“救生局、崇善堂，每岁费以数万计”。从物质准备到商业声誉的积累，都为李本忠峡江凿滩打下了基础，就某种意义而言，李本忠多行“善举”和“义举”，比物质准备更为重要。李家三代行商，李本忠小有商业成就后，在峡江自费凿滩，为李氏家族赢得了巨大的商业声誉，也有利于李氏家族在川楚经商，有利于李氏家族“李祥兴”商号船运输米和盐。当然，这都是李本忠在“抱先人之隐痛，悲行旅之为害，呼天矢志，他日苟有力，必凿尽诸滩”的理想之下，怀抱“急公尚义”“利济为怀”之心实现“疏浚险滩”“凿石安澜”义举的物质准备。

第四，李氏家族治滩的理论和实践准备。李本忠常年往来川楚之间，为其整治航道提供了实践经验，而其整治川江航道，又有利于李氏家族在川楚之间的贸易往来。李本忠不做无准备之事，正如其《平滩纪略》曰：“川江险滩鳞列，阅历半生，深知难易，自发心愿，捐助多金，不肯作无益之事。凡滩之不可修者，不敢轻易承修。”[①]由此可见，李本忠的阅历为其整治三峡航道奠定了基础，而从事航运贸易又提高了李本忠整治川江航道的实践能力，在某种意义上讲也为李本忠治滩积累了人脉、物力、人力和信誉。

第五，峡江险滩亟须整治为李本忠凿滩提供了客观需求，或者说李本忠提供了展示和实践其理想的社会平台。在李本忠所处的时代，经过峡江，“川米济楚”“川盐济楚”和“川货输楚”已经非常频繁，这就需要保证航道安全。而明清之际，尤其是到了清中期，峡江交通日趋恶化，而非改善。熊相《峡纪行》曰：“滩从水从难，盖水之难行者，深浅不一，转徙无方，岩岩怪石，锋利牙交。平者铺弹，险者截江，奇者可爱，恶者可憎，所谓铁积剑排。”险滩多，海事多，熊相沿途见败船亦多，故其曰：“瞻之近岸，而多败船。”最后熊相感慨道：“过之，舟行则畏，途步无从，乃叹曰：‘蜀道之难，信矣！’”[②]川楚贸易乃至长江流域的经济贸易与险滩密集的三峡航道不可避免地产生了矛盾。治理三峡险滩，确保航运安全，是长江流域经济发展的内在要求。明清时期，中央政府的川蜀水利治理工程多集中于西南地区，对夔州至宜昌的川楚交界段则整治不足[③]。这为李本忠填补中央政府空缺、造福三峡，也为他本人流芳百世、为蜀楚打破楚蜀鸿沟的壁垒提供了社会条件。

3. 凿滩过程

李本忠在《平滩纪略》中总结了凿滩时间和凿滩、修路两方面的经验。例如《平滩纪略·蜀江指掌》记载如下。

① 中国水利水电科学研究院水利史研究室．再续行水金鉴·长江卷·长江一·平滩纪略［M］．武汉：湖北人民出版社，2004：333．

② 黎小龙．三峡通志校注·峡纪行［M］．重庆：重庆出版社，2014：31．

③ 严锴．李本忠治理三峡险滩与《平滩纪略》［J］．武汉文史资料，2008（7）．

嘉庆十年起打凿，至道光二十年止，将夔府巫山属，暨归州东湖属，一切险要之滩，概行凿尽。然尚有微险之处，舟行间或失事者，皆由捣长疏忽所致也。至于沿山纤路，均系危险如壁。其陡窄者余复凿而宽之。其无路者余新劈而成之。计险滩四十八处，计年三十六载，竟不觉年已八十有一矣。[①]

李本忠凿滩主要针对航道上的险滩之石，他以疏浚之法，去掉礁石，使航道变深，是名副其实的“凿石安澜”；其次修路，主要是沿山纤路，以利于纤夫拉纤和行人步行。李本忠共凿险滩四十八处，历时三十六年。熊登瀛所撰的《李公凿滩纪功碑记并序》亦作如下总结。

自湖北东湖县界至归州，迄四川夔府属险滩四十余处，皆以次修除，或剪其积石，或杀其水势，务使上下行舟安然无恙而后已。又念巫峡中壁立千仞，纤路极危险，不可着足，乃复阐石披荆开道数十里，凡向所谓猿猱愁度之境，至是若履康庄焉。盖自经始以来，阅三十余载寒暑而大功始成，综计费银壹拾陆万柒仟捌佰有奇。[②]

熊澄瀛所撰的《李公凿滩纪功碑记并序》与李本忠撰写的《平滩纪略》，内容看似差异不大，实则李本忠总结得非常朴实，而川人多溢美之词。

李本忠凿滩得到了三峡各地官员和民众的欢迎。《李公凿滩纪功碑记并序》指出，李本忠的善举得到社会的肯定、颂扬和褒奖。《李公凿滩纪功碑记并序》道：“此诚近今鲜有之善举哉。以故前四川制军戴、两湖制军嵩，交章请题议叙，以嘉其行。虽陈情邀免，卒不获允。旋奉上谕给予道员职衔，其次子、长孙，亦各予盐运司运同职衔。人遂以此为公荣，而不知公之志初不在是也。”[③]

历史上，蜀楚之纤道，往往是蜀修楚不修，李本忠则跨越楚蜀鸿沟，治理峡江航道。当时，夔州地方积极主动请李本忠治理瞿塘的黑石滩。例如《平滩纪略·蜀江指掌》指出：“多年船户捣长，谅必知之，四川夔州府奉节县下黑石峡口南岸羊圈子石、困牛石，男女孔下首台子角，石梁滩嘴，概已打凿净尽。倒吊和尚沱泡漩已微，不碍于事。又对面北岸石板硖悬岩，俱已打凿净尽。又打凿峡内黑石对面，北岸扇子石、艇须磖下首鸡心石、三角桩、窄小子等处各滩嘴，俱已打凿净尽。”[④]光绪《奉节县志·山川志》也记载：“道光三年，邑令万承荫招募湖北职员李本忠捐资，将黑石滩内石板夹、扇子石、燕须槽、台子角等石，一一

① ［清］李本忠．平滩纪略·蜀江指掌［M］．北京：线状书局，2004：281．
② 肖波．传奇楚商李本忠［M］．武汉：长江出版社，2017：240．
③ 肖波．传奇楚商李本忠［M］．武汉：长江出版社，2017：240．
④ ［清］李本忠．平滩纪略·蜀江指掌［M］．北京：线状书局，2004：279．

凿去，并将白果背数十里纤道，一一划平，用银一万三千余两。现在水势较平，挽纤得力，商民赖之。”[①]李本忠治滩四十八处，下面以巫峡之治滩为例，通过《平滩纪略·蜀江指掌》的记载，了解其治滩的过程。

> 巫山县属下五十里大峡内，有一险滩名曰大磨。夏秋水涨之时，其泡漩凶恶非常。若小船吊在漩内，沉溺不起，人货俱无。如大船行至漩内，只是打圈，后来一船，亦入漩内，撞坏者多。是以于道光十八年，在巫山请示，将此滩打凿净尽。泡漩一小，水性直流，上下行舟，清吉无事。于二十年，工程告竣。
>
> 大磨滩上首有一磨盘，巨石层叠，堵截江水，行舟每每受害。亦于道光十八年分凿，至二十年工程告竣。
>
> 磨盘上里许，有一嘴名鸡心石，横堵江水，势极凶险。缘上边并无纤路，上水行舟，行对面北岸裤套子。然此滩夏秋水涨时，更是滩凶路险，常常覆舟。今将南岸鸡心石打去，使水性抽直。又将鸡心石上面新开一条纤路，约计里许。从此上水行舟，概由大磨滩磨盘石南岸，一纤直上，永无凶险。亦于道光十八年起，分工打凿，至道光二十年，工程告竣。

李本忠将凿滩经历一一记载在《平滩纪略》上，每治好一滩，他都非常欣慰和高兴。在将夔州瞿塘峡峡内各滩治理后，他总结道：“业已打凿净尽，化险为夷，永无札水之患。货船稳利，不致羁延，放心、放心。”接连两个“放心”体现了李本忠凿滩后的自我满足感和成就感。了解李本忠的家世可以想到，这是李本忠说给祖父及父亲听的，也是在告慰因父亲落水下落不明而殉节的母亲。故李本忠在《蜀江指掌》中指出：“余幼年时，遭祖、父川江覆溺之苦，矢志稍有衣食，曾许力凿险滩，以偿前愿。”[②]他忆先人“覆溺之苦”，而自己“打凿净尽”，险滩“化险为夷”，实现了“以偿前愿”。归州地方赞赏李本忠曰：“自嘉庆中，讫道光辛壬之间，沿途椎（锥）凿，力倍五丁，著《平滩纪略》，所费不下百余万缗，至今称利。”[③]因此李本忠得到三峡各地的极度好评，甚至道光帝也颁“乐善好施”四字，由夔州府建坊嘉奖，并赐四品章服，此后又多次得到嘉奖。面对褒奖，李本忠不忘初心，没有被成绩冲昏头脑，因为他“因先人之惨，立志除害。今幸天假成功，以偿前愿”[④]。他真是感“先人之惨”而“立志除害”，最终“天假成功，以偿前愿”。

---

① ［清］曾秀翘，［清］杨德坤．奉节县志（光绪）·山川志［M］．成都：巴蜀书社，1992：611．

② ［清］李本忠．平滩纪略·蜀江指掌［M］．北京：线状书局，2004：280-281．

③ ［清］李炘，［清］沈云骏．归州志（光绪）·险隘·平滩说［M］．台北：成文出版社，1976：43．

④ ［清］李本忠．平滩纪略·蜀江指掌［M］．北京：线状书局，2004：281．

4. 凿滩理论总结

李本忠在实践中不断总结。《平滩纪略》对每项治滩工程的进度、人工、花费及官方文字材料均有详尽记载，是一部可供后人了解川鄂航运交通咽喉的政治、经济、社会、地理、水利，尤其是诸险滩治理等多方面信息的珍贵史料，最为重要的是，它真实记录了治滩工程的全部经过，总结了非常宝贵的治滩经验[①]。李本忠所著的《蜀江指掌》还是船舶驾驶的航行指南，此书是受到李正心的鼓励而创作的，正如《平滩纪略》后序所载。

> 自顾精力衰朽，疾病频加，恐桑榆暮景，未能久留人世。爰将历年打凿，原案始末抄录，俾后人悉余一生辛苦，以及立志之坚。抄录甫成，即有豫南李正心先生宦游来楚，造庐相访，询及平险一事。据云，终系耳闻，并未目睹。因出抄录之书，呈渠一览。先生阅毕，即拍案称奇曰：此稿乌可不刊刻成函，以传后世耶？……今幸天假成功，以偿前愿。然尚有归州泄滩南岸之嘴未除，纤路未开。又有归州下首钉盘碛、攒灶子等滩未凿。奈年老多病，不能打除，终是耿耿于心，曷敢刊刻。先生曰：君既属意于滩，天必锡君以寿。倘使君精神稍健，君再举而行之，亦无不可。渠复商及孙俊力为劝梓。爰允其词，付诸枣梨。并承命其名曰《平滩纪略》。[②]

《平滩纪略》是李本忠治滩经验与精神的总结。李本忠治滩经验包括疏凿并举、因地制宜、实时观察、反复治理、民间善举与政府支持结合以及公私利益兼顾等，另外重视水土流失与环境保护对航道的影响，治理“全始全终，未便惜费停止”。[③]《平滩纪略》写道：“余打凿渣波，六载告竣后，于每年夏秋水涨时，又着人在滩住守，查看三载，亲历其境。每见船靠南岸放行者，并无一个失事。间有照旧样船由北边放行者，从无一个清吉。是以再三叮咛，愿放行船户撂长常勿相忘可也。”[④]李本忠有超凡的智慧、毅力和信念，也有愚公移山的伟大精神。他三代治滩，雄心不已，其间还率其子孙参加治滩工作，留下了一段三代治滩的佳话。嘉庆十一年（1806年），李本忠开始治滩不久，长子李良政、次子李良宪便奉父命参与检凿牛口、莲花、白洞子、乌石滩等处滩险。道光五年（1825年）四月，李本忠又令其孙参与渣波滩、火炮石、鹿角滩等处的检凿。其后，李本忠

① 严锴．李本忠治理三峡险滩与《平滩纪略》［J］．武汉文史资料，2008（7）．

② ［清］李本忠．平滩纪略·蜀江指掌［M］．北京：线状书局，2004：281．

③ 严锴．李本忠治理三峡险滩与平滩纪略［J］．武汉文史资料，2008（7）．

④ 中国水利水电科学研究院水利史研究室．再续行水金鉴·长江卷·长江附编二·平滩纪略［M］．武汉：湖北人民出版社，2004：843．

还多次令李良政、李良宪及长孙李俊贤经办治理工程[①]。可以说李本忠是清代三峡的“大禹”与“鳖灵”，是中华民族水利史上的治滩英雄与楷模。

## 四、三峡航道与生态的关系

### （一）水土流失影响峡江航运

三峡山高坡陡，森林一旦遭到破坏，就容易引发水土流失，对生产生活造成严重影响。道光《夔州府志》载：“自乾隆乙亥年后，四山开垦，山土松滑，大雨时行，土随水下，洞塞田淹，下坝、中坝汇为巨浸，人民流离转徙，数十年于兹。”[②]巴山谚语总结道：“山上开一线，平地冲一片。”尤其是大巴山区，森林遭破坏后，一旦大雨便会水土流失。《三省边防备览》卷十一《策略》载：“及大雨时行，巨石之随行，潦下坠者，又复堆积。”[③]水土流失除了影响农业生产外，也影响三峡航运。《三省边防备览·民食》载：“自数十年来，老林开垦，山地挖松，每当夏秋之时，山水暴涨，挟沙拥石而行，各江河身渐次填高。”[④]可见水土流失必然造成三峡航道淤塞，增加航道上的险滩。

两湖多洪水，明清两代四川多战乱，人口耗损，两湖人多迁移至巴蜀地区。宜昌地区流传“调凡”之说，即江西迁湖北，湖北迁四川。宜昌小峰乡有传说，明朝洪武年间，四川洪水，死人甚众，明太祖为耕种四川，实行移民政策，湖北人迁往四川，江西人迁往湖北，这就是“江西填湖北、湖北填四川”的由来[⑤]。小峰乡《罗氏族谱·序》记载：“在明朝时期，我国大西北（南）惨遭灾疫，人员稀少，朝廷拟定江西填湖广、湖广填四川，国家进行了大移民。”在以垦荒为主要目的的“康雍复垦”“乾嘉拓殖”以及“湖广填四川”移民运动中，人们由平原和丘陵向极易发生水土流失的山地进发。例如乾隆至嘉庆间，移民涌入秦巴山区，大规模伐林垦荒。严如熤《三省边防备览·艺文》记载：“四川之保宁、绥定、夔州三府，界连陕西之汉中、兴安两府，所属地方，跬步皆山，向外来客

① 周华钢. 平滩治险　留芳百世——李本忠整治川江航道小记［J］. 中国水运，1994（8）.

② ［清］恩成，［清］刘德铨. 夔州府志（道光）·水利［M］. 北京：中华书局，2011：80.

③ ［清］严如熤. 严如熤集［M］. 黄守红，朱树人，校. 长沙：岳麓书社，2013：1096.

④ ［清］严如熤. 严如熤集［M］. 黄守红，朱树人，校. 长沙：岳麓书社，2013：1024.

⑤ 2006年8月，黄权生、罗美洁和梁玉梅三人于小峰乡调研，原小峰乡乡长秦得标陪同。该结论源于此次调研。

民，垦种山地，五方杂处，良莠不齐，近年以来，老林日渐开垦，烟户倍增。”①长江上游移民垦殖山地，更加剧了上游生态负担，影响到三峡航运，同时影响到中下游的生态安全。

历史经验告诉我们，三峡水利在于水运转运交通之利，尤其是商业贸易运输之利，而走传统的农田垦殖之路是行不通的。

### （二）农业垦殖是水土流失主因

应该说，传统的农业发展在三峡地区留下的不是经验，而是惨痛的教训。严如熤《三省边防备览》卷十一《策略》指出，三峡地区在清朝初期，“山内地广赋轻。……定赋之时，多系未辟老林，故率从轻科”。《三省边防备览》卷八《民食》指出：“益州（巴蜀）沃野千里，地肥美，民殷富，三楚、三吴流徙之众，麇聚其间。川东北边境，土沃不及川西，而地广赋轻，开垦易以成业，故流徙亦多。”②清初期“地广赋轻”，“湖广填川”，大量湖广移民涌入三峡，对该地森林资源进行了无节制的掠夺，加剧了该地区的水土流失。

乾隆时进士姚鼐《汉口竹枝辞》中有“扬州锦绣越州醅，巨木如山写蜀材”的描写。明代《三峡通志・峡俗丛谈》记载：“或浮大木，蔽塞水面，土人谓之龙巢翻。”③从“蔽塞水面”之句可见，自古长江中下游对长江上游森林资源的掠夺，导致了长江上游地区丰富资源的浪费与流失，对长江上游的贫困负有不可推卸的责任，同时加剧了水土流失，对当地和中下游航运产生了不利影响。清代马征麟《长江图说》总结道：“入江之水，为省八九，深山穷谷，石陵沙阜，悉垦辟以为尽地力也。夫天之阜民，山川原隰，各有其利。山之所利，在于竹木茶果，而不在于菽麦稻粱，此所贵于通功易事也，乃山居之民，莫不髡秃其山，烧薙而犁锄之。究其收成，殊为瘠薄，而土脉疏浮，沙石迸裂，随雨流注，逐波转移。其沙石之重者，近填溪谷。其泥滓之轻者，荡积而为洲渚。平湮湖泽，远塞江河。溪谷填则近山之田亩受其漫压；江河塞则近水之田亩遭其漂荡；湖泽湮则既虞水溢，旋虑旱干。山民之所利甚微，而原隰膏腴之产，罹害何穷？”④长江上游的农业垦殖，导致泥沙“远塞江河”，影响航运交通。而清中后期李本忠大规模凿滩，则源于“沙石填谷”“远塞江河”这一大背景。

---

① ［清］严如熤．严如熤集［M］．黄守红，朱树人，校．长沙：岳麓书社，2013：1161．

② ［清］严如熤．严如熤集［M］．黄守红，朱树人，校．长沙：岳麓书社，2013：1088，1031．

③ 黎小龙．三峡通志校注・峡俗丛谈［M］．重庆：重庆出版社，2014：140．

④ 中国水利水电科学研究院水利史研究室．再续行水金鉴・长江卷・长江附编七・长江图说［M］．武汉：湖北人民出版社，2004：986．

长江上游秦、蜀各处垦山，造成水土流失，故楚汉多淤洲，也影响到航运交通。道光十一年（1831年），湖广总督卢坤在《请调水利干员来楚修防疏》中说："因上游秦蜀各处垦山，民人日众，土石掘松，山水冲卸，溜挟沙行，以致江河中流多生淤洲。"[①]清代进入四川及秦巴山区垦殖（伐木）者多为长江中下游的两湖移民，而巴山林谚的总结是，"山上毁林开荒，山下必然遭殃"。世间万物彼此制约，上游垦殖，水土流失，砂石填溪谷，远塞江河，必然危害航运交通。

### （三）古代长江整体治水思想

古代出现了整体主义生态观，如《森绿经》曰："森卫之国，更为之人，森能固山河，安社稷，撼天地，发珍物，而况于人乎？夫森兴上下，上有厚土，下少洪灾，上下一德，其行安焉。利于其国，森之终也，富于其人，森之始也。诗云：'百神森其备丛兮，靖共尔位兮，好是正直兮，森卫众身兮，众兴万民兮。'"[②]由《森绿经》可知，森林能固山河、少洪灾、利于国、富于民、安社稷、兴万民。事实上，减少长江水患，改善三峡航运交通，并非保护森林就能实现。清朝同治年间，马征麟著述的《长江图说》曾提出综合整治长江水患，"一曰禁开山，以清其源。二曰急疏瀹，以畅其流。三曰开穴口，以分其势。四曰议割弃，以宽其地。五曰修陂渠，以蓄其余。五者并举，大川易泄，小川有所蓄，废弃无多，所全甚众。此外无良策也"[③]。对此，魏源《湖广水利论》作如下阐述。

> 今则承平二百载，土满人满，湖北、湖南、江南各省，沿江、沿汉、沿湖，向日受水之地，无不筑圩捍水，成阡陌治庐舍其中，于是平地无遗利；且湖广无业之民，多迁黔、粤、川、陕交界，刀耕火种，虽蚕丛峻岭，老林邃谷，无土不垦，无门不辟，于是山地无遗利；平地无遗利，则不受水，水必与人争地，而向日受水之区，十去五六矣；山无余利，则凡箐谷之中，浮沙壅泥，败叶陈根，历年壅积者，至是皆铲掘疏浮，随大雨倾泻而下，由山入溪，由溪达汉、达江，由江、汉达湖，水去沙不去，遂为洲渚。洲渚日高，湖底日浅，近水居民，又从而圩之田之，而向日受水之区，十去其七八矣……下游之湖面江面日狭一日，而上游之沙涨

① ［清］倪文蔚．荆州万城堤志・疏筑备考［M］．毛振培，栾临滨，李锋，校．武汉：湖北教育出版社，2002：352．

② 张浩良．绿色史料札记——巴山林木碑碣文集［M］．昆明：云南大学出版社，1990：20-21．

③ 中国水利水电科学研究院水利史研究室．再续行水金鉴・长江卷・长江附编七・长江图说［M］．武汉：湖北人民出版社，2004：987．

日甚一日，夏涨安得不怒？堤垸安得不破？田亩安得不灾？[①]

魏源看到了长江水灾和航道淤塞的症结，“人与山争地”，“水必与人争地”，造成水土流失，“由山入溪，由溪达汉、达江，由江、汉达湖”，指出了长江上游生态破坏对航道和防洪的影响。

**（四）“封山禁垦，停耕还林，以绝滩根”思想**

险滩是如何生成的？《平滩纪略》指出：“然溪口滩石虽平，奈溪内进去有七十余里之遥。左右两山，概系居民垦田开挖，土松石现，轮滚山下。每逢大雨，溪水陡发，将大小之石，一直冲出河心，堆砌成滩。此滩前系夏秋大小之滩。而今变为冬季枯水之滩。”[②]农业垦殖导致“土松石现，轮滚山下”，“冲出河心，堆砌成滩”。李本忠面对当时险滩难治的现状，也找到了形成险滩及其影响航运的原因。例如《平滩纪略》记载：“归州对河南岸有一滩，名碎石滩。向无此滩，乃深水之处，因岸上巨石崇山，河边上至峰尖二十里之遥，中有一陡溪约十余里，左名阳山，右名阴山。自本朝以来，并未开垦。此山乃蔡、马、王、刘、姜、谭六姓之业。嘉庆年间起，陆续开垦。以致山上掘挖，土被雨淋，石不能栖，每逢夏秋大雨，巨石轮滚陡溪冲出。不但江水塞平，尚且碎石出水，横江二十余丈宽，宽计三十余丈，水面高有十一丈余，堆成凶滩。上下各船损坏溺毙命者，不可胜计。”[③]面对农业垦荒，李本忠尝试予以生态保护和治理。

道光六年（1826年），李本忠经过实地调查，提出了整治归州碎石滩的请求与计划。碎石滩在秭归江之南岸，滩势异常凶险。为了从根本上治理碎石滩，李本忠在雇请工匠凿滩石的同时，进行了实地踏勘，摸清了这一溪口滩的形成原因，决定出资购山，封山禁垦，停耕还林，以绝滩根。李本忠《平滩纪略》有记载，“请价买阴阳二山”，“全山封禁，不致有人私垦。从此溪中永无滚石成滩之患”[④]。经过多次交涉，李本忠以1075两纹银的代价，将阴阳二山六户居民的产业买下，将阴阳二山更名为“祥兴味”，入官封禁，这样不仅有效地控制了水土流失，而且断绝了滩石的来源，明显缓解了与之相对的吒滩的滩势[⑤]。“封山禁垦，停耕还林，以绝滩根”的思想与魏源在《湖广水利论》主张的“不出水之碍，而免水之溃。欲导水性，

① 中华书局编辑部．魏源集·湖广水利论说［M］．北京：中华书局，1976：388-389.

② ［清］李本忠．平滩纪略·蜀江指掌说［M］．北京：线状书局，2004：281.

③ 中国水利水电科学研究院水利史研究室．再续行水金鉴·长江卷·长江附编二·平滩纪略［M］．武汉：湖北人民出版社，2004：844-845.

④ 中国水利水电科学研究院水利史研究室．再续行水金鉴·长江卷·长江附编二·平滩纪略［M］．武汉：湖北人民出版社，2004：845.

⑤ 周华钢．平滩治险　留芳百世——李本忠整治川江航道小记［J］．中国水运，1994(8).

必掘水障”有同工异曲之妙[①]。至此，李本忠通过停耕还林，控制了水土流失，山石稳固，断了堵塞长江水运航道的碎石来源，可见林业生态效益与交通水运密切相关。

### （五）航运、防洪、发电兼顾思想

鸦片战争以后，清政府引进西方水利技术，研究长江水利的专著逐渐增多，然而治理仍以疏浚航道为主，长江也成为帝国主义入侵中国的动脉，使长江水利畸形发展，水灾屡有发生[②]。此时，帝国主义迫不及待地想要打通川江轮船航运，以掠夺西南地区丰富的自然资源，故西方筑坝防洪或发电的思想和实践被阻隔在峡江之外。反而云南在清末和民国初建设了中国第一座水电站——石龙坝水电站，但其电机是通过中南半岛的红河进入云南的，而非从峡江入川再入滇。

曾在西方留学的孙中山于民国初期提出了在峡江筑坝以改善交通和发电的想法。孙中山的《建国方略之二·实业计划》指出："自宜昌而上，入峡行……急流与滩石，沿流皆是。改良此上游一段，当以水闸堰其水，使舟得溯流以行，而又可资其水力。其滩石应行爆开除去。于是水深十尺之航路，下起汉口，上达重庆，可得而致。"[③]孙中山首先倡导发电与航运兼顾的思想。后来美国水利专家萨凡奇对三峡地区进行察勘后，编写了《扬子江三峡计划初步报告》，建议在宜昌南津关至右牌间选定坝址建电厂，同时有防洪、灌溉、航运之利。后来，周恩来总理也提出治理江河的方针是"以泄为主，蓄泄兼筹。南北兼顾，江湖两利"。周总理希望葛洲坝水利枢纽工程具有防洪、发电、航运、灌溉和水产五种经济效益，葛洲坝应成为三峡大坝的试验坝[④]。1992年11月15日，第一批建设大军进驻三峡大坝工地，拉开了三峡水利枢纽工程建设的序幕[⑤]。

总之，历史经验告诉我们，疏浚航道、"凿石安澜"是峡江治水的主流思想。"凿石安澜"的航道治理理念和长江中下游"筑坝防洪"的思想，虽然两者在古代无法实现有机结合，但是同时治理长江水患、保障长江水运交通畅通和防洪，则是维护国家战略安全的措施。故对于三峡而言，首先长江（含三峡）交通畅通为兴水利的前提，其次是防洪，最后才是发电以及其他功能。防洪和保障交通都需要长江上游森林固泥沙、退耕为林，中下游掘水障、还田归湖，为水让路，同时保障分洪和蓄洪工程的正常运转。最终，从整体上形成一个长江航运生态保护体系。

① 中华书局编辑部．魏源集·湖广水利论［M］．北京：中华书局，1976：388.

② 姚汉源．中国水利发展史［M］．上海：上海人民出版社，2005：497.

③ 孙中山．建国方略［M］．张小莉，申学峰，注．北京：华夏出版社，2002：176.

④ 葛洲坝水力发电厂厂志编纂委员会．葛洲坝水力发电厂大事记［M］．武汉：湖北辞书出版社，2001：15.

⑤ 宜昌市城乡建设志委员会．宜昌市城乡建设志［G］．2009：30.

# 第三章 筑坝防洪：三峡古坝研究

我国著名的水利史学家姚汉源指出："长江干支流的兴利除害，远溯至春秋战国。特别是航运之利和开人工运河……航运工程也占突出地位。"就峡江而言，清中后期"有关研究长江水利的专著增多，而治理以疏浚航道为主"[①]。整个清代，峡江鲜有关于筑坝防洪的文献，而明代陈瑞所作的《都御史长乐陈瑞川江石坝志略》则是筑坝防洪的罕见文献。该文献收录于明代徐学谟纂修的万历《湖广总志》卷三十二《水利志·水利一·都御史长乐陈瑞川江石坝志略》，此书又收录于《四库全书存目丛书·史部一九五》（以下简称《楚志》）[②]。另外，明代万历年间吴守忠所编的《三峡通志》卷四《归峡·川江石坝志略》收录于《续修四库全书》（以下简称《峡志》）。

## 一、《附都御史长乐陈瑞川江石坝志略》校补

《附都御史长乐陈瑞川江石坝志略》[③]收录于万历《湖广总志》卷三十二《水利志》，有 14 个字完全不清楚，其他大部分字基本可以识读。《川江石坝志略》

① 姚汉源. 中国水利发展史［M］. 上海：上海人民出版社，2005：497.

② ［明］徐学谟. 湖广总志（万历）· 水利志 · 水利一 · 都御史长乐陈瑞川江石坝志略［M］. 济南：齐鲁书社，1996：133-134.

③ 该文标题交代了作者的姓名、官职、籍贯和其所记载的是《川江石坝志略》，万历《湖广总志》卷三十二《水利志》原主纂修者原意并不想彰显该文献，故加了一个"附"字，在《水利志》中也没有另作阐述。

按照逻辑和顺序可以分成十部分：其一，该文标题及介绍；其二，洪灾影响；其三，抚谕救灾；其四，考察三峡；其五，治水之策；其六，实施筑坝；其七，石坝防洪；其八，防洪效应；其九，固辞碑铭；其十，加修事例。将《四库全书存目丛书·史部一九五》和《续修四库全书》中的《川江石坝志略》进行比对，并结合黎小龙等校注的《三峡通志校注》和尹玲玲的《明清两湖平原的环境变迁与社会应对》，将部分讹误予以点校，全文如下。

楚自庚申（1560年）以来，川、汉二水，每遇夏秋辄交涨泛滥于荆、承、潜、沔、武、汉之间。沃壤数千里悉成巨浸。虽筑堤浚冗，岁费不下万金，竟委之泥沙。民穷乎版筑无休，复不免于漂溺流移者十之六七。余自入是时，目击民艰，亟思有以拯之[①]。乙亥（1575年）秋，得拜抚绥□□（三楚）[②]，新命，首檄司道谘访川、汉水源，有谓下流壅滞所致，有谓天时气运使然，有谓汉水不足虞，惟川水骤会，斯为患也。于丙子（1576年）春，问俗荆、岳各属，通历夷、归，溯流穷源。顾所过皆悉惨景象，田地鞠[③]莱者过半，庐舍坟塚多成故墟，至有百里无人烟者[④]。

父老率遮道泣告曰，民罹漂溺十七载于兹，愿[⑤]急有以救[⑥]之。不然，皆无以自存矣。余相对亦泣下，再四抚谕而去。寻揭榜招抚流移，令所司给以牛、种，宽其逋负，蠲其赋役，发仓粟千石分赈之。于是民稍稍集[⑦]。

一夕，宿夷陵署中。忽梦神人，黑面绛衣，谒余曰："吾黄陵神也。"觉而惊讶。翌日，询诸父老，云：西去二百里即三峡。峡之上有神名黄陵，极灵异。在昔，佐禹开峡治水，有大功德于民。历代崇封庙祀之。凡有

① 万历《三峡通志·川江石坝志略》以上内容缺失，这些内容不属于峡江内容，被吴守忠故意省略掉了。

② 万历《三峡通志·川江石坝志略》有"三楚"二字，当添上。秦汉时将楚地分为东楚、西楚、南楚。以荆州江陵为中心（即南郡）为南楚，吴为东楚，彭城为西楚，合称"三楚"。司马迁《史记·货殖列传》指出，江南之地"越、楚则有三俗"，将"三楚"分为三个民俗区；又指出，"自淮北沛、陈、汝南、南郡，此西楚也"。陈瑞用"三楚"概指湖广省，所谓"三楚"主要指秦汉时的"南楚"。

③ 鞠：万历《三峡通志·川江石坝志略》中为"芜"字。

④ 这段内容主要描述了陈瑞了解到的荆江受洪灾影响后的惨状。陈瑞时任都御史，"抚绥三楚""问俗荆岳""通历夷归""溯流穷源"。在作了充分的民间调查后，陈瑞下定决心寻找解决"洪灾"问题的办法。

⑤ 愿：万历《三峡通志·川江石坝志略》中为"顾"字。

⑥ 救：万历《三峡通志·川江石坝志略》中为"告"字。

⑦ 这段内容介绍了陈瑞的想法，他认为在找到解决"洪灾"问题的办法之前，当务之急是"抚谕救灾"。

□□□（斋祷立）[①]应。成化初，西陵四境暴虎群聚为患，延蔓归州□（兴）山□（处）[②]，捕之不得。夷陵牧刘瑛率僚属祷之，不数日，众虎□□（殄除）[③]道左。虎患遂除。其显赫类如此。余闻之喜。即日□（余）[④]又（撰文）[⑤]令所司具牲醴，竭诚偕巡道马宪副，署州辜、蔡二守御驱从[⑥]，操小舟冒险穿峡，恭拜祠下。酹毕，默祝曰："某来[⑦]为拯溺计，惟神一视古今，其佑之。"是夕，宿于舟中，复梦神谢余起伏若垒石状。既寤[⑧]，尤香气袭人。心窃喜曰：思之思之，鬼神将通之信之[⑨]。

夫平明放舟，顺流而东。回视三峡，不啻天上。噫[⑩]！水涨时势若建瓴，一无停滞，瞬息千里。其冲激溃决，弥漫江浒，何怪其然。及环视，沿江两岸多积石，且横有石梁插入江中者。余反复思维，乃翻然曰：嘻！神之所示，其在斯乎[⑪]。

夫治水之策二，在杀其源，疏其委。今源委既远，难于为力。若于上流少加阻遏，以缓水势，使下流以渐而通，是亦治水之一策也。况岸有积石及天生石梁，因以垒石坝数十座，或者可挽狂澜万一[⑫]。

---

① 以《三峡通志·江神显灵》记载，补"斋祷立"，斋戒祈祷黄陵神后，神立马显灵。

② 这里疑似"兴山"，即虎患由西陵蔓延到归州、兴山等地。以《三峡通志·江神显灵》记载，该事件"暴据兴山为害二十余稔，啮人畜殆尽。诏革其县，次迁归州，又嗜二十余人"。故这里补"兴山"毫无疑问，后面疑似可补"处"。

③ 以《三峡通志·江神显灵》记载，补"殄除"。

④ 疑似为"余"，即陈瑞本人撰文。

⑤ 万历《三峡通志·川江石坝志略》中为"撰文"二字。

⑥ 署州辜、蔡二守御驱从：万历《三峡通志·川江石坝志略》中为"署州事蔡二守徹驺从"，从"二守"判定"事"为"辜"更为合理。"徹"通"彻"，彼此可以互换。尹玲玲《明清两湖平原的环境变迁与社会应对》一书识读"驺"为"驱"。驺：古代给贵族掌管车马的人。驱：赶（牲口），故"驺"和"驱"意思相近，因此尹玲玲之识读无碍。

⑦ 万历《三峡通志·川江石坝志略》中有"来"字。

⑧ 寤：万历《三峡通志·川江石坝志略》中为"晤"字。寤：睡醒；晤：见面。由正文可知，其义是作者陈瑞梦神后睡醒。故这里当采"寤"，《三峡通志》中为传抄之误。

⑨ 万历《三峡通志·川江石坝志略》中有"之"字，为文意押韵之需要，故这里当添"之"字。尹玲玲《明清两湖平原的环境变迁与社会应对》一书识读"夫"为"之"字，有误。整段内容描述的是"通历夷归"，指的是陈瑞考察夷陵、归州。而所谓的"黄陵神"是指在峡江帮助大禹治水的黄牛神，陈瑞以此为"神意"和"天授"，即以峡江黄牛神为名，以减少修建川江石坝的阻力。

⑩ 噫：万历《三峡通志·川江石坝志略》中为"意"字。结合文意，后文用"嘻"字这一语气词与之对应，所以"噫"更为恰当。"意"为"噫"传抄之讹。

⑪ 陈瑞通过考察三峡，认为峡江沿途多"石梁"和"积石"，可以作为防洪的基座和材料。

⑫ 陈瑞认为"治水之策，在杀其源"，这里再次强调"积石"和"石梁"可作为筑坝的基座和材料。

谋之道、府，佥曰：可[①]又以事无责成，难求实效。始檄留守司经历任梦榛相度之。专任通判郝郊身亲经理，以董其成。会诸牧令袁昌祚、林琛、蒋时材[②]复加酌量地势、水势所宜，可以坝者二十余处。夷陵七、归州九、巴东四，各量动仓粟，计值银不过六十两[③]，募工垒砌。沿江居民欣然子来[④]，不日告竣[⑤]。

坝身[⑥]长十丈，阔五丈，高一丈五尺，屹然相向。盖据高为坝，当[⑦]时之水中淹而行，坝若无功。间值洪水横流之时，则遇坝而阻，水势回合转折，停蓄盈科徐下，不复向之澎湃直泻[⑧]。

是岁，松滋、江陵、公安、石首、监利一带，江堤晏然如故。虽堤外低田亦无淹溺[⑨]，民间所播麦稻，悉获全收。且汉水亦免骤合之患。潜、沔、武、汉胥庆丰稔。收成之日，父老相率告之荆州林守[⑩]曰，今岁自祷神垒坝之后，江水旋涨旋消，真为神异。且水流纡缓，堤岸不溢，穴口不穿，

① 《三峡通志校注》认为“佥”同“签”，意思为“签署”，实有误。这里应该指湖北省各道、各州官员一致同意或支持的意思。故“佥”同“皆”或“都”。万历《三峡通志·川江石坝志略》中缺失“又以事无责成，难求实效。始檄留守司经历任梦榛相度之”。这部分内容，吴守忠将之剔除的原因待查，但一定是有意为之。

② 尹玲玲《明清两湖平原的环境变迁与社会应对》和《川江石坝：三峡工程之祖》考证了工程的规划、组织和管理人员，留守司经历任梦榛和通判郝郊负责组织和施工，夷陵州知州袁昌祚、归州知州林琛、巴东县知县蒋时材起到配合的作用。

③ 尹玲玲《明清两湖平原的环境变迁与社会应对》和《川江石坝：三峡工程之祖》认为，“十”当为“千”。结合历代治滩费用，如清初汪鉴“所费银巨万”、李本忠治滩所费资金“数十万”白银，故这里“十”为“万”比较妥当。具体见正文和航道治理部分的论证内容。

④ 此“子”当意“自”。结合川江治滩历史，一般“疏浚”险滩，地方人都是反对和阻挠的，因为影响沿途转运和纤夫生计。“筑坝”相比“疏浚”险滩，无形中会生成“险滩”，故“子来”可能是作者故意为之，暗藏着这个不能说的“利害关系”。

⑤ 该段记载了具体实施筑坝工程的领导机构、测量人员以及其他人力、物力、财力。

⑥ 身：万历《三峡通志·川江石坝志略》中为“各”字。结合文意，“身”对“阔”（宽）和“高”更符合文意。

⑦ 当：万历《三峡通志·川江石坝志略》中为“常”字。“常”“当”放于此，意义相差不大。万历《三峡通志》中改“当”为“常”更易理解，且“常”（平时）对“间”（偶尔）更符合时间用词的习惯。

⑧ 这部分介绍了川江石坝的长、宽、高，并阐述防洪的原理是洪水“遇坝而阻，水势回合转折，停蓄盈科徐下，不复向之澎湃直泻”。

⑨ 万历《三峡通志·川江石坝志略》后面文字全部省略，原因为：第一，在归州知州吴守忠眼里，川江石坝取得的效果不属于峡江，故全部删除；第二，吴守忠在归州的最大贡献在于疏通空舲峡，他主张疏浚峡江，而不是筑坝防洪，故有意掩盖川江石坝在荆州防洪中的作用和效果。其事迹记载在万历吴守忠所修的《三峡通志·修治空舲峡记》中。

⑩ “林守”疑似“林绍”。

民得粒食。此十五六年来所未见者[①]。引石坝，古人尝砌以防水，缘岁久湮没。今所立坝处，多系故址，若合符节，费少功多。若由此而岁加修垒，诚足为千百年永利。愿立石以志不朽。林守然其请，遂求记于名公，以纪颜末。余闻之固辞曰，此惟勉尽职分之常。以少逭（huàn）瘝瘝尔，曷敢以记，愿已之[②]。

因再檄所司，令其一新黄陵庙，以酬灵贶，仍仿诸堤塍事例，每岁将石坝加修，以永保障。至于或葺其危，或补其缺，或增其所未高，或□（添）[③]其所未备，使坝与岁而俱存，又在将来□□□（后来者）[④]加意焉[⑤]。

姑（余）（陈瑞）叙其略，以纪时日云[⑥]。

该文被水利学者尹玲玲收入其专著《明清两湖平原的环境变迁与社会应对》一书中。由于该文比较重要，故在此处单列并作脚注和部分阐述，为后面的讨论提供方便。《附都御史长乐陈瑞川江石坝志略》一文并无分段，本书为讨论之便，根据逻辑，认为该文以及标题共分以上十部分。

## 二、《川江石坝志》两个版本内容差异的探讨

目前所见明清志书，除了万历《湖广总志》卷三十二《水利志》记载《川江

① “十五六年来”指的是“庚申以来”到“丙子春”，即嘉靖三十九年（1560年）至万历四年（1576年）。这段话总体阐述了整个川江石坝的防洪效果，以及对荆江沿线所起的防洪作用。

② 这段内容主要阐述了荆州知州林守要给陈瑞“立石以志不朽”，但陈瑞“固辞碑铭”。此处重点说明三点：一是陈瑞谦虚，指出修坝只是“尽职分之常”；二是表明这些坝不是新修，而是“故址”，但是对于中国水利的建坝历史而言，“故址”意义非凡，其时间、朝代、规模等都值得探究；三是陈瑞和荆州官员以及下游荆州民众希望川江石坝“岁加修垒，诚足为千百年永利”。

③ 根据文意，可增“添”一字，文意和内容大致相符。

④ 补“后来者”或“继承者”。这里选取“后来者”，依据是司马迁《史记·汲郑列传》中曰：“陛下用群臣，如积薪耳，后来者居上。”

⑤ 这段内容陈瑞表达了三个意思：感谢、希望、期望。陈瑞是“祷神垒坝”，首先，感谢黄陵神（黄牛神），故将黄陵庙翻新；其次，陈瑞希望以后“将石坝加修，以永保障”，形成“岁修事例”；最后，陈瑞期望后来者“加意”，将筑坝防洪事业继续下去。

⑥ ［明］徐学谟. 湖广总志（万历）·水利志·水利一·都御史长乐陈瑞川江石坝志略［M］. 济南：齐鲁书社，1996：133-134.

石坝志》外，另外有明代万历吴守忠所编的《三峡通志》卷四《归峡》记录了该志。该部分内容收录于《续修四库全书》《史部·政书》八四八第 56 ～ 57 页。而黎小龙等校注的《三峡通志校注》卷四《川江石坝志》，由重庆出版社于 2014 年 8 月出版，收在该书第 114 ～ 115 页。另外蓝勇主编的《稀见重庆地方文献汇点（上）》，由重庆大学出版社于 2013 年 12 月出版，第 1 版第 146 页也收录了《川江石坝志》。陈瑞《川江石坝志略下》部分正文缺失，不如万历《湖广总志》内容全面，而《三峡通志》所载部分字迹清晰，都能识读。

首先，标题差异。《楚志》原文标题是《附都御史长乐陈瑞川江石坝志略》，《峡志》原文标题是《川江石坝志略下·陈瑞》。《峡志》显然省去了陈瑞的官职和籍贯。

其次，职责差异。《楚志·川江石坝志》的作者是从整个湖广省的角度思考问题的，而吴守忠仅仅从峡江，甚至只是从归州思考问题的。雍正《湖广通志·职官志》记载陈瑞是长乐进士，修建川江石坝时任“巡抚湖广赞理军务都御史”①。尹玲玲研究指出，川江石坝工程总设计师陈瑞在湖广任官时间最长，经历丰富，历任湖广提按使、左参政、左布政、巡抚、总督等，深谙湖广故事②。《三峡通志》是万历年间归州知府吴守忠编著。吴守忠，字子顺，号南洪，豫章高安（今江西省高安市）人，万历十七年（1589 年）任归州知州。吴守忠收录《川江石坝志略》，将部分涉及全局或者荆江的内容剔除，只记载与峡江相关的内容。

最后，时间差异。《楚志》记载，发生大洪水的时间是嘉靖三十九年（1560 年），建好川江石坝并在荆江沿线起到防洪作用，时间是在万历四年（1576 年）。吴守忠在万历十七年任归州知州，其后才开始编撰《峡志》。故就资料源流而言，《峡志》只能是传抄自《楚志》。《峡志》小引记载：“（万历）己丑岁，余量移此州，日上府受事多苦后，期常冒险下峡，岁不啻七八往，今且二岁矣。……万历辛卯秋七月既望，豫章吴守忠谨识。”当然，《川江石坝志略》是在万历四年由陈瑞撰写，而后在万历十九（1591 年）秋七月《峡志》编撰完成。陈瑞撰写《川江石坝志略》后大约 15 年，《峡志》收录了陈瑞撰写的《川江石坝志略》。万历《湖广总志》为徐学谟（1521—1593）纂修，万历年间，徐学谟累迁右副都御史，抚治郧阳，越二年，擢礼部尚书。故万历十九年秋之前，吴守忠完全可能看到完整的万历《湖广总志》，然后对《川江石坝志略》进行了删减。《峡志》小引记载吴守忠曰：“于是出所携《一统志》、楚蜀《通志》，旁以荆夔诸郡邑志，会而捽之。”所谓的“楚蜀《通志》”极有可能就有万历《湖广总志》。吴守忠《峡志》

---

① 清代清迈柱、魏廷珍监修，夏力恕、柯煜编纂的《湖广通志》卷二十八《职官志·历代职官》，该文收入《钦定四库全书·史部二八九·地理类》，语出第 139 页。

② 尹玲玲. 明清两湖平原的环境变迁与社会应对［M］. 上海：上海人民出版社，2008：148-152.

小引记载其所选材料的标志是："首夔峡，其次巫峡，归峡又次之，虽山川并列，而于滩沱独致详焉，重志峡也。"①

由于《峡志》重三峡地区的历史、地理风貌，故将部分陈瑞撰写的《川江石坝志略》不涉及三峡的内容剔除也是编撰志书的惯例，情有可原。另外吴守忠曾疏浚峡江航道，《峡志》有《修治空舲峡记》专文记载该事件。事实上，各地的利益诉求是不同的。《修治空舲峡记》指出："舟人往往相戒叵测，而居民、渔子、亡赖、恶少反伺其货赇漂溺以为利。藪上之人有所不闻，或议而报，罢以故，有司亦格于奉行而莫敢闻。"②峡江和荆州以及两湖的利益是不一致的。例如陈瑞建坝防洪使荆州两湖受益，而吴守忠疏浚峡江航道，则是峡江或从事交通行业的人受益。就产业角度而言，明清时期国家以农耕为本，陈瑞代表了湖广两省广大农民的利益；而峡州商贸发达，就某种意义而言，吴守忠则代表着工商贸易群体的利益。故在裁取《川江石坝志略》的时候，是否有这些方面利益的考量，也是值得思考和探究的。

## 三、川江石坝：明代"三峡工程"

明代陈瑞的《川江石坝志》为重要的三峡水利资料，尹玲玲研究指出，在三峡工程建设之前，陈瑞已经在三峡建了二十座石坝，其中川江石坝是三峡工程之祖。这些石坝主要用于防洪，而陈瑞的建坝思想源于三峡及巴蜀对黄牛神的神明崇拜，是得神谕而建坝③。尹玲玲提出的川江石坝为三峡工程之祖的学术观点是石破天惊的说法，该说法填补了水利史的空白，是研究川江石坝不得不参考和考量的学术思想和观点。本章在尹玲玲研究的基础上，力图补证早在前蜀，即约一千年以前，前蜀人可能就曾在三峡建有类似的军事石坝。到了清代，由于历代凿滩治理三峡，古人建坝遗址多被凿掉，其中李本忠因开凿三峡航道成为最有可能凿掉川江石坝的"嫌疑人"，而建坝和凿滩体现了古代治江思想中防洪和航运的冲突及其不可调和性。当然，在三峡修建堰坝或石坝的历史对今天的治水思想和军事都具有重要的借鉴与参考意义。

三峡工程的第一个功能或者说最重要的功能就是防洪，提到三峡工程，人们

① 黎小龙．三峡通志校注·小引［M］．重庆：重庆出版社，2014：1.
② 黎小龙．三峡通志校注·修治空舲峡记［M］．重庆：重庆出版社，2014：107.
③ 尹玲玲．明清两湖平原的环境变迁与社会应对［M］．上海：上海人民出版社，2008：148-162.

往往会想到孙中山。孙中山在《建国方略之二·实业计划》的《改良扬子江现存水路及运河·庚·长江上游》一文中谈到："自宜昌而上，入峡行，约一百英里而达四川之低地，即地学家所谓红盆地也。此宜昌以上迄于江源一部分河流，两岸岩石束江，使窄且深，平均深有六寻（即英寻，1 英寻 = 1.8288 米——笔者注），最深有至三十寻者。急流与滩石，沿流皆是。改良此上游一段，当以水闸堰其水，使舟得溯流以行，而又可资其水力。其滩石应行爆开除去。于是水深十尺之航路，下起汉口，上达重庆，可得而致。"[①]孙中山提出的"水闸堰其水"成为三峡工程的理论基础。其实在明代已经有人提出建坝防洪的思想。尹玲玲指出："三峡建坝遏水防洪当代思想乃古已有之，并且付诸实施，只是以当时之科技和工程水平，不可能达到现在的设计规模而已。"[②]尹玲玲撰写的《明代所修"三峡工程"：川江石坝——基于〈川江石坝志略〉的讨论》一文发表于《南方开发与中外交通——2006 年中国历史地理国际学术研讨会论文集》，该文集由西安地图出版社于 2007 年 6 月出版，尹玲玲指出，川江石坝是三峡工程之祖[③]。

长江之水七成来自三峡，三峡水运又是沟通长江中下游的交通孔道，因此长江中下游与三峡之间在防洪、航运、防泥沙、调节江水水势等方面有着唇齿相依的关系。长江上游的人类活动尤其是过度垦殖对下游的生产生活造成极其严重的影响。严如熤《三省边防备览》卷八《民食》载，大巴山"自数十年来，老林开垦，山地挖松，每当夏秋之时，山水暴涨，挟沙拥石……"[④]。事实上夏秋来自三峡川江的洪水对下游的威胁是巨大的。《川江石坝志略》记载："咨访川、汉水源，有谓下流壅滞所致，有谓天时气运使然，有谓汉水不足虞。惟川水骤会，斯为患也。"洪水泛滥，对下游人民的生命财产造成巨大危害，洪水"所过皆愁惨景象，田地芜莱者过半，庐舍坟塚多成故墟，至有百里无人烟者"[⑤]。陈瑞所看到的洪水惨剧发生在嘉靖三十九年（1560 年），同治《宜昌府志·天文志》记载："嘉靖三十九年五月雨雹伤禾，秋七月，江水溢，漂民居，伤禾，至秋大饥。"万历四十一年（1613 年），"大水，舟行入文昌宫门内"[⑥]。光绪《荆州府志·灾异志》记载，嘉靖三十九年，"江陵寸金堤溃水，至城下，高近三丈，六门筑土填塞，

① 孙中山．建国方略［M］．北京：华夏出版社，2002：176

② 尹玲玲．明代湖广地区重要水利史料——万历《湖广总志·水利志》简介[J]．历史地理，2000（16）．

③ 尹玲玲：明清两湖平原的环境变迁与社会应对［M］．上海：上海人民出版社，2008：148．

④ 蓝勇．稀见重庆地方文献汇点（上）［M］．重庆：重庆大学出版社，2013：341．

⑤ 黎小龙．三峡通志校注·川江石坝志［M］．重庆：重庆出版社，2014：114-115．

⑥ ［清］王柏心，［清］聂光銮．宜昌府志（同治）·天文志［M］．台北：成文出版社，1970：41．

凡一月退。公安沙堤铺决。松滋大水，江溢夹洲朝英口，又大蝗。枝江大水灌城，民居尽没。（四十年）荆州大疫，死万余人”[①]。嘉靖三十九年大水后又有大蝗，大蝗后必然大饥、大疫，荆州上万人死于瘟疫，以至于“百里无人烟”。

面对洪涝灾害及其引起的其他灾难，居下游的地方官员陈瑞来到三峡考察，希望从中得到启发。他从三峡夷陵出发，“平明放舟，顺流而东。回视三峡，不啻天上。噫！水涨时势若建瓴，一无停滞，瞬息千里。其冲激溃决，弥漫江浒，何怪其然。及环视，沿江两岸多积石，且横有石梁插入江中者”。由此他总结道：“夫治水之策二，在杀其源，疏其委。今源委既远，难于为力。若于上流少加阻遏，以缓水势，使下流以渐而通，是亦治水之一策也。况岸有积石及天生石梁，因以垒石坝数十座，或者可挽狂澜万一。”在得到上级政府官员支持后，陈瑞在三峡建坝，抑杀上游水势，以保下游。他在三峡共建坝二十余处，其中夷陵七处，归州九处，巴东四处。这项工程花销并不大，“各量动仓粟，计值银不过六十□（万）两”。更重要的是，长江中游地方政府发起的这项建坝以抑杀水势而保下游的举措得到朴素而善良的三峡人民的热情支持，“募工垒砌。沿江居民欣然子（自）来”，工程“不日告竣。坝身长十丈，阔五丈，高一丈五尺，屹然相向。盖据高为坝，常时之水中淹而行，坝若无功。间值洪水横流之时，则遇坝而阻，水势回合转折，停蓄盈科徐下，不复向之澎湃直泻。是岁，松滋、江陵、公安、石首、监利一带，江堤晏然如故。虽堤外低田亦无淹溺”[②]。这种垒石坝不是今天意义上的大坝，但其作为水利之坝是无疑的。关于“坝”，《辞海·工程技术分册》释义如下。

> ①建筑在山谷或河流中拦截水流的水工建筑物，用以抬高水位，积蓄水量，在上游形成水库，以供防洪、灌溉、航运、发电、给水等。一般也称为拦河坝。……按作用又可分为非溢流坝和溢流坝等。②建筑在河道中近岸边地方，借以引导水流、改变流向起保护河岸或造成新岸作用的水工建筑，如用以治导河流的丁坝、顺坝等。[③]

第六版《辞海》释义如下。

> 一般亦称“拦河坝”。筑在河流（主要在山川）中拦截水流的挡水建筑物……按功能，分为非溢流坝和溢流坝等。用以抬高水位，积蓄水量，在上游形成水库，供防洪、灌溉、航运、发电、供水之需。[④]

---

① ［清］倪文蔚．荆州府志（光绪）·灾异志［M］．台北：成文出版社，2001：1002.

② 黎小龙．三峡通志校注·川江石坝志［M］．重庆：重庆出版社，2014：115.

③ 辞海编辑委员会．辞海·工程技术分册（下）：水工结构［M］．上海：上海辞书出版社，1982：186.

④ 夏征农，陈至立．辞海（第六版）［M］．上海：上海辞书出版社，2010：72.

第六版《辞海》与分类《辞海·工程技术分册》所说意思并无差异，只不过分类《辞海》更为精确。第一，明代川江石坝确实建在三峡山谷河流中；第二，其在春夏拦截水流，能“抬高水位，积蓄水量”，在三峡上游形成临时水库；第三，其作用是防洪；第四，其虽未能截流长江，仅部分拦河而建，但洪水来临之时属于溢流坝，水从坝过；第五，其引导水流，以杀水势，减少下游的洪涝灾害。可见，其作用与《辞海》所定义之两种坝都是吻合的。

明代川江石坝除符合普通坝的特征外，与《辞海·工程技术分册·水工结构》所说的“减水坝”“滚水坝”或“堆石坝”都有相符之处。例如，减水坝“亦称‘分洪坝’。建造在河道一侧的溢流设施。洪水期间，当水位达到相当高度，河中流量超过下游安全泄量时，一部分洪水即自坝顶溢流，泄往洼地、湖泊或归入其他河流或海洋，借以减轻洪水对下游河槽的威胁”。川江石坝为纵向拦水，以降低洪水对下游的威胁，《辞海》所论之坝是横向坝体，用于减水或分洪，稍有差异，但减水和分洪的作用显而易见与其是一致的。滚水坝亦称“溢流坝”，即坝顶允许过水的坝。堆石坝则是用块石堆筑而成的坝[①]。可见，明代川江石坝和滚水坝以及堆石坝都有相似之处。关于坝体，19世纪后期开始用混凝土筑造，19世纪中叶以前，人们多凭经验建造，材料莫过于土石，最多加用黏合剂。故川江石坝是传统坝，用料为石，堆石坝的目的应为防洪，为防洪坝（减水坝或滚水坝），坝能过水，又为滚水坝。

川江石坝修建的目的是防洪，这和今天建葛洲坝和三峡大坝首要目的是防洪有异曲同工之妙。垒石坝建设后水势徐下，不复澎湃直泻，自然也在一定程度上改善了建坝水域的航运条件。陈瑞这种建坝方法至今仍用于一些长江支流，以改善河道航运交通。数百年前的古人在长江干流处修坝的思维和行动是一笔宝贵的财富，对今天的三峡工程仍有一定的启示和借鉴意义。三峡的航运环境只是三峡生态环境比较显性的一环。事实上三峡的生产、生活环境与自然环境密切相关。三峡生态是长江生态的重要一环，在长江生态一体化的前提下，三峡成为长江最关键的一环，是长江航运的“脖子”。而防洪、调水是万里长江的“咽喉”，犹如蛇之“七寸”。孙中山认为，治理三峡峡谷险滩，就要在三峡口建设大坝，故今人一提建设三峡大坝，均认为是孙中山首次提出，孰不知陈瑞的川江石坝比孙中山的建坝思想早了几百年。当然孙中山的思想更具现实性，陈瑞立足防灾，筑坝以杀水势，不让长江水一泻千里，孙中山则立足宏观，整体治理，主要着眼于发电和航运。

① 辞海编辑委员会. 辞海·工程技术分册（下）：水工结构[M]. 上海：上海辞书出版社，1982：187.

今天，三峡工程“水闸堰其水，使舟得溯流”，三峡险滩消失了，孙中山的梦想实现了。追溯历史，古人治理峡江之坚忍不拔的韧劲和锲而不舍的精神，就是三峡人精神的集中体现，就是中华民族治水的精神，而从大禹治水到今天三峡工程建设，则是精神文化传承的结果。面对历史，我们应当多一分尊重，面对古人的智慧，我们当多一分敬畏。

## 四、黄牛神谕

### （一）牛化万物

自古牛与人的关系就非常密切，我国少数民族如布依族、哈尼族、珞巴族、布朗族等，其万物起源神话认为，“龙牛、神牛、犀牛之毛化作了万物”。这种“牛化万物”的观念，本质上就是认为，“牛等于物，牛化作了世上万物，牛成为万物的始祖，自然也是人类的图腾（即祖先）了”①。《蜀王本纪》记载：“天为蜀王生五丁力士，能徙蜀山。王无五丁，辄立大石，长三丈，重千钧，号曰石井。千人不能动，万人不能移。……（秦惠王欲伐蜀）乃刻五石牛，置金其后。蜀人见之，以为牛能大便金。……蜀王以为然，即发卒千人，使五丁力士拖牛成道，致三枚于成都。秦道乃得通，石牛之力也。后遣丞相张仪等随石牛道伐蜀焉。”②

这一记载有神话意味，这也是由远古时期人们认识和改造自然能力的局限性造成的。但是这则神话背后体现了蜀王及其子民对牛的崇拜——用石雕刻石牛加以膜拜。当然，这与当时金属非常珍贵，以石制神像，可随地取材有关。而蜀人对牛的崇拜应该说达到了痴迷的境地，认为石牛是上天赐予的。

明代陈鎏《都江堰铁牛记》中记载：“牛凡二，各长丈余，首合尾分，如人字状，以其锐迎水之冲，高与堰嘴等。”铁牛鱼嘴是都江堰工程史上的壮举，铁牛身上还铸有铭文：“问堰口，准牛首；问堰底，寻牛趾；堰堤广狭，顺牛尾；水没角端，诸堰丰，须称高低，修减水。”③这种用牛镇水的崇拜与信仰直到明清时期人们还在传承，如清钱泳《履园丛话·祥异·牛腹中人》记载：“某乡有夫妇二人，喜于为善，老而无子。家有一牛，忽孕，及弥月，生出一儿，甚肥白，能啼哭，

① 宋长宏. 中国牛文化［M］. 北京：民族出版社，1997：39-41.

② 袁珂，周明. 中国神话资料萃编［M］. 成都：四川省社会科学院出版社，1985：391.

③ 四川省地方志编纂委员会. 都江堰志［M］. 成都：四川辞书出版社，1993：180-181.

遂抚育之如己子。后知为牧童与牛顽要而成胎者也。”①

该传说就是牛化万物和牛生人的信仰在民间传承的结果。老虎是吃牛的，但在长江流域，居然有牛比虎更厉害的传说，例如长阳土家族自治县一个叫“牛地坪”的村子，其地名源于以下传说。

> 相传古时有一小孩在此放牛，突然发现老虎要来吃人，牛与虎斗，结果了老虎的性命。回到家里，牛角上挂着虎爪，主人见了牛，却未见小孩，误以为小孩死了，于是把牛杀死。后来到现场一看，老虎死在地上，小孩爬在树上，没受一点伤，才发现是牛斗死了虎，救出了小孩，后悔莫及，于是将杀死的牛，隆重地埋葬在此，并砌上了坟堆，村以此得名为牛地坪。②

这个故事并不是个案，它具有浓重的文化背景，体现了人牛之间的亲密关系。例如《七修类稿·事物类·牛搏虎》也记载了牛败虎救主的感人故事。

> 予闻古有黄犬能救主者。又近闻人云，水牛能搏虎，乃询曰：“汝亲见乎？”则又曰：“闻之人。”或曰：“某人亲见也。”竟不得其实。昨诵高皇帝文集，中有记载天长县群牧监奏：本县民人戴某朝出，其妻牧牛于野，平昔豢犬随之至是，俄而入草莽不出，戴氏之妻牵牛寻之，未百步，见虎据丛而食之。虎见人至，弃犬趋人，而妻为虎搏矣。牛见主有难，忿然而前，虎乃释人而应牛，二物交加哮吼，而弄爪牙者虎，侧二角而奔击者牛，不逾时而虎负牛胜，人难消矣。因是朝廷赐一牛以代前牛力耕，待其自终。呜呼！据是，则不惟牛果可以敌虎，而凡所畜之兽，亦或有仁心以为主者。古人岂欺人哉？③

牛有神力，三峡多神牛传说，最为著名的是黄牛帮助大禹开三峡的传说。神牛何也？在古代，这些牛或犀牛都是一类，均为石牛成妖后所化，而在人们眼里，妖精和鬼神本无严格的界限，都具有神性，同时也具有牛性。例如恩施土家族苗族自治州宣恩牛场的地名，“据传，这里有九头神牛，常在坡上吃草，到九牛塘洗澡，故名”；慢牯牛村“为苗族聚居的村寨。村旁的山梁形似漫步行走的村寨，传说是被九把金锁锁住的神牛，故名”。这两个地名的牛同时具有神性和牛性。由于牛是镇水的神物，故在民间牛本身也能兴风作浪，制造洪水。如卧西坪，“传说在远古时，一条犀牛经常从关口洞里游出，于是洪水横流，良田被淹，人们流离失所。后来，人们无法忍受犀牛的危害，当地一个农民猎手为民除害，将犀牛射死在坝上，变成了现在的犀牛山。卧西坪由此得名。由于‘犀’字笔画繁杂，人们习惯写成‘卧

---

① ［清］钱泳．履园丛话·丛话十四·祥异·水牛［M］．张伟，校．北京：中华书局，1979：361．

② 湖北省长阳县地名领导小组．长阳县地名志［G］．1982：75-76．

③ ［明］朗瑛．七修类稿·事物类·牛搏虎［M］．北京：文化艺术出版社，1998：543．

西坪'，地名普查时，仍定此名"[①]。这是牛显圣发大水的传说。从生物角度看，犀牛和南方水牛都能在水中游泳，人们认为其能在水中生存，自然也能镇水。

### （二）土牛镇堤

在古代，上至朝廷下至民间都用土牛代替石牛祭祀，而在江河之地，所堆的土石，人们称为"土牛"。晚清倪文蔚《硪夫曲》有"斩楗搴茭浑易事，土牛应及隔冬成"之句[②]。倪文蔚描绘的是荆江大堤上的"土牛"，指堆在堤坝上以备抢修用的土（石）堆。土（石）堆远看形似牛，故称"土牛"。《江陵县志》记载："清代咸丰年间，汛期每个烟户在堤顶筑土牛5座，作为抢险预备土。"《江陵县志》将土牛释为"长方形土堆"[③]，而长方形土堆可以像牛，自然也可以像马、像猪，为何独称之为"土牛"？

前面谈到人与牛的亲近关系，以及人们思想观念中认为牛有神力，是可以战胜老虎的。在民间，有些地方称力气大的人为牯牛、土牛，《艺文类聚》引用《风俗通》记载秦昭王使李冰为蜀守，变苍牛杀死江神后，"蜀人慕其气决，凡壮健者，因名冰儿"[④]。"冰儿"正是壮健的牛儿（人），而各地小孩昵称"牛儿"的也非常多。民间也有"牛气冲天"之说，都认为牛极具力量和胆识。另外还有用"土牛"表示某一方面很行，比喻某人非常棒。在桥梁、大坝、堤坝等工程中，至今还有"土牛"的说法。在一般人眼里，牛的神性及灵性往往被其憨厚老实的一面遮挡。牛为镇水之物，立于江河的土石方，以"土牛"为名，主要不是因为其形状如牛，而是因为牛性属土，土能胜水。江河堤坝之上的土石方以"土牛"为名，实际上有希冀以之镇江河水害的寓意。由此可见，堆在堤坝之上的"土牛"实有"胜水"的功效。黄权生2012年暑假考察荆江，发现荆江大堤上每隔一段便有"土牛"（石头、沙子、泥土、沙袋等）一堆，事实上这些"土牛"确实能起到防洪胜水的功效。堤坝上的"土牛"对防洪、防止堤坝决堤确实起到了有备无患的作用，例如《荆州万城堤志》卷五《防护·备患》专有《请免土牛禀》和《土牛归人岁修示》两篇。堤坝上的"土牛"可谓当地民众重要的差役，清朝时荆江土牛数量尤巨，例如《请免土牛禀》记载："冬春岁修之际，每烟户修筑土牛五座，以备防汛……查通堤应修土牛八千三百七十五座，每座估土四方八寸，共计土不过四万二百方。"由此可见，"土牛"确实具备防汛的作用。又如《土牛归人岁修示》指出："则是增

---

① 湖北省宣恩县地名办公室．湖北省宣恩县地名志［G］．1983：164，192，233．

② ［清］倪文蔚．荆州万城堤志·万城堤续志·艺文［M］．毛振培，栾临滨，李锋，校．武汉：湖北教育出版社，2002：283．

③ 湖北省江陵县县志编纂委员会．江陵县志［M］．武汉：湖北人民出版社，1990：332．

④ ［唐］欧阳询．艺文类聚·兽部·牛［M］．汪绍楹，校．上海：上海古籍出版社，1982：1626．

修土牛实为防汛之资……至于土牛烟户既与业民一律完纳土费，而又责补土牛……拟请宪台将通堤土牛座数算定土方，汇入岁修项下，行县一律派土征修。”①

“土牛”作为差役的一种已经是江防之大要，而非简单的民俗文化形式。牛为耕田之用，在中国牛是最实用的家畜，也是最重要的崇拜之物，同时对于治水、防汛甚至防寒、防旱等，也无时无刻不在发挥着实实在在的物质作用和精神作用。古代，土、石是一体的，古人（陈瑞及其参加修建川江石坝者）相信“土牛”能够镇水，又有三峡黄牛神谕，故用石头修坝，是有中华传统文化影响因子的。

### （三）诸葛牛记

牛崇拜盛行于长江流域，后来发展至牛成为镇水之物，并引起后人的思考，例如《三峡通志·黄陵庙事迹记》记载：“黄牛，土星所化，五行之中，土能克水，黄牛之色乃中央土也。”②汉代董仲舒《春秋繁露·卷第十·五行对第三十八》将五行发展为“天有五行：木、火、土、金、水是也。木生火，火生土，土生金、金生水”③。《易经·说卦传》第八章中记载，“乾为马，坤为牛”。牛被定性为坤土。五行相生相克，对中华文化影响很大。故乾隆皇帝指出：“盖因蛟龙畏铁，又牛属土，土能制水，是以铸铁肖形用示镇制。此次荆州被灾甚重，闻系蛟水为患。”④明代《三峡通志·黄陵庙事迹记》描述如下。

> 禹乃焰魔帝天伊祈王之子，素为大力神通，遇上帝怜水之大劫，故降生禹以治之。后遣五星佐其行事，俱生于世。禹伤父鲧之无功，为父雪耻，兼塞帝命，仍发愤刻意，周访四海，搜罗决策，能号召天地灵祇，天之五星、六丁、六甲，地之五行、九宫、八卦，悉集听命。太白金精炼丙丁火，铸造锥、锸、斧、凿、镐、锄、铤、鑽。岁星、苍龙驱木，公刘削椎桩、杵桩、轮舆、舟车，土星、黄牛以耕于岷山，导江洺川。当从岷字以洺川，为黄牛祠。按：古老教传云：“当时开凿至此，为一夫，谓其妇曰：‘今当日候雷响，方给饷。’妇不候，遽至，见一黄牛忿怒壮勃，努力锹轰，柢触巨石，崩裂转较，错乱若落。复出，惟隐为像，入于太山石壁之间。”黄牛，

---

① ［清］倪文蔚．荆州万城堤志·防护［M］．毛振培，栾临滨，李锋，校．武汉：湖北教育出版社，2002：147-149．

② 蓝勇．稀见重庆地方文献汇点（上）［M］．重庆：重庆大学出版社，2013：154-155．

③ ［西汉］董仲舒．春秋繁露·五行对三十八［M］．周桂钿，译注．北京：中华书局，2011：144．

④ ［清］倪文蔚．荆州万城堤志·万城堤续志·卷首·谕旨［M］．毛振培，栾临滨，李锋，校．武汉：湖北教育出版社，2002：27．

土星所化，五行之中，土能克水，黄牛之色乃中央土也。[①]

该文所说“导江洺川”，即以洺川为黄牛祠所在地，无形中交代了黄牛来自岷江，即来自蜀（川）地。其性属土，为土星所化，土能克水，故各地多铸铁牛以镇水。至今，荆江大堤、洪泽湖大堤等地还有镇水铁牛。黄权生于 2012 年 8 月 18 日考察的荆江大堤李家埠道光铁牛，其铭文曰：“岁当乙巳，铸此铁牛。秉坤之德，克水之柔。分墟列宿，砥柱中流。威驯泽国，势戢阳候。沮漳息浪，禾稼盈畴。金堤巩固，永镇千秋！”黄权生于 2013 年 2 月 28 日所见的洪泽湖铁牛也均指出其镇水功能，其中洪泽湖三河闸一铁牛肩胛上刻有楷书阳文曰：“维金克木蛟龙藏，维土制水永镇此邦。康熙辛巳端阳日铸。”三河闸另一铁牛肩胛上刻有楷书阳文曰：“维金克木蛟龙藏，维土制水龟蛇降，铸犀作证奠淮扬，永除昏垫报吾皇。康熙辛巳午日铸。”

清人倪文蔚《荆州万城堤志》有载“乙巳乃道光二十五年李家埠溃口事也”一句[②]。洪泽湖铁牛所刻的“维土制水”，荆江铁牛之“秉坤之德，克水之柔”，便是铁牛镇水（堤）最重要的功能。这种信仰和观念在长江、黄河、淮河等流域均十分盛行。对此，范成大《吴船录》记载如下。

八月戊辰，朔。发归州。……五里，至白狗滩。三十里，至新滩。此滩恶名豪三峡。……八十里，至黄牛峡。上有洺川庙，黄牛之神也，亦云助禹疏川者。庙背大峰，峻壁之上，有黄迹如牛，一黑迹如人牵之，云此其神也。……（顺流而下）黄牛峡尽，则扇子峡。……（虾蟆碚）过此，则峡中滩尽矣。[③]

范成大说归州祭祀黄牛之神的庙叫洺川庙，由此也透露出以牛镇水来自巴蜀地区（川地），故称洺川庙。五行相生相克理念成熟于秦汉时期，在蜀地，牛能镇水也融入了董仲舒的一些学说。三峡传说，诸葛亮非常相信大禹治水时曾得到黄牛的帮助，故作《黄陵庙记》，全文如下。

仆躬耕南阳之亩，遂蒙刘氏顾草庐，势不可却，计事善之。于是情好日密，相拉总师。趋蜀道，履黄牛。因睹江山之胜，乱石排空，惊涛拍岸。敛巨石于江中，崔嵬巑岏，列作三峰，平治洚水，顺遵其道，非神扶助于禹，人力奚能致此耶？仆纵步环览，乃见江左大山壁立，林麓峰峦如画，熟视于大江重复石壁间，有神像影现焉。鬓发须眉，冠裳宛然，如彩画者，

① 黎小龙．三峡通志校注·川江石坝志略［M］．重庆：重庆出版社，2014：130.

② ［清］倪文蔚．荆州万城堤志·艺文［M］．毛振培，栾临滨，李锋，校．武汉：湖北教育出版社，2002：271.

③ ［南宋］范成大．范成大笔记六种［M］．孔凡礼，校．北京：中华书局，2002：222-223.

前竖一旌旗，右驻一黄犊，犹有董工开导之势，古传所载黄龙助禹开江治水，九载而功成，信不诬也。惜乎庙貌废去，使人太息。神有功助禹开江，不事凿斧，顺济舟航，当庙食兹土，仆复而兴之，再建其庙貌，目之曰“黄牛庙”。以显神功。[①]

既然牛有如此神力，连诸葛亮都相信黄牛神的存在，普通老百姓当然无不信之。而明代修建三峡石坝的总设计师自然也会相信这一传说，至少利用了这一传说。《黄陵庙记》是否为诸葛亮所作难以考证，但在西陵峡中的黄牛庙，现在称为黄陵庙，古称黄牛庙、黄牛祠，又称黄牛灵应庙，是保存和纪念大禹得到黄牛帮助而治水的庙宇。“黄牛庙”之名为欧阳修所改，当时欧阳修任夷陵县令，他认为神牛开峡荒诞无稽，但是他仍然相信大禹治水，故将黄牛庙改称黄陵庙，即纪念大禹的庙。这是欧阳修不了解地方文化所致，事实上黄牛是巴蜀地区流传的治水文化，是巴蜀之人牛崇拜的结果。

当然欧阳修改庙名，并没有让黄牛开峡的传说消失，它仍然顽强地传承着蜀地的牛文化。西陵峡流传着天帝降生夏禹到人世来治理洪水，同时派遣天神下界协助他的故事。当夏禹率民开凿到现在的黄牛峡时，有天神化为神牛前来相助。一日，天刚刚蒙蒙亮，有一民妇送茶饭给治水的民夫。她来到江边，猛然看到一头巨大、雄壮的黄牛身绕霞光，扬蹄腾跃，愤怒地以角触山，顿时山崩石裂，响声如雷鸣。民妇吓得瞠目结舌，大声呼喊起来。喊声惊动了神牛，神牛便一下跳下山岩，从此把影像留在石壁间。这是人们对征服大自然的美丽想象，黄牛象征着人民改造河山的伟大创造力。

### （四）黄牛之谕

尹玲玲指出：“峡江石坝的兴修，从最初这一水利思想的萌发、酝酿到石坝最后落成，自始至终都和三峡地区的黄陵神信仰紧密结合在一起。”[②]黄权生和罗美洁考察三峡历史，三峡从没有发现黄陵神，所谓“黄陵神”其实是三峡黄陵庙供奉的神明。黄陵庙曾经供奉的神明，一是帮助大禹治水的黄牛神，二是治水英雄大禹，三是写《黄陵庙记》的诸葛亮。事实上《三峡通志·川江石坝志略》记载作者所梦的“黄陵神”即黄牛神，得黄牛神谕示而修三峡石坝的故事如下。

一夕，宿夷陵署中，忽梦神人，黑面绛衣，谒余曰：“吾黄陵神也。”觉而惊讶。翌日，询诸父老，云：西去二百里即三峡。峡之上有神名黄

① 黎小龙．三峡通志校注·川江石坝志略［M］．重庆：重庆出版社，2014：110.

② 尹玲玲．明清两湖平原的环境变迁与社会应对［M］．上海：上海人民出版社，2008：160.

陵，极灵异。余闻之喜。即日撰文，令所司具牲醴，竭诚，偕巡道马宪副，署州辜、蔡二守彻驱从，操小舟冒险穿峡，恭拜祠下。酹毕，默祝曰：“某来为拯溺计，惟神一视古今，其佑之。”是夕，宿于舟中。复梦神谢余起伏若垒石状。既寤，尤香气袭人。心窃喜曰：“思之思之，鬼神将通之信之。夫平明放舟，顺流而东。回视三峡，不啻天上。噫！水涨时势若建瓴，一无停滞，瞬息千里。其冲激溃决，弥漫江浒，何怪其然。及环视，沿江两岸多积石，且横有石梁插入江中者。余及复思维，乃翻然曰：“嘻！神之所示，其在兹乎？”①

陈瑞设想在三峡上修石坝，这对于长江中游的士绅和市民而言简直就是天方夜谭，根本不会出钱出力修建，因此他说这是黄陵（牛）神托梦，是黄牛的神谕。陈瑞并未明说此神明是谁，是黄牛神，还是大禹神，抑或诸葛神呢？陈瑞采用笼统的说法，因为三峡沿岸人们已经对黄陵庙之神十分崇拜，即便未加区分，人们也并不在意黄陵神是谁，只知灵验就行。既然是神明指示修坝，众人皆信服。陈瑞“在进行了这样一种附会以后，在峡江上建坝遏水防洪的水利思想就更能为大多数人们所接受，峡江石坝的兴修也就能更顺利地出炉，工程也就能更快速地上马并竣工”②。对此，《川江石坝志略下》记载如下。

复加酌量地势水势，所宜可以坝者，二十余处。夷陵七，归州九，巴东四。各量动仓粟，计值银，不过六十（千）两。募工垒砌，沿江居民欣然子来。不日告竣。坝各长十丈，阔五丈，高一丈五尺，屹然相向。盖据高为坝，常时之水中淹而行，坝若无功。间值洪水横流之时，则遇坝而阻，水势回合转折，停蓄盈科徐下，不复向之澎湃直泻。是岁，松滋、江陵、公安、石首、监利一带，江堤晏然如故，虽堤外低田亦无淹溺。③

光绪十九年（1893 年）《重修玉皇阁落成序》碑云：“夷陵上游九十里，有玉皇阁者，系黄牛辅之伟观，宫殿巍峨与黄陵庙并传不朽，至今百有余年……”事实上三峡至今留下黄牛庙（黄陵庙）两个，例如西坝庙嘴，“系西坝南端凸向大江的部分。因这里原建有黄陵庙（清末已坍塌），故名”④。另外有黄牛山、黄牛滩等地名。三峡地区有不少大禹庙或称禹王宫，每个县都有，有的庙和其他神一起供

① 黎小龙．三峡通志校注・川江石坝志略［M］．重庆：重庆出版社，2014：114-115.

② 尹玲玲．明清两湖平原的环境变迁与社会应对［M］．上海：上海人民出版社，2008：160.

③ 见明代万历吴守忠所编的《三峡通志》卷四《归峡》。尹玲玲认为《川江石坝志》遗漏“千”字，即认为“六十”可能就是“六千”。六千偏少，故笔者认为六万最合适。清代李本忠《平滩纪略》记载，道光年间凿滩巴东、归州和东湖（今宜昌夷陵地界）“用过工费炭银四万一千八百六十余两”。以此相类，笔者认为陈瑞使用银两为六万两更为接近这些工程的实际。

④ 湖北省宜昌市地名委员会．湖北省宜昌市地名志［G］．1984：62.

奉，例如宜昌三官庙，“此地在清朝时，人们为纪念尧舜禹三王而修有一庙，故名三官庙”[①]。这些大禹庙都是明清移民所建，为移民会馆，其历史远无黄牛地名久远，如《水经注·江水》载：“江水又东径黄牛山，下有滩，名曰黄牛滩。南岸重岭叠起，最外高崖间有石，色如人负刀牵牛，人黑牛黄，成就分明，既人迹所绝，莫能究焉。此岩既高，加以江湍纡回，虽途径信宿，犹望见此物，故行者谣曰：朝发黄牛，暮宿黄牛，三朝三暮，黄牛如故。”[②]李白《上三峡》诗曰：“巫山夹青天，巴水流若兹。巴水忽可尽，青天无到时。三朝上黄牛，三暮行大迟。三朝又三暮，不觉鬓成丝。”李白借民谣作诗，成就千古佳句。苏轼《黄陵庙》诗曰：“江边石壁高无路，上有黄牛不服箱。庙前行客拜且舞，击鼓吹箫屠白羊。山下耕牛苦硗确，两角磨崖四蹄湿。青刍半束长苦饥，仰看黄牛安可及。”该诗描述的也是黄牛庙、黄牛滩与黄牛山。此外，陆游《入蜀记》描述黄牛庙如下。

> 晚次黄牛庙，山复高峻。村人来卖茶，茶如柴枝草叶，苦不可入口。庙灵感，神封嘉应保安侯，皆绍兴以来制书也。其下即无义滩，乱石塞中流，望之可畏。然舟过乃不甚觉，盖操舟之妙也。传云，神佐夏禹治水有功，故食于此。门左右立小石马，庙后丛木，似冬青而非，叶有黑文，类符篆，然叶各不同。欧诗刻石庙中，又有张文忠一赞，其词：“壮哉，黄牛有大神力，辇聚巨石，百千万亿，剑戟齿牙，磥硊江侧。壅激波涛，险不可测，威胁舟人，骇怖失色。刲羊釃酒，千载庙食。”张意似谓神聚石壅流，以胁人求祭飨。盖过论也。夜舟人来告，请无击更鼓，云庙后山中多虎，闻鼓则出。[③]

在陆游的描述中，黄牛具有“大神力”，牛为神，故能得庙享受人间香火。但在路人眼里，三峡凶险异常，人们更关心航运安全，而黄牛庙自然成为人们寄托神明保佑的好去处。到了万历年间，陈瑞借助黄牛神之“神谕”而修坝遏制上游洪水，人们自然相信。

陈瑞在三峡修筑石坝，确能蓄杀水势，让长江上游之水遇坝而阻，瞬间使泄洪流量和下泄速度减缓，转折停蓄，盈科徐下，而不至于滂湃直泻，对长江中游，尤其是荆江大堤起到了保护作用。这和今天三峡工程蓄洪调洪（洪峰）原理是一样的。故尹玲玲指出，川江石坝是三峡工程之祖[④]。笔者此处关心的是黄牛（陵）庙的文化影响，宜昌有两个黄陵庙，现存的黄陵庙上游不远处建有今天的三峡工

① 湖北省宜昌市地名委员会．湖北省宜昌市地名志［G］．1984：81.

② ［北魏］郦道元．水经注校证·江水［M］．陈桥驿，校．北京：中华书局，2007：793.

③ 黎小龙．三峡通志校注·夔峡［M］．重庆：重庆出版社，2014：22.

④ 尹玲玲．明清两湖平原的环境变迁与社会应对［M］．上海：上海人民出版社，2008：148.

程，宜昌西坝原有一黄陵庙，有说是清末毁掉的，有说是日本侵略宜昌时毁掉的，但西坝上建有葛洲坝，而原三峡总公司总部也设在西坝，即西坝黄陵庙附近。可见黄牛镇水的传说、大禹治水的精神确实影响着中华民族几千年的经济文化生活。

陈瑞得黄牛神的“指点”，无论是真实的还是伪托的，都展现了黄牛镇水文化的魅力。在华夏人心中，牛就是能镇水，三峡有数个黄牛庙，多个与牛相关的地名，是中华治水文化历经千年的必然结果。明代《三峡通志·归峡考》记载，黄牛山“在州西九十里，即黄牛峡，峭壁间有石，色如人牵牛状，人黑牛黄。此山既高，加以江湍纡回，望之可见。行者谣曰：‘朝发黄牛，暮宿黄牛，三朝三暮，黄牛如故’。”① 黄牛山下有黄牛峡和黄牛庙（今为黄陵庙）。黄牛与大禹同享庙宇，同享香火，这是无上的荣耀，为此引起地方大员欧阳修的不满，改黄牛庙为黄陵庙。而在长江崇牛文化中，始为石牛（可能就是牛图徽刻于石上），次为青牛（现实中的水牛和犀牛）、黄牛（北方旱地牛种），以后衍化为金属的铜牛、铁牛。无论何种牛，体现的都是牛文化崇拜，而牛文化也随着经济文化的交流，流播全国，以至影响历朝历代的政治生活，尤其影响国家的治水策略和方针。清代周景柱《开元铁牛铭》描述唐代所建的巨大的八头铁牛时写道：“蒲西郭外黄河之岸侧，有铁牛四，自唐开元中所铸凡八。……岂特三朝三暮，而见黄牛之如故？”② 可见流传于长江的牛能镇水的文化，如长江水奔腾不息。长江之牛能镇水，落实的还是人，明代三峡有石坝镇水防洪，其实更早时候三峡上就建有堰坝，这种堰坝如果真的存在过，那么三峡建坝的历史将在一千年以上，我们说三峡工程是我们的百年梦想，如今可能要改为千年梦想了！

## 五、千年坝梦

### （一）石坝故址

陈瑞《川江石坝志略》指出：“引石坝，古人尝砌以防水，缘岁久湮没。今所立坝处，多系故址，若合符节，费少功多。”尹玲玲指出：“早在明代以前，古人就曾砌坝防水，只是时间长了以后坍塌没入水中了。”③ 陈瑞所说之坝并非

① 黎小龙．三峡通志校注·归峡考［M］．重庆：重庆出版社，2014：11.

② 永济县志编纂委员会．永济县志·艺文［M］．太原：山西人民出版社，1991：412-413.

③ 尹玲玲．明清两湖平原的环境变迁与社会应对［M］．上海：上海人民出版社，2008：158.

今日三峡大坝似的截流大坝，古人是无能力截流长江的，至于明代将石坝伸入长江，部分截流长江，让长江之水变缓并在汛期形成相对的库容则是可能的，或者为前文所说的“滚水坝”“减水坝”“溢洪坝”。早在陈瑞之前，已有这样的石坝，而陈瑞在建川江石坝之前，所见石坝“多系故址”，这些“故址”所建何时？最早可考证的时间是哪一年呢？

### （二）张武锁峡

笔者推测，早在五代前蜀甚至唐末，三峡就曾有类似于川江石坝的古坝，源于军事实践。例如唐天祐元年（904 年），“山南东道赵匡凝遣水军上峡攻王建，蜀夔州守将击却之”。前蜀张武在前人的基础上增修瞿塘锁桥，前蜀王建割据巴蜀。唐天复三年（903 年），“王建取夔、忠、万、施四州，议者以瞿唐蜀之险要，乃弃归峡，屯军夔州”[①]。此时前蜀收缩防守，瞿塘则为整个前蜀的军事屏障，“关城下旧有锁水二铁柱。唐天祐初，时忠义节度赵匡凝并荆南地，因遣水军上峡袭王建夔州，败去。万州刺史张武因请于王建，于夔东作铁絙，绝江中流，立栅于两端，谓之锁峡”[②]。《资治通鉴·唐纪八一》记载昭宗圣穆景文孝皇帝天祐元年，“忠义节度使赵匡凝遣水军上峡攻王建夔州（赵匡凝以襄阳之甲窥夔门。夔在三峡上游，溯流攻之，故谓上峡），知渝州王宗阮等击败之。万州刺史张武作铁絙绝江中流，立栅于两端，谓之‘锁峡’”[③]。

《资治通鉴·后梁纪》记载，乾化四年（914 年），“高季昌以蜀夔、万、忠、涪四州旧隶荆南，兴兵取之，先以水军攻夔州。时镇江节度使兼侍中嘉王宗寿镇忠州，夔州刺史王成先请甲，宗寿但以白布袍给之。成先帅之逆战，季昌纵火船焚蜀浮桥，招讨副使张武举铁絙拒之（点校者按：唐昭宗天祐元年，张武以铁絙锁峡），船不得进。会风反，荆南兵焚溺死者甚众（点校者按：乘顺风以纵火船，风反故自焚）。季昌乘战舰，蒙以牛革，飞石中之，折其尾，季昌易小舟而遁。荆南兵大败，俘斩五千级”[④]。

上文表明，张武在前人的基础上重修瞿塘铁索浮桥，并在两岸作栅为营，水陆联合防御。这些军事实践说明，张武除了在原来古桥的基础上建有铁索桥，还在铁索桥上布置一种臂较长，类似锄类的兵具，可以阻击敌船靠近铁锁桥。在笔

① ［清］顾祖禹．读史方舆纪要·四川一［M］．贺次君，施和金，校．北京：中华书局，2005：3123-3124.

② ［清］顾祖禹．读史方舆纪要·四川一［M］．贺次君，施和金，校．北京：中华书局，2005：3123.

③ ［北宋］司马光．资治通鉴·唐纪八一［M］．北京：中华书局，1965：8633-8634.

④ ［北宋］司马光．资治通鉴·后梁纪四［M］．北京：中华书局，1965：8782.

者看来，张武当以铁锁桥防御在前，以通行无阻的浮桥为纵深防御，这样才能“举铁絙拒之”。即在战争实践中，张武随时调整防守的强度，让瞿塘成为水底铁锁、水上浮桥（或空中索桥）相结合的立体防守体系。

在夔州进行的夔州索（浮）桥争夺战，体现了三峡瞿塘的重要地位，因此蜀主于乾化四年夏四月丙子，“徙镇江军治夔州”[①]。可见《读史方舆纪要》资料乃转引自《资治通鉴》。此时张武可能就是夔州镇江军节度使，《十国春秋·前蜀九》记载，峡江索桥就是张武所建，“武作铁絙，断江中流，立栅于两端，谓之锁峡，不可上”，荆南“武信王遣勇士斫之，会大风暴起，荆南舟絓于锁，难为进退，武矢石交下，荆南兵败衄奔还。死者无算”。张武“大败荆南兵于夔州，累官镇江军节度使。乾德中，迁峡路应援招讨使”[②]，因军功“由副转正”。峡江周边藩镇无不对“浮桥将军”张武闻风丧胆。例如后唐同光三年（925 年），后唐和荆南联合攻打巴蜀，联军“命荆南高季兴分道前进，（后唐）自取夔、忠、万三州，季兴尝欲取三峡，畏蜀峡路招讨使张武威名，不敢进”[③]。前蜀时期，张武一直在峡江夔州扼守东大门，是一切军事行动的参与者和执行者。

### （三）峡上有堰

笔者此处讨论的是峡江大坝，为何论及索（浮）桥战争？只因唐亡后各地藩政火并，峡江成为各军事力量角逐的主战场。在峡江争夺中，除了浮桥防御设施外，可能还有以水代兵的水坝。夔门索桥和川江上修建的堰坝为同时代的军事产物，峡上堰坝也可能为张武所建，目的是防止屡屡进攻前蜀的位于今荆州地界的荆南政权。

当时的蜀地军民，最有可能是张武建设夔州索桥时，还在峡上修有堰坝，可以放水淹没下游的江陵，故《读史方舆纪要》载，“先是峡上有堰，或劝蜀主乘夏秋江涨，决之以灌江陵”[④]。“峡上有堰”，估计是配合瞿塘所设的防御工事，“峡”自然指三峡长江干流，而非支流。三峡支流水势都很小，堵塞容易，决之则难以水淹下游的江陵。峡上如何修堰，其水顺江而下可以陡涨，淹没长江中游的江陵，这倒是一个让现代人也觉得非常困难的事情。笔者猜想，可能是在瞿塘峡某个狭

① ［北宋］司马光．资治通鉴·后梁纪四［M］．北京：中华书局，1965：8783.

② ［清］吴任臣．十国春秋·前蜀九［M］．徐敏夏，周莹，校．北京：中华书局，1983：629.

③ ［清］顾祖禹．读史方舆纪要·四川一·瞿唐［M］．贺次君，施和金，校．北京：中华书局，2005：3124.

④ ［清］顾祖禹．读史方舆纪要·四川一［M］．贺次君，施和金，校．北京：中华书局，200：3124.

窄之处，用类似李冰以竹笼垒石截流建成的石头堰坝形成减水坝（溢洪坝）和一定的库容，迅速去掉竹笼石后，上游堰坝蓄积的水下泄，对下游确实是一个巨大的威胁。而截流或引水代兵的军事实践在中国历史上比比皆是，只是在长江干流上很少出现。由于长江上游和中游存在巨大落差，其威力是可以想象的。

好在王建的大臣，官居翰林学士承旨、文思殿大学士、司徒的毛文锡认为："高季昌不服，其民何罪？乃止。"[①] 这说明此时的瞿塘峡有索桥、浮桥、陆寨、舟师和峡江堰坝。也就是说，至迟在五代三峡就有堰坝，为可以用来淹没下游的军事设施，或仅为民用设施，但被提出用于军事，只是没有使用。五代时"峡上有堰"，可能和陈瑞所说的石坝类似，或功能相差不多。可见，早在五代，甚至更早时候，三峡就有用于防洪或作为军事用途的堰坝。

《资治通鉴》记载，乾化四年蜀主"以内枢密使潘峭为武泰节度使、同平章事，翰林学士承旨毛文锡为礼部尚书，判枢密院。峡上有堰，或劝蜀主乘夏秋江涨，决之以灌江陵。毛文锡谏曰：'高季昌不服，其民何罪！陛下方以德怀天下，忍以邻国之民为鱼鳖食乎！'蜀主乃止"[②]。清代吴任臣《十国春秋》之《前蜀七·列传·毛文锡》记载："先是，峡上有堰，或劝高祖宜乘江涨决之，以灌江陵。文锡谏曰：'高季昌不服，其民何罪？陛下方以德怀天下，忍以邻国之民为鱼鳖食乎！'高祖乃止。"[③] 毫无疑问，吴任臣《十国春秋》、顾祖禹《读史方舆纪要》皆转载于《资治通鉴》。当时镇守夔州的为"镇江军"张武，他也是"峡路应援招讨使"。如果实施"乘江涨决之，以灌江陵"之策，具体实施者将是"镇江军"，张武定会成为千古罪人。

下面我们接着讨论前蜀王建为何没有"水灌江陵"，没有让张武利用"峡上有堰"，使"水淹荆州"成为历史。

### （四）以水代兵

历史上"以水代兵"的故事很多，但是更多时候仅仅作为一种军事讹诈手段，真正实施的并不多见。秦国经过努力，逐渐控制黄河和长江的上游（含汉水上游），在战国后期的军事行动中取得了地利和水利的优势，就曾以此讹诈魏国。《战国策·燕策二》载："秦正告魏曰：'我举安邑，塞女戟，韩氏、太原卷；我下枳，道南阳、封、冀，包两周，乘夏水，浮轻舟，强弩在前，銛戈在后。决荣口，魏

① ［清］顾祖禹．读史方舆纪要·四川一［M］．贺次君，施和金，校．北京：中华书局，2005：3124．

② ［北宋］司马光．资治通鉴·后梁纪四［M］．北京：中华书局，1965：8784．

③ ［清］吴任臣．十国春秋·前蜀七［M］．徐敏夏，周莹，校．北京：中华书局，1983：609．

无大梁；决白马之口，魏无济阳；决宿胥之口，魏无虚、顿丘。陆攻则击河内，水攻则灭大梁。'魏氏以为然，故事秦。"[①] 因为有"以水代兵"的军事态势，强秦讹诈魏国时，魏国不得不屈服。割据的蜀主为何不"以水代兵"，水淹荆南政权呢？通读《资治通鉴》和《十国春秋》并作分析，原因可能有以下六个。

（1）直接原因。毛文锡劝阻，水淹江陵之策没有实施。面对荆南不时的军事骚扰，有武将提出利用"峡上有堰"，"水淹荆南"，认为这几乎是一劳永逸的办法。该方法提交到蜀主王建手中时，礼部尚书、判枢密院毛文锡指出，荆南统治者高季昌无道，但"其民何罪"。

（2）军事原因。荆南从来不是前后蜀最大的军事威胁。纵观荆南政权高季昌（后为讨好北方中原政权改名高季兴），其一直是北方政权的附庸，曾接受北方中原政权的召唤"入朝觐见"。在五代十国时代，前后蜀虽为割据政权，无图天下之志。但地处巴蜀，有地利之便，是除了后梁、后唐、后晋、后汉、后周外实力最强大的力量。因此梁、唐、晋、汉、周，包括后来的宋、元两朝，统一中国皆以西伐为战略选择。对当时的蜀国而言，来自中原政权的威胁最大，荆南政权不足为患。

（3）战术原因。蜀有著名的"浮梁将军"张武。张武为五代十国时的名将，其镇守峡江，未尝败绩，在与荆南的多次交锋中全部取胜。后来，中原的后唐从汉中攻击前蜀时，让荆南自峡江夹击前蜀，而荆南高季昌（此时为避唐讳已更名为高季兴）"尝欲取三峡，畏蜀峡路招讨使张武威名，不敢进"。张武威名当名副其实，其能在峡江架桥建坝，当为奇人。而从另外一个角度看，前后蜀和荆南面对中原政权时处于弱势，在后唐准备吞并后蜀之时，荆南可能是故意不进攻。纵观荆南高季昌（兴）的为人，其常常"火中取栗"与"趁火打劫"。在后唐即将灭亡前蜀之时，荆南已经体会到唇亡齿寒的道理，如果此时灭蜀，于荆南不利。也就是说，面对北方强敌，前后蜀和荆南彼此势均力敌之时，忌惮的还是北方政权的威胁。

（4）国策原因。蜀国与民休养生息。五代十国时期的蜀国，尤其前蜀采取的国策是偏安一隅，在内休养生息。纵观五代十国，前后蜀是大赦最多的政权。以《资治通鉴》所载，蜀国至少有13次大赦："辛巳，蜀大赦，改明年元曰永平。己丑，蜀大赦。二月，壬午，蜀大赦。壬戌，蜀大赦。丁未，蜀大赦，改明年元曰通正。己亥，蜀大赦。戊申，蜀大赦，改明年元曰天汉，国号大汉。癸丑，蜀大赦，改明年元曰光天。均王中贞明四年春，正月，乙亥朔，蜀大赦，复国号曰蜀。庄宗光圣神闵孝皇帝中同光三年春，正月，甲午朔，蜀大赦。潞王下清泰二年春，

① ［西汉］刘向．战国策·燕二［M］．长沙：岳麓书社，1988：296.

正月，丙申朔，闽大赦，改元永和。二月，丙寅朔，蜀大赦。十二月戊申，蜀大赦，改明年元曰明德。丁酉，蜀大水入成都，漂没千余家，溺死五千余人，坏太庙四室。戊戌，蜀大赦，赈水灾之家。”[①]前蜀对于投诚者都较为宽待，对于民众总体上是休养生息，一般不开杀戒，故是五代十国时期大赦最多的政权，以其数十年政权时间计算，这种大赦频率在中国历史上也是罕见的。前蜀对自己的人民“德怀天下”，对于荆南民众，不忍以“邻国之民为鱼鳖食”，没有因为“峡上有堰”而“以灌江陵”。

（5）效果原因。水淹江陵的效果未知。蜀主有“德怀天下”之心，同时也必然知道，以峡江堰坝所蓄之水“水淹荆州（江陵）”，效果未可知，毕竟历史上在荆州“以水代兵”的只有关羽“水淹七军”。《资治通鉴》记载：“八月，大霖雨，汉水溢，平地数丈，于禁等七军皆没。禁与诸将登高避水，羽乘大船就攻之，禁等穷迫，遂降。”这便是“水淹七军”的来历。当时，庞德“乘小船欲还仁营，水盛船覆，失弓矢，独抱船覆水中，为羽所得”[②]。关羽借汉水涨，淹没曹军，并未决坝决堤，更何况水淹之地位于汉水的樊城，并不在峡江和江陵。可见利用峡上堰坝蓄积的水“水淹荆州（江陵）”，效果未可知，这是蜀主王建未下决断的重要原因之一。

（6）政治原因。水淹后政治后果严重，“水淹荆州（江陵）”将引起众怒。蜀国要在诸多政权中生存，“德怀天下”、与民休养生息是其立国之本，面对各地政权，其与各政权之间也常常通过互派使节、相互贸易、婚姻、质子等手段维持关系。如果前蜀对弱小的荆南使用“以水代兵”策略，无论效果如何，其在政治和道义上都将无法立足。这也是前蜀王建不采纳“水淹荆州”之策的重要原因之一。

历史证明，张武建坝开启了中华民族的“千年坝梦”；毛文锡劝谏蜀主王建“德怀天下”，不要决坝“水灌荆州”；王建纳谏，选择将“峡上有堰”只是作为威慑，而未发挥其“以水代兵”的作用。三者结合，缺一不可，必然成为历史的佳话和美谈。假设张武接到王建命令，决峡上之堰，“水淹荆州（江陵）”，张武将不复为“峡江名将”，而成为“水淹荆州（江陵）”的千古罪人。

### （五）峡江名将

“峡上有堰”之所在是陈瑞所说的石坝之“故址”吗？时过千年，难以考究，笔者认为，陈瑞所建的川江石坝当在西陵峡，位于今巴东、秭归、宜昌交界的夷陵区，而后蜀所说的堰坝，应在巫峡或瞿塘峡才更为确凿。由于蜀军是在夔州设

---

① ［北宋］司马光．资治通鉴［M］．北京：中华书局，1956：8391-9422.

② ［北宋］司马光．资治通鉴［M］．北京：中华书局，1956：2204-2205.

防，即今瞿塘峡，因此陈瑞川江石坝的“故址”是谁所建，可谓一个谜团。而前蜀之堰坝，时间更为久远，只能成为一种疑影。蜀地建造“以水代兵”的水坝，用以攻击下游之敌对政权，在古代以邻为壑的战争时期，黄河流域同样十分普遍，万幸的是在毛文锡等人的劝阻下，王建并没有毁坝放水。至今三峡索桥遗址不存，但地址可考，对此黄权生有专文考证。

张武于夔州所建的战桥是索桥和浮桥的结合体，它可能为中国历史上投入使用的长度最长的索桥与浮桥。《读史方舆纪要·四川一》也记载：“关城下旧有锁水二铁柱。唐天祐初，时忠义节度赵匡凝并荆南地，因遣水军上峡袭王建夔州，败去。万州刺史张武因请于王建，于夔东作铁绠，绝江中流，立栅于两端，谓之锁峡。”[①] 史论曰：“张武峡江之战，即古名将，何加焉。”[②]《三峡通志校注·偏安窃据》记载：“后唐张武，石照人，仕王建，为破浪都头。大破高季兴于夔，以功升镇武军节度使。武尝作铁绠，绝江中流，立栅于两端，谓之‘锁峡’云。”[③] 张武善于利用桥防守作战，因此被称为“浮桥将军”。万历《重庆府志·事纪四》记载后梁乾化四年张武击败高季昌的战斗经过为：“（高季昌）先以水军攻夔州，刺史王成先逆战季昌，纵火船焚。蜀浮桥招讨副使张武铁绠拒之，船不得进。会风反，荆南兵焚溺，死者甚众。季昌乘战舰蒙以牛革，（张武指挥军队投）飞石中之，折其尾，季昌易小舟以遁，荆南兵大败，俘斩五千级。”[④] 学者一直对张武主持修建的夔门锁江战桥十分感叹。笔者认为，是张武修建了峡上堰坝。张武一直为夔州防守的主将，且善于修建工程，如果不是他所修，还有谁能在瞿塘峡附近修建堰坝呢?

### （六）堰坝坝址

前蜀水（堰）坝共有几座？建在哪里？目前所知，除了前蜀和荆南因在三峡进行军事对抗而修有堰坝外，还有明代陈瑞于西陵峡建造的二十余座石坝。由《资治通鉴》中描述的“峡上有堰”推测，坝址可能就在今西陵峡、巫峡和瞿塘峡某地。因为“以水代兵”，决堤后必然水势迅猛，直冲江陵，破坏性强。而从建设者角度来看，坝址不可能太靠近重庆、万州、忠州，最可能在今夔门口或巫峡口，这样才不至于淹没前蜀自己的城池。另外，该堰坝可能比后期陈瑞所建之坝要高，

① ［清］顾祖禹. 读史方舆纪要·四川一［M］. 贺次君，施和金，校. 北京：中华书局，2005：3123.

② ［清］吴任臣. 十国春秋·前蜀九［M］. 徐敏夏，周莹，校. 北京：中华书局，1983：631.

③ 黎小龙. 三峡通志校注·偏安窃据［M］. 重庆：重庆出版社，2014：129.

④ 蓝勇. 稀见重庆地方文献汇点（上）［M］. 重庆：重庆大学出版社，2013：209.

这样方能拦蓄一定量的水，才能“水淹荆州”。陈瑞的二十余座石坝，是冬春无水之时所建，坝址主要在巴东、归州和夷陵三地。前蜀防守峡江的军事治地在归州，蜀主“徙镇江军治夔州”[①]。前蜀与荆南在峡江处于军事拉锯状态，荆南自始至终没有逾越夔门半步，反而前蜀因为有地利之便，常常占领夷陵以上的巴东和归州，例如“西川将王宗阮攻归州，获其将韩从实。归州属荆南”[②]。故前蜀在归州和巴东也可能筑堰坝，作为“以水代兵”恐吓荆南的筹码。如果在归州和巴东，则可能以插入江中的石梁为坝基，方法莫过于以下三种：其一，垒石为坝，即陈瑞的方法，但蓄水量有限，难以达到“以水代兵”的效果；其二，或以都江堰的竹篓装卵石沉江壅坝蓄水，这种可能性较大；其三，利用峡江尤其是秭归的新滩等地山崩形成的堰塞坝，以垒石加高，或沉竹篓卵石壅高，只要堰塞体足够大，堰坝的危险性就非常大。

陈瑞的川江石坝平时并无拦蓄江水的功能，而前蜀堰坝则有这一功能，至于是否截流长江则为一个谜。按照常理，其无法实现长期截流，主要作用还是壅坝为高，形成大的库容，然后以水之高并决坝，形成巨大落差，最终实现“水淹荆州”的军事效果。当然张武所用之坝，其址也和陈瑞所建堰坝的“故址”部分重合，形成巨大库容的可能性是不能排除的。由于时代久远，加之历代“凿石安澜”，疏浚航道，以及现在三峡工程库容巨大，《资治通鉴》所载的“峡上有堰”的坝址已经难以确切考证了。

### （七）笼石壅水

李冰曾用竹笼装石头，沉江截流岷江，如《华阳国志·蜀志》记载：“冰乃壅江作堋，穿郫江、检江，别支流双过郡下，以行舟船。”[③]具体做法据唐代《元和郡县志》载，楗尾堰“在县西南二十五里。李冰作之，以防江决。破竹为笼，圆径三尺，长十丈，以石实中，累而壅水”[④]。自战国以来，中国历史上著名的水利工程和桥梁工程都离不开李冰浸润的巴蜀工匠，从李冰到张武，水利技术和桥梁技术又积累了千年，此时前蜀匠人能在三峡截流长江吗？答案是可能的。

《辞海》释“堰”为“拦河堰”，系较低的挡水并能溢流的建筑物；横截河中，用以抬高水位，以便引水灌溉、发电或便利航运。固定堰用混凝土、浆砌块石、干砌块石、木框填石等建成；活动堰用木料或钢材建成，枯水时期挡水，洪水时

① ［北宋］司马光．资治通鉴·后梁纪四［M］．北京：中华书局，1965：8783．

② ［北宋］司马光．资治通鉴［M］．北京：中华书局，1956：8778．

③ ［东晋］常璩．华阳国志·蜀志［M］．刘琳，注．成都：巴蜀书社，1984：202．

④ ［唐］李吉甫．元和郡县志·剑南道上［M］．贺次君，校．北京：中华书局，1983：774．

期放倒，让水畅泄。筑在河道或渠道侧岸，用以分泄河渠中多余水量的称为“侧堰”①。前蜀匠人不能彻底截流长江，但作减水坝（堰）、滚水坝（堰）、溢流坝（堰）、壅水坝还是可能的。当其用船迅速撤掉石笼坝，该坝所有蓄积的水便可疾流而下，淹没下游之城池。对此，宋代《武经总要·前集·水攻》曾作如下描述。

> 夫水攻者，所以绝敌之道，沉敌之城，漂敌之庐舍，坏敌之积聚。……凡水，因地而成势，谓源高于城，本高于末，则可以遏而止，可以决而流，或引而绝路，或堰以灌城，或注毒于上流，或决壅于半济，其道非一。须先设水平，测度高下，始可用之也。②

古代决河或“以水代兵”之策均从军事实践中来，故前蜀之堰坝无疑作为军事用途，而陈瑞之石坝为防洪用途，前者只是偶设，相比之下，后者常设的可能性更大。无论是临时工程还是永久工程，技术要求和难度都显而易见，都体现了人们的治江、治水智慧。前蜀堰坝和万历石坝的军事和防洪功能，对今天三峡大坝的军事和防洪具有明显的借鉴意义，只是被今人忽视罢了。李冰“壅江作堋”“笼石壅水”不仅为截流所用，在治理、修复江河决堤方面的功效也非常明显。

### （八）延世平河

李冰“壅江作堋”“笼石壅水”的方法在治理黄河时也得到了实践，而使用这种方法的是四川资中县人王延世。王延世生于蜀地，深受李冰治水思想的影响，在汉成帝时成为治理黄河的水利专家。《华阳国志·蜀志》记载，资中县“先有王延世著勋河平”③。“著勋河平”指的是王延世治理黄河取得巨大成功，皇帝改年号为“河平”，王延世成为“平河”的水利专家。王延世能够取得成功，原因在于继承和发扬了李冰的治水思想和方法，灵活运用“壅江作堋”之法，治好了溃决的黄河大堤。例如唐代《元和郡县志》载楗尾堰时曰：“汉成帝时，瓠子河决，王延塞之，用此法也。”④王延世就是用“壅江作堋”“笼石壅水”之法堵截黄河决口。当时黄河决堤，淹没了四郡三十二县的十五万多公顷土地，水深达到三丈。《汉书·沟洫志》记载：“河堤使者王延世使塞，以竹落长四丈，大九围，盛以小石，两船夹载而下之。三十六日，河堤成。……惟延世长于计策，

① 辞海编辑委员会. 辞海·工程技术分册［M］. 上海：上海辞书出版社，1982：175.
② ［北宋］曾公亮，［北宋］丁度. 武经总要·前集·水攻［M］. 北京：解放军出版社，1991：477-478.
③ ［东晋］常璩. 华阳国志校補图注·蜀志［M］. 任乃强，注. 上海：上海古籍出版社，1987：17.
④ ［唐］李吉甫. 元和郡县志·剑南道上［M］. 贺次君，校. 北京：中华书局，1983：774.

功费约省，用力日寡……”王延世用易于获得的竹子和小石头，用长四丈、大九围的竹笼装石，堵塞堤坝，结果“功费约省，用力日寡”，堵塞黄河取得巨大成功。汉成帝非常高兴，“以延世为光禄大夫，秩中二千石，赐爵关内侯，黄金百斤”①。不久，黄河又决堤了，“流入济南、千乘，所坏败者半建始时，复遣王延世治之。……六月乃成。复赐延世黄金百斤，治河卒非受平贾者，为著外繇六月”②。王延世治理黄河取得巨大成功，汉成帝认为“东郡河决，流漂二州，校尉廷世堤防三旬立塞”，于是对王延世进行了褒奖，“以五年为河平元年”③。李冰用竹笼治水是战国时的事，早于汉成帝二百多年。用竹笼盛石来护岸堵水（堤）的方法，至今仍在四川各条河流上使用。由此可见，它的历史已有两千多年，确属行之有效的治水良方④。这种“壅江作堋”“笼石壅水”“竹笼盛石”的方法完全可能用于峡江军事堰坝，坝址所在的江中可能有礁石、岛屿、横石梁，甚至有山崩形成的堰塞体等，最终形成能够容水、壅水的堰坝，在涨水之际对下游形成巨大威胁。

### （九）堰塞龙巢

在长江干支上，由于地震、洪水和山崩等自然灾害，容易形成堰塞坝（湖），如汶川地震就形成了巨大的堰塞湖。在古代，长江干流或支流也多次形成堰塞坝。宋代孙光宪《北梦琐言》记载：“夷陵清江有狼山潭，其中有龙，土豪李务求祷而事之，往见锦衾覆水，或浮出大木，横塞水面，号为龙巢。”⑤清江有一段水域要落入腾龙洞旁消水洞，如果有木头伴着杂物入其中，洞非常容易堵塞。明代《三峡通志·峡俗丛谈》记载：“自五月至八月，江流泛溢，……或浮大木，蔽塞水面，土人谓之龙巢翻。”⑥此处所述虽然不会形成堰塞体而截流长江，但是如果大木蔽塞水面，又遇到长江（峡江）地震或山崩，就容易形成堰塞湖。对此，同治《会理州志·杂纪志》就乾隆五十一年（1786年）四川会理地震作如下记载。

川省地震，人家房屋、墙垣倒塌者不一其处。……临息时，成都西南大响三声，合郡皆闻，不解其故，阅（越）数日，传知为清溪县山崩，

① ［东汉］班固．汉书·沟洫志第九［M］．［唐］颜师古，注．北京：中华书局，1962：1688．

② 周魁一等．二十五史河渠志注释［M］．北京：中国书店出版社，1990：27．

③ ［东汉］班固．汉书·沟洫志第九［M］．［唐］颜师古，注．北京：中华书局，1962：1688．

④ 水利部长江水利委员会．四川两千年洪灾史料汇编［M］．北京：文物出版社，1993：18．

⑤ ［北宋］孙光宪．北梦琐言·逸文卷四［M］．林艾园，校．上海：上海古籍出版社，1981：168．

⑥ 黎小龙．三峡通志校注·峡俗丛谈［M］．重庆：重庆出版社，2014：140．

后壅塞大渡河，断流十日，至五月十六日水忽决，高数十丈，一涌而下。沿河居民悉漂以去。嘉定府城西南临水冲塌数百丈，江中旧有铁牛，高丈许，藉以堵水者，亦随流而没，不知所向。沿河沟港，水皆倒射十里，至湖北宜昌势始渐平。舟船遇之无不立覆，叙泸以下，山邨（村）房（木）料拥蔽江面，几同竹簰，涪州黔江山亦崩塌塞，由山底伏流十余里，始入大江。其时地震，川南犹甚，打箭炉及建昌一带数月不止，官舍民庐俱倒塌，被火延烧，无一存者。至八月以后，始获安居。①

乾隆五十一年，四川会理地震，造成山崩，在大渡河形成了巨大的堰塞湖，在其水势的冲击下，宜昌都受到了影响。该堰塞湖溃决后，产生了灾难性影响，直接汇入岷江然后转入川江，沿途江面漂浮的树木、房屋建筑材料“拥蔽江面”，形成无数自然的“竹簰”向川江下游奔涌而去，人员伤亡和财产损失巨大。以此想象前蜀“峡上有堰”，若有该堰塞体溃决的威力，其破坏必然更加巨大，荆江大堤一旦溃决，淹没的人口数量将更大。乾隆时期在大渡河形成该堰塞湖并非个案，同类情况在长江历史上曾多次出现，例如后唐长兴四年（933 年），“夔州，七月大雨，大水漂溺居人，夔州东十五里，赤甲山崩”②。此次山崩伴有大木，显然容易形成“龙巢”，甚至形成堰塞体，对下游产生巨大威胁。道光《石泉县志·地理志》关于汉水洪水暴涨引发树木梗塞而可能造成堰塞湖的记载如下。

中流仅通舟楫，近因山中开垦既遍，每当夏秋涨发之际，洪涛巨浪甚于往日，下流壅塞，则上游泛滥。……道光二年八月，大雨弥旬，石瓮为木筏横梗，水泄不及，汹涌澎湃，而大坝、饶风、珍珠河之水障于城西，红河之水障于城东，诸水混一，茫无际涯，数十里皆成泽国，城亦崩陷倾圮。东西关房屋且漂没无存，为从来未有之灾。或以为起蛟见龙，盖附会之说也。③

又如《水经注·江水》记载如下。

江水历峡，东径新崩滩，此山汉和帝永元十二年崩，晋太元二年又崩。当崩之日，水逆流百余里，涌起数十丈。今滩上有石，或圆如箪，或方似屋，若此者甚众，皆崩崖所陨，致怒湍流，故谓之新崩滩。④

由地方志可见，历史上因为各种自然原因，河流壅塞经常发生。《水经注》记载“水逆流百余里，涌起数十丈”，人员和财产损失没有记载，显而易见，该

① ［清］杨旭，［清］杨昶．会理州志（同治）·杂纪志［M］．台北：成文出版社，1975：1386-1388.

② 温克刚．中国气象灾害大典·重庆卷［M］．北京：气象出版社，2008：289.

③ ［清］舒钧．石泉县志（道光）·地理志［M］．台北：成文出版社，1969：16-17.

④ 王国维．水经注校·江水［M］．上海：上海人民出版社，1984：1066.

堰塞体溃决后，下游损失必然如大渡河对沿河造成的损害一样。而当时处于汉代，荆州下游人口稀少，当前蜀之时，荆州人口巨增，如果有汉代新崩滩之堰塞体溃决，必然造成大量人口死亡。随着人口的增加，垦殖加剧，也易在支流形成堰塞体。严如熤《三省边防备览》卷八《民食》对秦巴山记载道："自数十年来，老林开垦，山地挖松，每当夏秋之时，山水暴涨，挟沙拥石而行。各江河身渐次填高。其沙石往往灌入渠中，非冲坏渠堤即壅塞渠口。"①又如清代马征麟《长江图说》总结，山民垦殖后造成"土脉疏浮，沙石迸裂，随雨流注，逐波转移。其沙石之重者，近填溪谷。其泥滓之轻者，荡积而为洲渚。平湮湖泽，远塞江河。溪谷填，则近山之田亩受其漫压。江河塞，则近水之田亩遭其漂荡"②。

在长江流域，堰塞坝的危害是巨大的，唐末和宋初，长江多次山崩，完全有形成堰塞坝的可能。后唐长兴四年夔州山崩，史料叙述曰："大雨，赤甲山崩，形成堰塞坝，坝溃决，形成大水，漂溺居人。"又如《旧五代史・五行志》记载："七月夔州赤甲山山崩，大水漂溺居民。"③这显然符合堰塞体溃决，造成人员伤亡的历史事实。后唐不久，宋代又曾形成堰塞坝，例如宋代王象之《舆地纪胜》记述："天圣丙戌，州东二十里赞唐山崩，蜀江断流，沿溯易舟以行。……窃谓赞山壅江流，沿溯皆易舟。"④"蜀江断流"显然是堰塞坝所致。这些临时形成的堰塞坝溃决后，往往残存大量堰坝体，故新崩滩影响航道，而在前后蜀和宋初，军事对峙的双方，尤其是盘踞上游的政权，往往利用堰塞坝，即"峡上有堰"，"以水代兵"，因此"水淹荆州"完全是可能的。

### （十）鳖灵壅坝

历史上形成的最大堰塞坝当为巫峡的堰塞坝，山崩后，水回溯到成都平原。该堰塞坝能经得起自然科学的检测，例如《蜀王本纪》对此记载如下。

> 望帝积百余岁，荆有一人，名鳖灵，其尸亡去，荆人求之不得。鳖灵尸随江水上至郫，遂活，与望帝相见。望帝以鳖灵为相。时玉山（巫山）出水，若尧之洪水。望帝不能治水，使鳖灵决玉山，民得陆处。鳖灵治水去后，望帝与其妻通。帝自以德薄，不如鳖灵，乃委国授鳖而去，

---

① 蓝勇．稀见重庆地方文献汇点（上）［M］．重庆：重庆大学出版社，2013：341．

② 中国水利水电科学研究院水利史研究室．再续行水金鉴・长江卷・长江附编七・长江图说［M］．武汉：湖北人民出版社，2004：986．

③ 水利部长江水利委员会．四川两千年洪灾史料汇编［M］．北京：文物出版社，1993：41．

④ ［南宋］王象之．舆地纪胜・荆湖北路・归州［M］．扬州：江苏广陵古籍刻印社，1991：654．

如尧之禅舜。鳖灵即位，号曰开明帝。帝生卢保，亦号开明。

根据上述记载，山崩导致堰坝体太大，水倒灌到蜀地“郫”。这方面的文献记载不是孤证，例如《太平广记》卷三七四引《蜀记》记载如下。

鳖灵于楚死，尸乃溯流上。至汶山下，忽复更生，乃见望帝。望帝立以为相。时巫山瓮江蜀民多遭洪水，灵乃凿巫山，开三峡口，蜀江陆处。后令鳖灵为刺史，号曰西州皇帝。以功高，禅位与灵，号开明氏。①

又如《水经注·江水》引来敏《本蜀论》记载如下。

荆人鳖灵死，其尸随水上，荆人求之不得。令至汉山下复生，起见望帝。望帝者，杜宇也。从天下女子朱利，自江源出，为宇妻。遂王于蜀，号曰望帝。望帝立（鳖灵）以为相。时巫山峡而蜀水不流，帝使令凿巫峡通水，蜀得陆处。望帝自以德不若，遂以国禅，号曰开明。

再如《寰宇记》记载如下。

蜀之先肇于人皇之际。黄帝子昌意娶蜀人女，生帝喾，后封其支庶于蜀。始称王者，自名蚕丛。蜀之后主名杜宇，号望帝。有荆人鳖灵死，其尸浮水上，至汶山下又复生。望帝见之，用为相（用以治巫峡堰塞坝）。以己之德不如鳖灵，让位鳖灵，立号开明。②

这些文献虽然带有神话色彩，但都脱胎于真实的历史，部分史实是：峡江山崩形成堰塞坝，鳖灵居住在下游的楚地，逃难到蜀地，而蜀地不知道堰坝之事，因此对回水堰塞之水毫无办法。鳖灵加入蜀地部落后，返回峡江凿开峡江堰塞体，蜀地得以居于陆，最后鳖灵因治水而得国。更早的传说则是大禹治水得巫山神女和黄牛开峡的帮助，这里不再赘述。因此，从鳖灵在峡江治水得国的神话传说，再到前蜀“峡上有堰”的历史记载，它们提醒我们要打破定势思维，不要想当然地认为古人无法在峡江修筑大坝。历史证明，古人另辟蹊径，凭借自然之力，在峡江打造堰塞坝，上游的政权加以控制和利用，方法不是鳖灵的“凿”，而是“修筑”“培高”，从而形成更大的库容。这并不是天方夜谭，而是完全可能的。

### （十一）楚蜀鸿沟

长江流域各方的经济利益显然并不完全一致，蜀楚之间便有巨大的“楚蜀鸿沟”。尹玲玲探讨了在峡江建坝遏水防洪水利思想未能贯彻的缘由，结论是：“不同地域之间存在利益冲突和矛盾乃是其中最重要原因之一。具体而言，就当时来

① 袁珂，周明. 中国神话资料萃编［M］. 成都：四川省社会科学出版社，1985：386，390.

② 袁珂，周明. 中国神话资料萃编［M］. 成都：四川省社会科学出版社，1985：390.

说，峡江建坝遏水防洪，主要是两湖受益，而对于峡江地区本身来说则并非如此。也就是说，峡江石坝的兴修，同峡江地区当地的利益可能反而是相抵触的。”尹玲玲分析得极有道理。尹玲玲指出，建坝遏水，峡江水位抬升，可能涉及移民问题。事实上，“峡江地区的地方官员经常主持疏凿江中壅石，以除滩害，以疏江流，以便交通”[①]。

在蜀楚分界之地，真有“楚蜀鸿沟”石刻，该石刻虽经二百多年的风风雨雨和江水侵蚀，仍笔画清晰。“楚蜀鸿沟”石刻位于巫峡中段长江左岸，坐北朝南，海拔 80 米。所在地属巴东县官渡口镇万流村马家一组。刻字的岩石呈弧形，高 85 厘米、宽 265 厘米，方框凹下 0.6 厘米。“楚蜀鸿沟”四字为阴刻，字高为 60 厘米，字径为 42 厘米，字距为 13 厘米，刻深为 2 厘米，刻槽底平整。题首为“乾隆庚寅嘉平”，落款为“荆南观察使西蜀李拔题书”。题款字高约为 10 厘米，字径约为 8 厘米。“楚蜀鸿沟”石刻地处湖北、四川交界处，故“楚蜀鸿沟”有分界鸿沟的寓意。历史上楚蜀争端不断，川鄂两省的巫山、巴东民众常为争山夺柴等发生械斗。石刻为两省划定了界线[②]。

“楚蜀鸿沟”的本意并非仅为解决巫山和巴东民众之间所谓的“为争山夺柴等发生械斗”，而是自古以来彼此的“利益冲突和矛盾”。利益表现在方方面面，故而各地方都有斗争。佛悦《川主宫见闻》记载：“川主宫和湖南的湘乡宾（会）馆毗邻，湘乡宾（会）馆在川主宫下首，旁门共用一条小巷出入，靠船的码头同在一个水区。民国初年，双方为争码头发生大规模的械斗。川帮为了充实械斗实力，号召在宜昌所有的四川人到川主宫捐款。以至于争讼到官府，据说打架是湘乡帮赢了，诉讼是四川胜诉。”[③]在改善交通方面，楚地往往不修峡江之路，以卡蜀人。清末川汉铁路修建，在宜昌也是如此，皆因楚人以此谋利，楚地之路川人修。在“九头鸟”楚人眼里，楚人少入川，而川人出峡江入楚者多。

这种数千年的利益纠葛一直延续至今。历史上蜀楚出现割据政权军事对峙时，楚人扼住峡口，巴蜀无法出川发展。上游的蜀人居高临下，除有地利外，还能壅水为库，可以“以水代兵”。这种“楚蜀鸿沟”既有政区分界，也有军事分界，还有经济分界，甚至文化分界。“楚蜀鸿沟”四个大字常引得古往今来的骚人墨客赋诗于此。光绪年间，四川荣县人赵熙赴京应试，乘船路过见此，感慨万分，

---

① 尹玲玲．明清两湖平原的环境变迁与社会应对［M］．上海：上海人民出版社，2008：160．

② 国务院三峡工程建设委员会办公室，国家文物局．长江三峡工程文物保护项目报告·三峡湖北段沿江石刻［M］．北京：科学出版社，2010：12．

③ 中国人民政治协商会议宜昌市委员会文史资料研究委员．宜昌市文史资料（第八辑）［G］．1987：205-208．

即赋诗“楚蜀此分疆，无狼亦断肠。两山有缺口，一步即他乡”。时人有“鸿沟已深，不易填矣”之叹[①]。“鸿沟已深，不易填矣”是对蜀楚矛盾之不可调和性的一个总结。但是，面对与荆南的“楚蜀鸿沟”和巨大的利益冲突，前蜀政权守住了道德底线。这里讨论“楚蜀鸿沟”问题，并不排除两者之间存在共同的利益。“楚蜀鸿沟”与“巴（蜀）楚一体”是一个矛盾的统一体，蜀人所在地“楚人半楚”的文化认同和楚地多川人的历史现实也是一致的。楚蜀之间的鸿沟问题和中国传统水利“堵”与“疏”的博弈问题，同“凿石安澜”与“筑坝防洪”问题一样，都是矛盾的统一体。

**（十二）坝梦猜想**

峡江石坝留下了太多的疑问和困惑，在峡江，“凿石安澜”是历代治水思想的主流，并将“筑坝防洪”或“以水代兵”的思想完全压制甚至掩盖。

“筑坝防洪”或“以水代兵”的历史，源于“楚蜀鸿沟”，彼此利益难以协调。以“筑坝防洪”的历史为例，由于彼此之间存在矛盾，它便不容易为地方文献记载，该思想也不易为正史文献传承。就文献记载而言，方志往往选择与当地政绩相关的水利活动，或者能在历史上站得住脚的“水事”，而“筑坝防洪”与峡江无关，因此便如陈瑞记载《川江石坝志略》时那样将大量内容剔除。可见，即便历史上真有“以水代兵”“水淹荆州”的实践和意图，地方志也会“讳言”，大多不会记载。

尹玲玲指出，川江石坝是三峡工程之祖，而这些坝址都系“故址”。本章讨论的前蜀意外记载了“峡上有堰”，差点“以水代兵”造成“水淹荆州”的历史惨剧，好在前蜀政权守住了道德底线，没有造成恶劣的后果。川江石坝的“故址”，除了前蜀“峡上有堰”的记载外，由于历代治滩，尤其是李本忠凿滩，将各种遗址抹掉，加之今天的三峡工程，许多历史已经永沉水底，成为历史之谜。但是，中华民族追求峡江建坝的梦想早已成真，不仅峡江险滩消失了，历史造成的“楚蜀鸿沟”也逐渐消弭，蜀楚一体共同守护、享受着葛洲坝和三峡工程这一“大国重器”的好处，朝着实现中华民族伟大复兴的“中国梦”迈进。

① 国务院三峡工程建设委员会办公室，国家文物局. 长江三峡工程文物保护项目报告·三峡湖北段沿江石刻［M］. 北京：科学出版社，2010：12.

## 六、凿滩畅流

长江是交通孔道，其主要作用是航运，而三峡险滩多，影响到长江的航运。三峡险滩多而密集，就西陵峡、巫峡、瞿塘峡三个峡谷而言，就有滩险若干，例如《三峡通志·夔峡考》记载有滟滪堆、黄嵌、黑石、下马滩等。滟滪堆屹立在瞿唐峡口，为中流砥柱，按《水经》云："白帝城西有孤石，冬出水二十余丈，夏即没，秋时方出。"峡人以此为水候。历代文人对滟滪堆咏叹不已，船夫舟子则对其无可奈何，当地人谚云："滟滪大如象，瞿唐不可上；滟滪大如马，瞿唐不可下。"[①]滟滪堆所在之处，水险滩急可见一斑。

《三峡通志·峡俗从谈》记载："自五月至八月，江流泛溢，瞿唐不可上下，舟船当戒，谓之封夏，又曰封峡。"[②]这些记载并非文学夸张，而是纪实。其他各滩也是险象万分。黄嵌在瞿塘峡北，"夏秋水大，舟不可冒险而行"。而黑石（滩）一旦水涨，舟船不可行，也有谚曰，"滟滪冒顶，黑石下井"，说的是危险应当警惕，舟船不可涉险。下马滩在巫山县西二十里，"夏秋水溢，冬水落，汉石巉岩，舟人至此皆恐惧焉"[③]。既然水运如此艰险，为何客货还是依赖水运呢？《三省边防备览》卷五《水道》指出："蜀中各郡，有水之处，无不可行舟者，与吴楚相似。边徼有事，军糈为要，舟运之与背负劳费悬绝矣。"[④]由于水运便利，三峡人们的生产、生活主体上还得依赖水运。黄权生曾在1999年春乘"江汉号"客船经过瞿塘峡，船触礁，幸有附近船只相救，无人伤亡。常走三峡，无不有惊险记忆留存。

《三峡通志·归峡考》记载，横梁滩"有石横亘水中，舟行溯流而上，每难之"；石门滩"有巨漩高丈，舟行不慎，多覆舟"；至于叱滩雷鸣洞，"舟行至此，多覆，又名人鲊甕；黄庭坚诗'命轻人鲊甕头舡'，叱滩之中，骇浪激石，声如雷鸣"；崆舲峡则"夏秋水泛，必崆舲乃可上，其滩亦名空舲。自州至长阳四百里内，峡水奔流，石迹险恶"[⑤]。三峡险滩、礁石众多，是航运的致命隐患，如西陵峡有"九

① 黎小龙．三峡通志校注·夔峡考［M］．重庆：重庆出版社，2014：5．

② 蓝勇．稀见重庆地方文献汇点（上）［M］．重庆：重庆大学出版社，2013：160．

③ 黎小龙．三峡通志校注·夔峡考［M］．重庆：重庆出版社，2014：5．

④ 蓝勇．稀见重庆地方文献汇点（上）［M］．重庆：重庆大学出版社，2013：313．

⑤ 黎小龙．三峡通志校注·归峡考［M］．重庆：重庆出版社，2014：9-11．

滩十三峡，三十六个朱（即硃）七十二个碛”之说[①]。滩、峡、朱、碛多，则航道容易形成漩涡和巨浪，对航行造成困难和危险。例如范成大《吴船录》记载：“至瞿唐口，水平如席。独滟滪之顶，犹涡纹瀺灂，舟拂其上以过，摇橹者皆汗手死心，面无人色。”“戊午，乘水退下巫峡，滩泷稠险，湍流洄洑，其危又过夔峡。三十五里，至神女庙。庙前滩尤汹怒，十二峰俱在北岸，前后蔽亏，不能足其数。……二十里，至东奔滩。高浪大涡，巨艑掀舞，不当一叶，或为涡所使，如磨之旋。三老挽招竿叫呼，力争以出涡。”[②]历代游客经过三峡，都海事不断。例如《水经注》记载，使君滩得名的原因为“昔杨亮为益州刺史，经此覆舟，故名”[③]。

关于枝江瓷器口，“相传以前长江流水经此，有人从江西景德镇装来一船瓷器，被风浪打沉在此”[④]。三峡不光干流滩多、礁石多，各支流也是滩多水急，航运十分艰险，例如光绪《巫山县志・山川志》记载巫溪曰：“昌江，在县西五十里，流经镇龙洞、七里坝、昌阳渡，为大宁河，其险不下三峡。”[⑤]巫山银窝滩之名，就源于大宁河翻船事件太多，大量财宝沉落河底，故称为银窝滩。黄权生曾于20世纪90年代初乘木船经过此地，船撞礁，船头船尾360°掉头，船尾被撞掉，船舵不见踪影，至今后怕。三峡之险滩，对舟子商旅而言，可谓谈之色变。然而，即使峡江如此凶险，为了沟通巴蜀云贵与荆楚吴越的交通，峡江水运仍然必不可少。传说古时三峡海事发生率高达10%，因此商旅经过三峡时，都要祭祀神明，告别故知亲友，例如杨慎曾写道：“上峡舟航风浪多，送郎行去为郎歌。白盐红锦多多载，危石高滩稳稳过。”这是人们在行船前美好的祝愿。

熊相《峡纪行》曰：“滩从水从难，盖水之难行者，深浅不一。转徙无方，岩岩怪石，锋利矛交。平者铺弹，险者截江，奇者可爱，恶者可憎，所谓铁积剑排。”险滩多，海事亦多，沿途见败船（失吉之舟）甚多，故其曰：“潈潈雷吼，涓涓金鸣，花喷若雪，沙滚若奔，瞻之近岸，而多败船。”最后熊相感慨道：“予过之，舟行则畏，途步无从，乃叹曰：‘蜀道之难，信矣！’”[⑥]

历朝历代在三峡均有治滩的举措，相比川江石坝而言，最有可能疏凿陈瑞石坝者当为清代的险滩治理者们。事实上“疏浚凿滩”“凿石安澜”与“筑坝防洪”“以杀水势”存在着治水理念和现实利益的矛盾。从古至今，“疏浚凿滩”“凿石安澜”的理念和思想，尤其在实践上，一直占有上风。例如乾隆二十三年（1758年）治

① 湖北省宜昌市地名委员会．湖北省宜昌市地名志［G］．1984：239.

② 黎小龙．三峡通志校注・吴船录［M］．重庆：重庆出版社，2014：28-29.

③ 黎小龙．三峡通志校注・归峡考［M］．重庆：重庆出版社，2014：11.

④ 枝江县地名领导小组．湖北省枝江县地名志［G］．1982：290.

⑤ 巫山县志编纂委员会．巫山县志（光绪）・山川志［G］．1988：37.

⑥ 黎小龙．三峡通志校注・归峡考［M］．重庆：重庆出版社，2014：31.

理查波滩，“荆宜道来谦鸣觅工劈削尖峭以杀水势，舟行便之，因以立石以志不朽”[①]。清朝最为著名的治滩专家为道光帝曾褒奖“乐善好施”四字的李本忠，《平滩说》记载：“李祥兴名本忠，汉阳人，其祖溺于滩，父亦覆舟，于是故立誓为此，竟以贾致富，得偿其志，或亦奇孝所感云。”[②]李本忠特殊的家庭背景让他暗暗发誓：“稍有衣食，愿许力凿险滩，永除后患。”[③]例如光绪《奉节县志·山川志》记载李本忠治理奉节黑石滩时曰：“道光三年，邑令万承荫招募湖北职员李本忠捐资，将黑石滩内石板夹、扇子石、燕须槽、台子角等石，一一凿去，并将白果背十里纤道，一一划平，用银一万三千余两。现在水势较平，挽纤得力，商民赖之。”[④]纤道便利纤夫，例如《平滩纪略·蜀江指掌》记载巫山县属大峡口曰：“今已开修平坦，计长一百三十八丈。从此上水行舟，纤夫扯船，行路稳利，永无倾跌之虞。”[⑤]

李本忠采取“先用炭火逐层煅损，后将铁锤凿碎，打下之石悉运深潭”之法，雇 7 条小船，每船载炭 2400 斤，将扇子石先用炭火逐层煅损，再予凿碎，打下之石运至深潭。至 1825 年 2 月，扇子石已去三分之一，水势变缓。李本忠仍是采用“积薪治滩”法，只是所用规模巨大，一处险滩被治理后，李本忠会在数年后实地勘察，检查治滩的效果。例如《平滩纪略》写道：“余打凿渣波，六载告竣后，于每年夏秋水涨时，又着人在滩住守，查看三载，亲历其境。每见船靠南岸放行者，并无一个失事。间有照旧样船由北边放行者，从无一个清吉。是以再三叮咛，愿放行船户擒长常勿相忘可也。”[⑥]

道光六年（1826 年），李本忠经过实地调查，提出了整治碎石滩的请求与计划。碎石滩在江之南岸，滩势异常凶险。为了从根本上治理碎石滩，李本忠在雇请工匠检凿滩石的同时，进行了实地踏勘，摸清了碎口滩的形成条件与原因，决定出资购山、封山禁垦、停耕还林，以绝滩根。经过多次交涉，李本忠以 1075 两纹银的代价，将阴阳二山六户居民的产业买下，将阴阳二山更名为“祥兴味”，入官封禁，这样不仅有效地控制了水土流失，还断绝了滩石的来源，并且明显地缓

① ［清］金大镛，［清］王柏心．续修东湖县志（同治）·山川·滩［M］．南京：江苏古籍出版社，2001：414．

② ［清］李炘，［清］沈云骏．归州志（光绪）·险隘·平滩说［M］．台北：成文出版社，1976：43．

③ 周华钢．平滩治险 留芳百世——李本忠整治川江航道小记［J］．中国水运，1994（8）．

④ ［清］曾秀翘，［清］杨德坤．奉节县志（光绪）·山川志［M］．成都：巴蜀书社，1992：611．

⑤ ［清］李本忠．平滩纪略·蜀江指掌［M］．北京：线状书局，2004：280．

⑥ 中国水利水电科学研究院水利史研究室．再续行水金鉴·长江卷·长江附编二·平滩纪略［M］．武汉：湖北人民出版社 2004：843．

解了与之相对的叱滩的滩势[①]。

李本忠治滩之法，就是古法之“积薪治滩”的历史延续。简而言之，就是除水障，以畅水流。这种思想在历代治江思想中影响甚大。例如清朝同治年间著述的《长江图说》中，马征麟曾提出综合整治长江水患，“一曰禁开山，以清其源。二曰急疏瀹，以畅其流。三曰开穴口，以分其势。四曰议割弃，以宽其地。五曰修陂渠，以蓄其余。五者并举，大川易泄，小川有所蓄，废弃无多，所全甚众。此外无良策也”[②]。魏源在《湖广水利论》主张的“不去水之碍，而免水之溃。……欲导水性，必掘水障”与李本忠和马征麟有同工异曲之妙[③]。不过，这种主张和陈瑞之川江石坝秉持的建坝障水、以遏水势的思想是相冲突的。

关于峡江治理，有一种悖论：一方面，为了保护中下游，减少水灾，须建坝以遏水势；另一方面，为了保证峡江交通，须凿滩以疏浚水流，保证航运交通。后蜀之堰坝存在与否，孤证待考，但这两种思想应当已经存在很长时间。即便如此，古人对三峡山高水险、有利于束缚水流的思想也认识较早，魏源《湖广水利论》开篇指出：“历代以来，有河患，无江患。河性悍于江，所经兖、豫、徐地多平衍，其横溢溃决无足怪。江之流澄于河，所经过两岸，其狭处则有山以夹之，其宽处则有湖以潴之，宜乎千年永无溃决。”[④]也就是说，三峡狭窄之处有利于束水或堵水，在古人眼里也是较为平常的，而在三峡传说中，正是蛟龙堵住了三峡之水，神女帮助大禹除蛟通江，让长江之水顺流。

正如治水父子兵鲧与禹一样，鲧用“堵”治水，禹以“疏”治水。在中华民族的治水文化中，这俨然成为一种思想或理念矛盾体的象征。显而易见，作为儿子的大禹，他的思想占据主流地位，而以“堵”治水的思想在川江石坝的宏伟实践中，必然只是昙花一现。真正的治水思想应是“堵疏结合”，任何方法和理念都有其长，也有其短，取其所长，方为上策。

## 七、石坝效益

陈瑞《川江石坝志略下》记载：“复加酌量地势水势，所宜可以坝者，二十余处。

① 周华钢. 平滩治险　留芳百世——李本忠整治川江航道小记［J］. 中国水运，1994（8）.

② 中国水利水电科学研究院水利史研究室. 再续行水金鉴·长江卷·长江附编七·长江图说［M］. 武汉：湖北人民出版社，2004：987.

③ 中华书局编辑部. 魏源集·湖广水利论［M］. 北京：中华书局，1976：389.

④ 中华书局编辑部. 魏源集·湖广水利论［M］. 北京：中华书局，1976：388.

夷陵七，归州九，巴东四。”[①]由此所载，陈瑞修建的石坝有二十余处。尹玲玲推论认为，川江石坝应该位于三峡的（险）滩上，“石坝的具体位置，应该就在当时夷陵州境、归州境及巴东县境内相应的带‘滩’字的地名中。夷陵州境内有查波滩、流头滩、鹿角滩，归州境有新滩、吒滩、达洞滩，巴东县境有横梁滩、石门滩、清水滩等。”[②]尹玲玲推论比较契合《川江石坝志》的实际，因为陈瑞描写的是“沿江两岸多积石，且横有石梁插入江中者”。陈瑞以横入江中石梁为依托，建设石坝，因之“况岸有积石及天生石梁，因以垒石坝数十座”。这数十座石坝（实际上为二十多座），“坝各长十丈，阔五丈，高一丈五尺，屹然相向”[③]。其数量众多，两岸相向，并未截流江面，而魏源所说“经过两岸，其狭处则有山以夹之”，且有天生横入江中石梁利于建石坝。例如《三峡通志·归峡考》记载横梁滩曰：“有石横亘水中，舟行溯流而上，每难之。”[④]横梁滩为尹玲玲推测的可能建坝的地方。而这二十余座石坝两两相向，屹然耸立，“石坝规模颇为可观，在峡江中形成一道道壮丽的景观”[⑤]。

由于两两相向，长十丈，两两相加则二十丈。在今人眼里，与坝顶总长3035米、高程达185.00米的三峡大坝比较起来，这些横入江中的石坝简直可以忽略不计。持这种想法，是今人不了解三峡地势之故。三峡大坝建设在三斗坪的宽谷上，在没有蓄水的时候，三峡两山夹峙，长江流经三峡时，江面紧束，一般宽250～350米，较窄处为100～150米，船只航行于三峡最窄处。在清代李本忠凿疏三峡险滩之前，历史上三峡江面冬春窄于50米的地方就有数处。例如光绪《奉节县志·山川·山川险滩附》记载：“黑石滩，在滟滪堆下，瞿唐峡内。滩不止一处：小黑石、石板夹、扇子石、燕须槽、台子角、白果背，皆大石沿岸耸立，犬牙交错，水不能直流。舟如蛇行，水大湍急，不触东则触西，一触则舟碎矣。”这是清人描绘的黑石滩，而到了道光年间，李本忠捐资“将黑石滩内石板夹、扇子石、燕须槽、台子角等石，一一凿去……现在水势较平，挽纤得力，商民赖之”[⑥]。如果峡中水深流急，江面最窄处不足50米，一般的地方宽100～300米，则有60米的石坝夹束，其水量下泄必然减缓，更为重要的是，有二十多座如此规模的

① 黎小龙．三峡通志校注·归峡考［M］．重庆：重庆出版社，2014：115.

② 尹玲玲．明清两湖平原的环境变迁与社会应对［M］．上海：上海人民出版社，2008：158.

③ 黎小龙．三峡通志校注·归峡考［M］．重庆：重庆出版社，2014：115.

④ 黎小龙．三峡通志校注·归峡考［M］．重庆：重庆出版社，2014：9.

⑤ 尹玲玲．明清两湖平原的环境变迁与社会应对［M］．上海：上海人民出版社，2008：158.

⑥ 四川省奉节县志编纂委员会．奉节县志·山川［G］．1985：31.

石坝，其约束水流的效果是极其明显的。

陈瑞总结道："盖据高为坝，常时之水中淹而行，坝若无功。间值洪水横流之时，则遇坝而阻，水势回合转折，停蓄盈科徐下，不复向之澎湃直泻。"其描写的遏水效果确实是符合科学道理的。实践证明也如此，"是岁，松滋、江陵、公安、石首、监利一带，江堤晏然如故，虽堤外低田亦无淹溺"[①]。江汉平原一带"收成之日，父老相率告之荆州林守曰，今岁自祷神垒坝之后，江水旋涨旋消，真为神异"。陈瑞对自己主张并修建的石坝非常满意，但其希望这项防洪工程永远发挥防洪的作用，故其提出："若由此而岁加以修垒，诚足为千百年永利。……仍仿诸堤塍事例，每岁将石坝加修，以永保障。至于或葺其危，或补其缺，或增其所未高，或□其所未备，使坝与岁而俱存，又在将来。"尹玲玲指出，通过"若由此而岁加以修垒，诚足为千百年永利"之语，今人可以看出"两湖民众对川江石坝这一系列水利工程所寄予的感情，以及他们希望川江石坝能得到长期维护而一直发挥良好作用的美好愿望"[②]。但是，陈瑞主修的石坝并没有与岁俱存，这些石坝命运如何，留下遗址或遗踪了吗?

## 八、石坝遗踪

寻找陈瑞所修的二十多座石坝，除了尹玲玲推论的从险滩入手外，笔者认为，还应从陈瑞修坝的地理条件"横有石梁插入江中者"入手，有插入江中石梁的地方最有可能为其"故址"。这些"故址"因修有防洪石坝，阻塞航运的可能性更大一些，这也是在处理防洪和航运矛盾时，最易受后人重视的。我们从李本忠《平滩纪略》中可以寻找到一些线索。《平滩纪略》记载："开凿东湖县（即陈瑞所说的夷陵所在县——笔者注）属渣波滩、火炮朱、大浪洪、黛石滩、大峰朱、鹿角滩、南虎礵、使劲滩、锅笼子、沾山朱各险滩。并开修青鱼背纤路。用过工费炭银四万一千八百六十余两。"这些被开凿的险滩可能就是夷陵七座石坝的遗址。《平滩纪略》又记载："渣波滩乳石横江，夏秋之时，泡漩汹涌，险异非常。其水斜冲北岸红石子堆，损船毙命，惨莫尽述。计滩高十三丈二尺，宽三十六丈，长五十八丈。"此滩花了六年时间打凿，花去银二万二千七百三十一两八钱，才

① 黎小龙．三峡通志校注·归峡考［M］．重庆：重庆出版社，2014：115．

② 尹玲玲．明清两湖平原的环境变迁与社会应对［M］．上海：上海人民出版社，2008：159，162．

将滩根凿平。该滩花费超过整个工程全部四万两白银的一半，可见其滩之险，其滩根石梁之巨大。其他各滩石记载如下。

> 火炮朱：巨石截立，堵住江心。已将滩根凿平。黛石滩：滩嘴横江。使劲滩：乳石横江。将滩石打凿净尽。南虎礵：石梁横江，将石内开凿一礵，大水之时，船行礵内，方保平顺。将滩石开凿宽阔。鹿角滩：巨石横江，将滩石凿平。大峰朱：巨石横滩，堵住江心，将滩朱打平。锅笼子滩：乳石巉岩江心，将此滩凿平。沾山朱：巨石截立，堵住中流，已将此朱滩凿平。大浪洪：石嘴横江，将此滩打平滩根。①

在东湖县，即今宜昌的夷陵区，共有十个横入江心的石梁，除个别以外，基本上都被李本忠凿平了。陈瑞所说夷陵州七座石坝与此相符，因此七座石坝可能就是这十座险滩石梁，或这十座石梁险滩中有一些就是七座石坝的石基。当然该推理还待更细致的考证，而其在逻辑上是站得住脚的。

归州有九座石坝，非常巧的是，根据李本忠《平滩纪略》所载，其在归州正好凿了九处险滩："乌石滩以及叱角子、台盘子、杨家戏、碎石滩、鹞鹦大嘴、三嘴、斗篷子、北岸紫金沱等处，俱因巨石横江……台盘子，其滩陡险，石嘴横冲江心……今将此嘴打去，嘴高三丈五尺、长十三丈五尺、宽五丈九尺。乌石：在归州城外，横堵江心。高六丈七尺、宽七丈三尺、长二十三丈……此乌石打去。以上各滩，均系南岸由上开下。至乌石，共九处。"李本忠总结凿滩以后，"俱系巨石横江。致江面逾窄、水势逾急……一律打凿净尽……于往来船只，大有裨益。……自上游至下游，水性安流而下。无论水泛水涸，俾行舟无碍，已有实效，何其幸也"②。

是的，对于航道而言，其何其幸也；对于防洪而言，其非幸也。之所以说"非幸"，是因为石坝所在地必为险滩处，中有石梁横江，且为天生横入江中的石梁，另外这些石梁处乳石、碎石众多，可能是陈瑞建造石坝时留下的坝石。无论是归州还是夷陵，石坝数量和李本忠所开险滩的数量都比较接近，且均为石梁横江。当然，数量只是相对而言的，由于三峡工程蓄水后难以再对这些遗址进行实地考察，随其永沉江底，这也成为历史之谜。

---

① 中国水利水电科学研究院水利史研究室．再续行水金鉴·长江卷·长江六·道光十五年［M］．武汉：湖北人民出版社，2004：211-215.

② 中国水利水电科学研究院水利史研究室．再续行水金鉴·长江卷·长江一·道光六年［M］．武汉：湖北人民出版社，2004：42-45.

## 九、堰坝启示

无论是陈瑞建川江石坝，还是李本忠倾注一生打凿三峡险滩，其主观目的都值得赞赏，而客观效果是，他们都成为三峡治江的伟人。前者依据石梁，垒石建坝堵水，以遏水势，防洪消灾，保护长江中下游平安；后者打凿险滩，消除航运隐患，保护过往客旅，其功德无量。这二人一堵一凿，何其矛盾，何其对立，但又何其统一——都是治江。陈瑞和李本忠二人均有功于历史，有利于长江。今日再看二人，这种矛盾因为三峡工程建设而得到彻底解决。在堵与凿、堵与疏、遏与浚之间，人们找到了相对的平衡点。古代，要保护荆江之下平原的安危，须遏水以杀水势；为保证长江黄金水道的畅通，须长江畅流。防洪第一还是交通第一，自古蜀荆（巴楚）一体，但是“通”“防”难调，直至今日三峡工程，长江方才稍得安澜。古人解决不了的矛盾，今日也只是相对解决，而非彻底解决，人类要有问题意识，还有诸多问题等着我们解决。古人对神明有敬畏之心，今天我们也要有敬畏之心，从古人那里汲取智慧。

今日的三峡工程建设和明人陈瑞所建的川江石坝可谓殊途同归。三峡工程是现代工程，而从历史传承的角度看，中华民族的水利建设从根本上、从骨子里渗入了堵疏结合及防洪治水、遏水防洪的思想，只不过随着现代科技的发达，今日新增了发电、调水等新功能。

总之，古代治理三峡航道和峡上建坝，是一对矛盾的统一体。今天，“凿石安澜”和“筑坝防洪”终于实现了统一。以史为鉴，对于中国而言，葛洲坝水利工程和三峡水利工程的实践是有历史积淀的，有其理论和实践基础。尤其是三峡工程建设，是百年梦想，更是千年梦想，已有千年实践。从《资治通鉴》到万历《湖广总志》，再到《三峡通志》中的《川江石坝志》，我们可以了解到，我国古代劳动人民早在千百年前已在三峡建设了用于防洪的石坝。虽然这些石坝并非现代意义上的截流坝，但是说明我国早在千百年前就已有了建坝的社会实践，并产生了为保障荆江安全的治水思想，这是极其难得的。三峡古坝建设的实践说明，今天三峡工程至少有千年的建坝历史文化积淀，对今天重新看待三峡工程具有十分重要的参照意义。

# 第四章 赛典赤坝闸研究

元初赛典赤主政云南六年，治理云南滇池，在得力助手张立道的辅佐下，于滇池上游修建松花坝，建坝闸、修河渠，引水灌溉；于滇池下游疏浚海口，建闸调剂滇池水位。他在到达云南之前，吸取了治理都江堰的水利建设经验，故滇池建设的原理和都江堰有相通或相似之处。而他治理滇池水利也成为惯例为后人承袭下来，其治水思想对其家族乃至整个云南都产生了积极的影响。云南最终回归中央政府，某种程度上要归功于赛典赤治滇。赛典赤治理滇池，发展云南的水利建设，奠定了中央政府统治云南的社会经济基础。回顾云南水利发展的历史，首先要谈谈赛典赤其人及其治滇的得力助手张立道。

## 一、赛典赤生平及其治滇助手张立道

### （一）赛典赤·赡思丁其人

自楚人庄蹻入滇到汉武拓边，云南和中原的文化接触日益频繁，至宋太祖玉斧划疆，中原和云南的交往受阻。元代的赛典赤·赡思丁，又名乌马儿，他是中国历史上让云南回归中央政府的重要文化使者。《元史·赛典赤·赡思丁》记载："赛典赤·赡思丁，一名乌马儿……别庵伯尔之裔。其国言赛典赤，犹华言贵族也。"赛典赤出身为贵族，其身贵，其名、其义更显。赛典赤·赡思丁首先是一个伟大的政治家，得到忽必烈的充分信任，《元史·赛典赤·赡思丁》记载："（至元）十一年，帝谓赛典赤曰：'云南朕尝亲临，比因委任失宜，使远人不安，欲选谨厚者抚治之，无如卿者。’赛典赤拜受命，退朝，即访求知云南地理者，画其山川城郭、驿舍军屯、夷险远近为图以进，帝大悦，遂拜平章政事，行省云南，赐钞五十万缗，金宝无算。”[①]对后世而言，其水利功绩远比政治业绩更加令人瞩目。

对赛典赤来说，云南是其人生宦途的短暂一站，也是终点站，更是最辉煌的一站。《马氏家乘》记载：“祖赛典赤·赡思丁，元太祖西征，公起关中……初任，升授咸阳总管。……十八任，云南诸路行省中书平章政事、总督天下军务、督招讨大元帅。”[②]最后赛典赤积劳成疾，卒于滇任。其十八个任职中，唯在云南滇地官宦影响最大，根本原因在于其滇地治水，成就功业。例如《新元史》记载赛典赤“教民播种，为陂池以防旱涝”[③]，高度概括了赛典赤教民播种、治理滇池防旱涝的情形，而这只是赛典赤治水的一个小小缩影。有学者指出，赛典赤治理滇池是云南历史上第一个“民众至今受其赐”，规模最大、最科学的水利系统工程[④]。而与赛典赤相关的历史极其丰富，有研究表明，伟大的航海家郑和就是其后裔。

### （二）助手张立道

赛典赤治理滇池非常重视发挥其他人的积极性，其水利功业也有助手的帮助，农业水利专家张立道就是其中最重要的一位。《元史·张立道列传》记载：“（至元）十年三月，领大司农事，中书以立道熟于云南，奏授大理等处巡行劝农使，佩金符。”由此可见，张立道在云南地位非常高，与赛典赤为治理云南的“两驾马车”。赛典赤于至元十一年（1274年）到云南，张立道更早一年；赛典赤总督云南军政各务，总揽全局，张立道当为具体操办滇池治水者。例如《元史·张立道列传》记载：“立道求泉源所自出，役丁夫二千人治之，泄其水，得壤地万余顷，皆为良田。爨、僰之人虽知蚕桑，而未得其法，立道始教之饲养，收利十倍于旧，云南之人由是益富庶。……诸山蛮慕之，相率来降，收其地悉为郡县。”[⑤]

由此可见，张立道治理滇池的效果非常明显。《读史方舆纪要》记载，滇池“在

---

① ［明］宋濂，［明］王祎. 元史·列传第十二·赛典赤·赡思丁［M］. 北京：中华书局，1976：3063-3064.

② 高发元. 首届赛典赤研究国际会议论文集［M］. 昆明：云南大学出版社，2004：206-207.

③ ［民国］柯劭忞. 新元史·列传第五十二·赛典赤·赡思丁［M］. 北京：开明书局，1935：318.

④ ［清］顾祖禹. 读史方舆纪要·云南二·滇池［M］. 贺次君，施和金，校. 北京：中华书局，2005：5064.

⑤ ［明］宋濂，［明］王祎. 元史·列传第五十四·张立道［M］. 北京：中华书局，1976：3916.

府城南。府西南八十里为海口，池水由此北入富民县，汇于广趄塘，通金沙江处也。海口财赋，岁以亿计。咽喉通塞，利害最大。元至元中，张立道浚之，以泄滇池之泛溢”[①]。从中可以看出，张立道“求泉源所自出”则为滇池周边田土灌溉，而修工程泄水于海口，即螳螂川，一则免泛溢，减少洪涝灾害；二则得良田，让云南“由是益富庶”，甚至让周边少数民族感威德，归附中央政权。

张立道还注重礼教，宣扬儒家教育思想。例如《元史·张立道列传》记载：“（至正）十五年，除中庆路总管，佩虎符。先是云南未知尊孔子，祀王逸少为先师。立道首建孔子庙，置学舍，劝士人子弟以学，择蜀士之贤者，迎以为弟子师，岁时率诸生行释菜礼，人习礼让，风俗稍变矣。”张立道滇地治水的业绩和滇地教化的功业，得到赛典赤的肯定。《元史·张立道列传》又记载：“行省平章赛典赤表言于朝，有旨进官以褒之。”[②]赛典赤上奏于朝，褒奖张立道的各种功绩，这与赛典赤擅长用人和其大公无私的品格是分不开的。《元史·赛典赤·赡思丁列传》记载：“夷酋每来见，例有所献纳，赛典赤悉分赐从官，或以给贫民，秋毫无所私；为酒食劳酋长，制衣冠袜履，易其卉服草履。酋皆感悦。”[③]赛典赤尊重少数民族，威德四方，和得力助手张立道，一同治滇，彼此成就功业，可谓元朝初年云南社会政治、经济和文化领袖的“双子星座”。

有学者指出，以张立道和赛典赤为代表的地方官员“做得非常出色，特别是所倡导的水利建设等活动，对云南滇池、洱海地区土地开发利用产生积极的影响，使得世祖至元年间滇中地区屯田大增，几近云南高原屯田的一半”[④]。因此，进入云南的中央军队有了军粮等物质保障，对巩固边地边防作用巨大。他们携手打造的水利工程无形中为云南政治、经济和文化与中央成为一体打下了良好的物质基础，可谓治滇安边、治水安邦的典范。

赛典赤功成名就，魂归滇池，张立道与赛典赤一样，治水滇池也成为其一生之中最成功的宦绩，故《元史·张立道传》评曰：“立道凡三使安南，官云南最久，颇得土人之心，为之立祠于鄯善（今昆明）城西。”[⑤]下面我们就来看看滇池之

① ［清］顾祖禹. 读史方舆纪要·云南二［M］. 贺次君，施和金，校. 北京：中华书局，2005：5064.

② ［明］宋濂，［明］王袆. 元史·列传第五十四·张立道［M］. 北京：中华书局，1976：3916-3917.

③ ［明］宋濂，［明］王袆. 元史·列传第十二·赛典赤·赡思丁［M］. 北京：中华书局，1976：3066.

④ 杨伟兵. 云贵高原的土地利用与生态变迁［M］. 上海：上海人民出版社，2008：64.

⑤ ［明］宋濂，［明］王袆. 元史·列传第五十四·张立道［M］. 北京：中华书局，1976：3919.

畔的“乌马儿李冰”是如何在张立道的辅佐下，在云南民众齐心协力的帮助下，治滇成功并惠泽后世的。

## 二、赛典赤治理滇池

### （一）滇池水利，千年传承

战国末年，楚人庄蹻入滇，带去了先进的农业生产技术；西汉时期，汉武帝在滇池设立郡县。《后汉书·西南夷传》记载：“滇王者，庄蹻之后也。元封二年，武帝平之，以其地为益州郡，割牂柯、越嶲各数县配之。后数年，复并昆明地，皆以属之此郡。有池，周回二百余里，水源深广，而末更浅狭，有似倒流，故谓之滇池。河土平敞，多出鹦鹉、孔雀，有盐池田渔之饶，金银畜产之富。人俗豪忲。居官者皆富及累世。”汉末，滇池已经有了水利，例如《后汉书》记载：“以广汉文齐为太守，造起陂池，开通溉灌，垦田二千余顷。”[①]这是目前所见的最早有关滇池水利的记载。历朝历代为在云南屯军，自然会兴修水利，保证农业和滇池周边的居民安全。例如明陈文《南坝闸记》记载：“尝筑土各为二堰于河之要处，障其流以溉田，凡数十万亩。元时云南平章政事赛典赤复增修之，民甚赖焉。”筑土堰于河之要处，障其流而溉田就是建土坝抬高水位的做法，也就是说在滇池上游建坝的历史要远早于元代。《读史方舆纪要》记载：“金棱河，在府治东十里，俗名金汁。引盘龙江水，由金马山麓流经春登里，灌溉东乡之田，为利甚广。……堤上多种黄花，名绕道金棱。……堤上多种白花，名萦城银棱。”[②]种花除了美观堤岸之外，更为重要的是维护水利设施所需，而“金棱”和“银棱”的地名体现了水利文化的深厚积淀和持续传承。赛典赤“复增修之”，可见从汉代到元代初年，滇池多有水利修建。滇池水利在秦、汉、唐、宋有一个延续和传承的过程。

元初此次水利建设影响最为深远。当然，中央政府想要控制云南，必须屯田，保障军需，而滇池和洱海作为平坝，水利建设具有样板和模范作用。“元世祖至元年间，云南军民屯户总数已达18315户，开垦田地341535亩。世祖至元间的

① ［南朝］范晔．后汉书·西南夷［M］．［唐］李贤，注．北京：中华书局，1965：2846．

② ［清］顾祖禹．读史方舆纪要·云南二［M］．贺次君，施和金，校．北京：中华书局，2005：5064．

屯田活动是云南历史上第一次大规模的垦殖运动，通过屯田，突破了以往历代土地垦殖集中在滇池、洱海地区的格局，使土地利用格局第一次发生重大变化。”①这种变化还在于中央政权能够加强对云南的控制，使云南从此长期和中央政权成为紧密的经济和文化整体。

### （二）勘查水土，以备水旱

赛典赤“复增修”滇池水利是在前人的基础上进行的。赛典赤在滇池成就治水之功，首先是站在水利先人的肩膀上，其次得益于滇池特殊的地貌和水文条件，以及赛典赤的个人努力，“访求知云南地理者，画其山川城郭、驿舍军屯、夷险远近为图”②。赛典赤来滇之前，滇池虽阔，但海口为一狭口，入螳螂川，上游盘龙江来水之时，滇池水泻不及则水位高涨，泛滥成灾，甚至漫过城墙进入城内，危害府城。《元史·张立道列传》记载：“其地有昆明池，介碧鸡、金马之间，环五百余里，夏潦暴至，必冒城郭。”③而在旱季，滇池常因缺水而使农田遭受干旱。滇池水旱频频，雨季水多，旱季水少，治理时左右难调，为滇池一大隐患，成为滇池地区发展的瓶颈。《滇记》云：“滇池受邵甸，牧羊山诸泉及黑白龙潭、海源洞诸水汇为巨浸，延袤三百余里，军民田庐，环列其旁。而泄于稍西一小河，又折而北，不见其去，故又名滇海。”④从顾祖禹的描绘中可见，军民生活均在滇池旁，而众水汇聚滇池后，下泄只有一小河（螳螂川），在滇池周围，已经生活着众多人口，自然容易形成洪水灾害。最关键的是，滇池已经进行农业开发，人口繁衍，而农业之根为水利，农业之害则为旱涝等灾害，其中洪水灾害不仅危害农田，而且危害居民生命安全。

《元史·赛典赤·赡思丁列传》对赛典赤治理滇池只有一句话：“教民播种，为陂池以备水旱，创建孔子庙明伦堂，购经史，授学田，由是文风稍兴。”⑤学者指出，至元十一年，赛典赤任云南行省平章政事。至元十三年（1276年），赛典赤启动修治滇池的工程。全部工程分为上下两段，上段在昆明城的东北地区，以蓄水分流、结合灌溉、防止潦水为目的，重点清理水源，疏浚盘龙江；下段工

① 杨伟兵. 云贵高原的土地利用与生态变迁［M］. 上海：上海人民出版社，2008：63.

② ［明］宋濂，［明］王祎. 元史·列传第十二·赛典赤·赡思丁［M］. 北京：中华书局，1976：3064.

③ ［明］宋濂，［明］王祎. 元史·列传第五十四·张立道［M］. 北京：中华书局，1976：3916.

④ ［清］顾祖禹. 读史方舆纪要·云南一［M］. 贺次君，施和金，校. 北京：中华书局，2005：5053.

⑤ ［明］宋濂，［明］王祎. 元史·列传第十二·赛典赤·赡思丁［M］. 中华书局，1976：3065.

程则是清除海口、石龙坝到龙王庙一带的积沙和淤泥，并把海口河在安定境内的鸡心、螺壳几个险滩挖开。至元十五年（1278年），工程竣工，滇池面貌为之一新，四围香稻，万顷晴沙[①]。元代以后历代对滇池的治理，基本上沿袭赛典赤疏六河、扩海口的办法，松花坝经历代加修，至今仍是滇池地区水利枢纽工程之一，仍在造福春城人民[②]。

### （三）建松花坝，防灾灌溉

松花坝又叫松华坝，《中国水利建设史》载："古代无坝引水的灌溉和供水工程，也做松花坝，在云南省昆明市东北盘龙江上游出山口处。元至元年间，云南平章政事赛典赤主持兴建。始建为土坝，盘龙江经坝分为2条干渠引水，取名金汁河，东行70余里，入滇池，当时灌溉面积号称万顷。"[③]赛典赤在前人的基础上治理滇池上游，例如《读史方舆纪要》记载修理盘龙江的金棱河、银棱河时说："元赛典赤复修筑为堤，今废。又府西十里有银棱河，俗名银汁。亦引盘龙江水，由商山麓流过沙浪里，南绕府治。"这只是赛典赤整治滇池上游的一个很小的部分。又如"松花坝，在府城东北，为滇池上流。元赛典赤·赡思丁增修二堰，灌田万顷。又有南坝闸，在府城南。东北诸泉，旧由银棱河入滇池，恐其泛溢，故筑此障之。元赛典亦尝增修"[④]。陈文《南坝闸记》曰："名为二堰，于河之要处，障其流，以灌田，凡数十万亩，时云南平章政事赛典赤复增修之，民甚赖焉。"[⑤]《滇系》载松花坝曰："在府城东北，为滇池至上流，元赛典赤增修二堰灌田万顷，又有南坝闸，在府城之东南，北诸泉旧由银棱河入于滇池。恐其泛溢，故筑此以障之。"[⑥]也就是说松花坝是一个系统工程，就坝闸而言，有众多坝闸，而非一个松花坝。

事实上赛典赤在盘龙江所修不止一闸，也非二堰坝与一南坝闸这样简单，其过程非常复杂，例如《盘龙江图说》记载松花坝曰："此坝建自元时咸阳王赛典赤，于凤岭莲峰二山箐口，水出川原之间。建松华坝，以时启闭。自松华坝，由莲峰山麓会城东门南坝一带，至雄川阁共计七十里许。由罗公闸入昆海，又自松华坝莲峰山麓凿开一河，名金汁河。此盘龙江之分支也。其盘龙江自松华坝流三十里许，

---

① 任红．"为陂池"以备水旱"：赛典赤治滇池［J］．中国三峡，2011（6）．

② 高发元．首届赛典赤研究国际会议论文集·赛典赤民族政策的历史贡献与现代启示［M］．昆明：云南大学出版社，2004：67．

③ 郑连第．中国水利百科全书·水利史分册［M］．北京：中国水利水电出版社，2004：161．

④ ［清］顾祖禹．读史方舆纪要·云南二［M］．贺次君，施和金，校．北京：中华书局，2005：5064．

⑤ ［清］张毓碧．云南府志（康熙）·艺文六［M］．台北：成文出版社，1967：535-536．

⑥ ［清］师范．滇系（嘉庆）·山川［M］．台北：成文出版社，1968：215．

至分水岭，分为二支，一支向南流里许，分一支名采莲河，向西流入草海。又流里许至南坝闸，西流里许分三支……又自分水岭一支向西流里许分二支，一向西流，出马蹄闸……西坝河流由兜底闸入草海，……至小西门外牛心闸……此盘龙江之源流也。”《金汁河图说》描述松花坝如下。

> 坝旁设撇水，大闸送水入盘龙江，以防水大漫溢。河堤又撇水闸，下设锁水闸，以平水势。水小则开闸枋注水入金汁河，以收水利。水大则闭闸枋送水入盘龙江，以防水害。又锁水闸上面即系留沙桥，以防水发时，送莲峰山箐沙泥送入盘龙江，免致壅塞金汁河身。又留沙桥下数丈设撇水小闸，又数丈设泄水小闸自泻，水小闸至接迎桥西流里许，至大桥村下，转南，由东山麓流三里许，设戴金箔闸，又流七里许，设漫水闸，又流五里许，设大小韩冕二闸。以上各闸，水大则开闸枋将水送盘龙江以免漫溢。水小则闭闸枋将水收入金汁河，以资灌溉。又自韩冕闸十五里许，设小坝闸，闸下流开成小河，以时启闭，灌溉东门一带田亩，并泻河水流入盘龙江。……三元闸……满水闸……十字闸……金棱闸南流七里设军民洞沟，引水入下五排三塘九围，乃积水堰塘，每年自正月起至三月初旬，沿河田亩不需河水之时，将水收入堰塘之内，以资灌溉。[①]

银汁河坝闸情况和金汁河相类。《长江水利史略》对赛典赤所修松花坝总结道：“修筑在凤岭、莲峰二山之间的盘龙江上，坝上设有闸门，可以分盘龙江水入金汁河。并在金汁河上建燕尾闸，在银汁河上建南坝闸。除了盘龙江、金汁河、银汁河上的工程外，在其他支流上也分别修建了堤防、堰闸和灌溉渠道。”[②]《金汁河图说》其实还讲到金汁河有调沙和蓄水调水的功能。“沿盘龙江、金汁河建成多处引水涵洞、闸坝等各级分水工程，与滇池水系银汁、宝象、马料、海源4条河流上的堰渠互相串联，灌排配合，成为昆明一带主要灌排水系，统称昆明‘六河水利’。”[③]水利非一人之功、一人之力，滇池水利工程是历代积淀和努力的结果。“六河水利”是赛典赤·赡思丁等历代治水人努力的结果。

以松花坝为基础，人工河金汁河、银汁河等分支河流为脉络，结合各闸，形成了滇池上游水利网络系统。也就是说，以赛典赤、张立道为代表的滇池治水人将坝、闸、堤、堰、塘五者结合起来，当然，这也是一个逐渐成熟的过程，而赛典赤·赡思丁、张立道更有开创之功。松花坝本身就是坝闸，加上罗公闸、南坝闸、马蹄闸、兜底闸、牛心闸、燕尾闸诸闸，这些闸“以时启闭”，在滇池高原上实

---

① ［清］黄士杰. 云南省城六河图说·金汁河图说［M］. 台北：成文出版社，1974：5-11.

② 《长江水利史略》编写组. 长江水利史略［M］. 北京：水利电力出版社，1979：164.

③ 郑连第. 中国水利百科全书·水利史分册［M］. 北京：中国水利水电出版社，2004：161.

现了水的人工调节和控制。事实上，以松花坝为主体的坝闸至少具备防洪、调水、灌溉、调沙、蓄水五项功用，而松花坝也成为水利史上不可不提的著名的无坝引水灌溉和供水水利工程，它综合堰的引水功能和障水以调剂水量的功能，达到了引水灌溉、调节旱涝水量、减少旱涝灾害的功效。治滇池，必治滇池之源，其大河为盘龙江。上游治理要求堤防、坝（堰）闸、灌溉水渠相结合，尤其是松花坝的管理和使用，因此松花坝也成为治滇之关键水利设施之一。根据《云南省城六河图说》记载，主体工程是赛典赤和张立道在兴修水利方面的首要贡献。元初修筑松花坝，修浚金汁河、银汁河、盘龙江，建设可以控制的坝闸，集合灌溉、防洪、调沙、蓄水、调水等水利功用系统，形成了昆明地区的上游水利系统。

**（四）疏浚海口，建闸调水**

赛典赤组织中庆（今昆明）的军民凿开石龙坝，疏开河口，使滇池水顺利泄出，获良田万顷[①]。康熙《云南府志》记载，海口“在城西南八十里，泄滇池之水，由安宁、富民汇广翅塘入金沙江，沿海财赋岁以万计，其利害由于海口之通塞，诚要津也。岁一浚导，在赋役曰海夫。”[②]海口由于元初这次治理，成为云南之江南，成为地方政府财政收入的重要来源地，“海口财赋，岁以亿计”[③]，故该地人在此服役被称为“海夫”。经治理后，滇池周边的良田及其他收入养育了当地人民，人民以“海夫”为喻，寓指治理后的滇池是人民生活的母亲湖、母亲海。《长江志》指出：“云南滇池地区元代筑松花坝，浚海口，滇池水利明清时期有特大发展。”[④]明清时期，滇池水利有较大发展，这与赛典赤的开创之功是分不开的。后世滇池水利基本上都是按照赛典赤和张立道打下的基础修建的，海口水利也是在此基础上建设的。陈金《海口记》记载：“元赛典赤凿金汁渠，引松华（坝）水以溉滇城东西之田，至今滇人仰其利，而庙祠之。……赛典赤凿渠引水，滇人享百世之利。”[⑤]《海口记》所述赛典赤治理海口，不见具体治理情况，可见作者重视的是赛典赤治理海口的结果，而非过程。明清两代，滇池水利状况和赛典赤等人建设时差不多，例如《昆阳海口图说》记载如下。

---

① 高发元．首届赛典赤研究国际会议论文集·赛典赤民族政策的历史贡献与现代启示［M］．昆明：云南大学出版社，2004：67．

② ［清］张毓碧．云南府志（康熙）·地理［M］．台北：成文出版社，1967：48．

③ ［清］顾祖禹．读史方舆纪要·云南二［M］．贺次君，施和金，校．北京：中华书局，2005：5064．

④ 长江水利委员会长江勘测规划设计研究院．长江志·水力发电［M］．北京：中国大百科全书出版社，2004．

⑤ ［清］张毓碧．云南府志（康熙）·艺文六·海口记［M］．台北：成文出版社，1967：542．

昆阳海口在会城之南，昆明、呈贡、晋宁、昆阳四属之水汇而入海，海水流出为河，海河之交名为海口，口较下游稍宽，向西流，中有牛舌滩，又有老虎滩，滩高于水，将河分为三支，流里许，合而为一。……普安闸……归化闸……此河情形原泻昆海之水，河底田高，水势平浅，难资灌。……水闸入大河，对闭普安闸，少一闸口，即少一滩头，大河内普安闸已无阻塞，又北岸洱淙河，沙泥横入大河，阻塞河流……将大河内洱淙旧滩挖深，已无阻塞。此外尚有应行改修之处，但为地势所限，难以施工。至大河内之石龙坝，议者以为阻塞河泥。……顺流而下，并无阻塞，且上游各滩之水，已经停住，而石龙坝之水，仍然流走，是海口之阻塞，在各子河闸下滩头，而不在石龙坝，明甚。开石龙坝之说，勿庸置议。”①

相比滇池水系上游盘龙江的综合水利建设，滇池海口简单一些，功能也较为单一，主要用于泄洪。《元史·张立道列传》记载：“立道求泉源所自出，役丁夫二千人治之，泄其水，得壤地万余顷，皆为良田。”②“泄其水”之地就在滇池唯一的出口——螳螂川的海口。滇池水口泄水后，诸多良田得到开垦，产生的经济效益与治理滇池上游同工异曲。《读史方舆纪要》记载，赛典赤委任张立道治理滇池出海口，“府西南八十里为海口，池水由此北入富民县，汇于广翅塘，通金沙江处也。海口财赋，岁以亿计。咽喉通塞，利害最大。元至元中，张立道浚之，以泄滇池之泛溢”③。

上游建坝、建堤调剂水量，其中灌溉、防洪、调沙、蓄水、调水是堵疏相辅，而海口为出水之地，“咽喉通塞，利害最大”，故赛典赤和张立道以疏浚为主。这次治水规模大，效果好。现今，元代于海口所修的三座宏伟石闸共 21 孔仍保存完好，控制着滇池水位，成为当时开发水利的历史见证。元初的水利建设减轻了盘龙江中下游一带和城南低凹之处的水旱灾害，赛典赤采取上段蓄水、中段分洪灌溉、下段泄水的方法，系统地对滇池进行了综合治理，取得了十分显著的效益，有力地促进了这一地区的农业发展和经济繁荣，为以后滇池区域的开发奠定了基础④。

总之，赛典赤和张立道利用滇池上下游不同的地理情况，因势利导，结合了闸、

① ［清］黄士杰. 云南省城六河图说·昆阳海口图说［M］. 台北：成文出版社，1974：33-37.

② ［明］宋濂，［明］王袆. 元史·列传第五十四·张立道［M］. 北京：中华书局，1976：3916.

③ ［清］顾祖禹. 读史方舆纪要·云南二［M］. 贺次君，施和金，校. 北京：中华书局，2005：5064.

④ 诸锡斌. 赛典赤·赡思丁与云南水利开发［J］. 云南农业大学学报，1989（4）.

坝、堤、渠、塘等工程，使用引、导、防、堵、疏、泻、调、蓄、灌等治水方法，将滇池上下游治理得井井有条，工程虽无都江堰影响大，但是技术含量和理念堪称“云南的都江堰”。赛典赤到云南之前，曾在四川为官多年，熟悉都江堰，张立道则引进诸多四川的水利人才，为成就滇池水利起到了巨大的作用。赛典赤和张立道可谓“云南的李冰”和“元代的大禹”。

赛典赤修建的松花坝和海口水闸，相比都江堰具有不可复制性，其对云南水利的示范和影响在于，它们使云南的水利坝闸如雨后春笋般发展起来。赛典赤在滇池所建的水利就是一面红旗，一个标杆，一个榜样。赛典赤和张立道治滇池、建坝闸后，学者统计清代云南主要水利工程，有综合河流疏浚工程 8 项，综合湖泊排涝工程 3 项，坝 441 座，闸 112 座，箐沟涧泉 124 条（眼），渠 51 条，堤 83 座，涵洞 6 个，其他水利工程 9 项，水利工程数量共计 1011 项[①]。其中坝 441 座，是所有水利设施中最为丰富的；闸 112 座，居第三位，这与元初松花坝和海口水闸的示范和影响是分不开的。赛典赤堪称滇地“坝闸之父”，其重视水利、建坝修闸的行为成为治滇的重要政治和文化符号。

### （五）改善水运交通

《华阳国志·蜀志》记载：“秦孝文王以李冰为蜀守。……冰乃壅江作堋。穿郫江、检江，别支流双过郡下，以行舟船。”[②]李冰修建都江堰，初始目的是航运，而滇池水域宽广，本身就是一个水运交通的枢纽。赛典赤在滇池旁开凿运河，有利运输，改善了滇池和周边的水运交通条件，对此《昆明市志》记载如下。

> 在小西门外，……有河直通昆池，为赛典赤治滇时所开，明时为运粮河，运输昆池四周之粮食，供会城之需。今晋宁、昆阳、高峣、西山往来船只均泊于此，游大观楼者，亦于此泛舟焉。[③]

赛典赤所修的松花坝系统，有蜀地都江堰之引水灌溉、防洪、调沙、航运等功用，工程原理大体一样，自然可能借鉴都江堰工程。赛典赤可谓“滇地李冰”，松花坝可谓“滇池之都江堰”。

---

① 杨伟兵．云贵高原的土地利用与生态变迁［M］．上海：上海人民出版社，2008：180．

② ［东晋］常璩．华阳国志·蜀志［M］．刘琳，注．成都：巴蜀书社，1984：202．

③ 张维翰，童振藻．昆明市志（全一册）［M］．台北：成文出版社，1967：27．

## 三、松花坝闸，源于都江堰

### （一）松花坝与都江堰水利原理相似

都江堰和松花坝都是引水工程，都存在分水、引水和灌溉的问题，维护中都有岁修的问题。清代四川按察使窦垿作诗《分水坝》，对都江堰整个分水工程的维修过程作如下描述。

灌口二郎庙，即此二王宫。庙前俯江水，双流如交虹。中立分水坝，启开司春动。冬闲便疏浚，工毕待春融。启坝防水入，离堆当其冲。直穿离堆出，远济成都农。千流与万派，沟洫由此通。滇之松花坝，与此大略同。①

为何赛典赤所修松花坝和都江堰“大略同”？除了自然和地理环境相似外，更重要的是赛典赤主政四川近十一年，曾委任李秉彝治理都江堰并取得巨大成就，张立道也曾引进众多蜀地水利工匠，他们二人成就了赛典赤的功业。

### （二）张立道引进蜀地水利人才

前面谈到张立道受赛典赤委任，为滇池水利具体实施者。张立道非常重视四川人才，如至元十五年（1278 年），张立道“首建孔子庙，置学舍，劝士人子弟以学，择蜀士之贤者，迎以为弟子师，岁时率诸生行释菜礼，人习礼让，风俗稍变矣”。张立道从四川引进人才，改善了云南的文教和地方风俗。而其引进的人才，并不局限于儒家文教的贤者。早在至元四年（1267 年），皇子忽哥赤封云南王时，“诏以立道为王府文学。立道劝王务农以厚民，即署立道大理等处劝农官，兼领屯田事，佩银符”。至元十年（1273 年）三月，张立道“领大司农事，中书以立道熟于云南，奏授大理等处巡行劝农使，佩金符”，“爨、僰之人虽知蚕桑，而未得其法，立道始教之饲养，收利十倍于旧，云南之人由是益富庶”。作为劝农使，作为主政者，张立道在教授云南农业技术的过程中，自然会引进或从外地带来一大批农业水利人才。至元十年以后数年，赛典赤主政云南，张立道为其副手，张立道所作所为都得到了赛典赤的支持和赞许，“行省平章赛典赤表言于朝，有旨进官以褒之”。②

① 《灌县都江堰水利志》编辑组．灌县都江堰水利志 诗词·分水坝［G］．1983：94．

② ［明］宋濂，［明］王祎．元史·列传第五十四·张立道［M］．北京：中华书局，1976：3915-3917．

这些水利人才最有可能来自邻省的四川，当时四川的水利水平也是全国有名的，而赛典赤主政四川时曾在农业方面取得巨大成就。

**（三）赛典赤主政四川**

宋元之交，四川是宋蒙（元）长期争夺之地，仅仅钓鱼城就争夺数十年。万历《重庆府志》记载，“蜀地残破，所存州县无几，国用益穷”[①]。蜀地残破，自然人口耗损后，经济恢复十分困难，元初《马可波罗游记》记载，巴山及三江中上游森林密布，林中有虎、熊、山猫、黄鹿、羚羊、赤鹿，道路位于峡谷与密林之中。这些地区，老虎成群结队，严重威胁行人和马匹的安全，晚间宿营要火烧青竹使之爆裂，以吓走野兽[②]。人少致使虎患横行，体现了四川在宋末元初因战争造成的经济残破。由于人口耗损十分严重，为恢复四川社会经济，元朝中央政府在四川施行军屯和民屯政策。《元史·赛典赤·赡思丁》记载：“帝伐蜀，赛典赤主馈饷，供亿未尝阙乏。”在四川当忽必烈“总后勤部长”的工作中，赛典赤开始熟悉四川，为其主政四川、熟悉四川水利、发展四川经济、了解四川水利技术和人才及后来主政云南发展水利打下了坚实的基础。

至元元年（1264年），忽必烈设置陕西五路西蜀四川行中书省，赛典赤出任平章政事。他“莅官三年，增户九千五百六十五、军一万二千二百五十五、钞六千二百二十五锭、屯田粮九万七千二十一石，撙节和买钞三百三十一锭”。也就是说，赛典赤出任四川一把手仅仅三年，四川经济和人口就都得到了恢复和发展。为此“中书以闻，诏赏银五千两，仍命陕西五路四川行院大小官属并听节制”。至元元年到至元七年（1270年），赛典赤执掌四川的一切军政大权。至元七年，赛典赤“分镇四川，宋将昝万寿拥强兵守嘉定，与赛典赤军对垒”。至元八年，赛典赤“偕郑鼎率兵水陆并进，至嘉定，获宋将二人，顺流纵筏，断其浮桥，获战舰二十八艘。……专给粮饷”[③]。在主政云南之前，从至元元年到至元十一年，赛典赤十年时间主要主政陕西和四川，活动区域也以四川为主，而其在四川筹措粮草，自然要发展农业，四川作为“天府之国”，恢复四川的水利设施都江堰就成为必然的选择。赛典赤主政云南的副手是张立道，主政四川的重要副手是李秉彝。

---

① 蓝勇．稀见重庆地方文献汇点（上）［M］．重庆：重庆大学出版社，2013：225．

② ［意］马可波罗．马可波罗游记［M］．陈开俊，译．福州：福建科学技术出版社，1981：137．

③ ［明］宋濂，［明］王袆．元史·列传第十二·赛典赤·赡思丁［M］．北京：中华书局，1976：3063-3064．

### （四）李秉彝治理都江堰

李秉彝，通州潞县人，七岁便能读书，十岁就能习古篆隶。他重视典籍，史载李秉彝“从世祖伐宋渡江，将士争掠金帛，秉彝独载书万卷以还”。正如刘邦之萧何，李秉彝重视文化与户籍人口等管理。另外李秉彝心怀天下，体恤民情，爱民如子，“中统三年，迁中兴等处行省郎中。时兵乱初平，民艰食，秉彝奉命赈恤，全活无数”①。《元史》似乎没有直接记载李秉彝和赛典赤之间的关系。不过，史载李秉彝“至元二年，徙四川，民苦竹税，奏罢之。迁大中大夫，佩金符”。正是从至元二年开始，李秉彝正式成为赛典赤的下属。

四川为何“民苦竹税”呢？皆因岁修都江堰，需要大量的竹子。宋人陆游古诗《视筑堤》曰：“西山大竹织万笼，船舸载石来无穷。”②《灌县志·堰工竹价银》记载，岁修都江堰“频年以来，山枯竹小，居民应役，视为畏途。……旧例竹笼共一万二千五百三十五条零十一丈五尺……堰竹正加共三十九万三千五百四十二竿”③。清末四川人民视竹税（役）为畏途，而元初四川人口锐减，人们更无能力承担此重税了。至元二年（1265 元），赛典赤主政四川，李秉彝上奏免除竹税，一定得到了赛典赤的支持或者默许。对于赛典赤来说，为供应战争之需，必须重视懂得治理都江堰的官员，而李秉彝便是其最重要的人选。李秉彝如张立道一样，在赛典赤的领导和支持下，对都江堰水利工程的恢复和岁修作出了极大的贡献。而赛典赤作为军政一把手，“主馈（粮）饷，供亿未尝阙乏”，最大的助力便是李秉彝治理和管理好了都江堰水利工程，四川经济得到一定的恢复。至元三年（1266 年），赛典赤得到朝廷的嘉奖，李秉彝功不可没。由于治理都江堰功劳很大，同时朝廷也想让李秉彝更好地治理都江堰，置其地位仅次于赛典赤，专门管理都江堰，“（至元十年）出为都提举漕运使，中台察廉能，奏授陕西四川道按察副使，巡行灌州”。李秉彝授陕西四川道按察副使后，权力大，地位高，是否受到赛典赤的提拔和帮助已不可考，但在赛典赤的节制和支持下，其主要工作就是恢复四川经济命脉——都江堰。这使李秉彝如张立道一样名垂青史，例如《新元史》对其至元十年巡行灌州的情况描述如下。

> 州故有李公堰，当三江口，遇水漂悍辄坏，岁调民夫修之。秉彝以为筑之，坚可已患，父老谓壅遏涨势，恐为成都害。秉彝令投石水中，问曰：

---

① ［民国］柯劭忞. 新元史·列传第七十一·李秉彝［M］. 北京：开明书局，1935：353.

② 《灌县都江堰水利志》编辑组. 灌县都江堰水利志·都江堰记［G］. 1983：96.

③ 中国水利水电科学研究院水利史研究室. 再续编行水金鉴·长江卷 2·长江附编二［M］. 武汉：湖北人民出版社，2004：841.

“水从石上过耶，石下耶？”皆曰：“从石上。”秉彝曰：“水从石上过，宁有壅遏之患乎！”督有司三月堰成。自是大水至，冒堰上行，旱则潴以溉田，费省而利兴。[①]

从此岷江涨洪水时，洪水从飞沙堰泻出，既无壅遏现象，又未损坏工程，使成都平原的农业得到保障，故后人认为“李秉彝坚筑都江堰的成功，开创了用新方法治理都江堰的路子，是值得赞颂的人物”[②]。赛典赤因四川的政绩得到赏银五千两，与有李秉彝这样的得力助手密切相关。赛典赤甚至亲自参与了都江堰的治理工作，《元史》记载其为四川第一主政官，主要负责军需供应，以四川为依托，逐渐控制云南，而忽必烈令其主政四川，其实是为未来控制云南作准备，四川之人力物力自然在赛典赤的调配掌控之中。

赛典赤人生的成功之一就治理滇池水利，而这一成功与其在四川为元军输运粮草，并任陕西五路西蜀四川行中书省平章政事七年的官宦阅历密不可分。赛典赤主政四川三年期间，当地人口增加近万户，军队增加一万二千多人，钱粮增加众多，当其至元十一年到云南任职时，四川经济发展较七年前更好。这些成功自然与其恢复战乱后的都江堰水利、发展农业生产分不开，也与其有李秉彝帮助治理都江堰密不可分。

赛典赤在四川主政取得的成功，为其后来控制云南奠定了良好的政治和经济基础，更为其后来主政云南，将四川水利技术带到云南准备了良好的水利参照物。正因为如此，张立道从四川引进人才之时，赛典赤主政四川时的水利建设人马必然会有不少进入云南，为治理滇池及云南其他地区的水利建设打下了良好的基础。水利兴，军屯兴，云南社会才得到有效控制。

赛典赤及其所率的水利大军治理滇池，无疑受到了都江堰水利模式和思想的影响，故后世诗人有松花坝与都江堰“大略同”的感慨。赛典赤的水利建设还产生了积极的示范作用，例如有学者通过光绪《续云南通志稿》卷二十一《地理志·水利》统计，清代云南有441座水利坝。云南自古和巴蜀联系紧密，两者的经济文化联系非常紧密。赛典赤主政四川，委任李秉彝治理都江堰，重用张立道治理滇池，可见其用人识人之风范。

---

① ［民国］柯劭忞．新元史·列传第七十一·李秉彝［M］．北京：开明书局，1935：353.

② 《灌县都江堰水利志》编辑组．灌县都江堰水利志［G］．1983：70.

## 四、赛典赤治理滇池的历史地位和影响

云南人民为赛典赤建祠修墓，长期纪念他，当地人民视之为神明。对于水利史而言，鉴于他在水利上的建树，1987 年，农业出版社出版的《中国农业百科全书·水利卷》中，将赛典赤列为中国历代水利名人之一。2004 年《中国水利百科全书·水利史分册》和 2005 年姚汉源所著的《中国水利发展史》也专门为其列举词条，可见赛典赤在中国水利史上占有重要的地位。

### （一）赛氏成规，不得辄改

2005 年姚汉源所著的《中国水利发展史》记载，赛典赤"任用张立道修建盘龙江上松花坝灌区及昆明供水（系统），开发滇池海口水利。至元十六年死于云南。死后追封咸阳王，谥忠惠。子孙在元代世官云南。下至明清，人们建祠修墓纪念他"[①]。《元史·思赛典·赡思丁》记载赛典赤去世后，"帝思赛典赤之功，诏云南省臣尽守赛典赤成规，不得辄改"[②]。这一诏令主要针对政治和施政纲领而言，当然水利也在其中，故"守赛典赤成规，不得辄改"成为元、明、清治水之圭臬。《六河总图说》记载："古人于利害之间，权度轻重备极，苦心垂为良法，勿庸漫为更张者也。"[③]

明代，赛典赤治理滇池水利的办法和规定都被继承和执行。例如《读史方舆纪要·滇池》记载："明弘治十四年，抚臣陈金亦浚治之，岁一疏浚，在田赋正供，谓之海夫。""明朝弘治中，尝浚二河，亦谓之东西沟，今涸"[④]。事实上，明清两代松花坝由水利道主管，有岁修制度，经费由省库拨出[⑤]，例如明代《宪宗实录》载成化十八年（1482 年）三月丙子，巡护云南右副都御使吴诚奏："云南东西二沟水发源松华坝、黑龙潭，直抵西南柳坝、南村等处，灌田数万顷，每岁修筑沟埂坝闸，用银七百余两，例以官钱给赏。今巡按御使樊莹奏：'令官钱自军需赈济外，不许动之。'而二沟水利不可废，请以都司公田所租鬻银及余粮

① 姚汉源. 中国水利发展史［M］. 上海：上海人民出版社，2005：562.
② ［明］宋濂，［明］王袆. 元史·赛典赤·赡思丁［M］. 北京：中华书局，1976：3066.
③ ［清］黄士杰. 云南省城六河图说·六河总图图说［M］. 台北：成文出版社，1974：2.
④ ［清］顾祖禹. 读史方舆纪要·云南二［M］. 贺次君，施和金，校. 北京：中华书局，2005：5064.
⑤ 郑连第. 中国水利百科全书·水利史分册［M］. 北京：中国水利水电出版社，2004：162.

银给用。”地方官非常重视水利，上报朝廷，户部复请，皇帝也非常重视，曰：“水利，有司急务，况云南边方，蓄积甚寡，使田被水患，岂惟民食亦无从出矣。用官物以预为堤防，有何不可，其亟行之。”[①]由此可见，上至朝廷，下至官员，都非常重视滇池水利，用官物岁修。1946年，民国政府在松花坝上游约7千米处修建混凝土土坝；1959年，人民政府于松花坝原址（赛氏老坝）重建拦河坝，1966年、1976年又相继改建，增开了溢洪道、非常溢洪道，松花坝因此成为具有城市供水、灌溉、防洪等综合效益的水利工程[②]。

改革开放后，人民政府更加重视松花坝的工程地位，松花坝水库加固扩建工程于1988年开始动工，1995年完成。加固扩建后，建筑物等级提高，枢纽建筑物设计标准为500年一遇洪水，校核标准为可能最大洪水，防洪库容为1.18亿立方米。城市防洪标准从20年一遇提高到100年一遇，100年一遇大洪水时可保城市安全。同时，实施“松滇联合调度”方案。松花坝水库以城市供水为主，供水量占城市供水总量的70%，丰水年达1.5亿立方米。农灌方面，经由盘龙江上五级提水泵站，抽滇池水灌溉农田和菜地5万多亩，水库自流灌溉2.7万亩。分质供水，优水优用[③]。

松花坝水库被喻为“昆明头上一碗水”，因为昆明城市80%的供水靠松花坝；又有“云南第一坝”之称，因为有史可查，即赛典赤·赡思丁修建的土坝。也就是说赛典赤治水建坝之法，确实具有超越时空的意义。历代劳动人民在治理滇池的过程中，积累了十分丰富的治水经验，到了清代便出现了比较系统地总结这些经验的水利专著[④]。而这些水利专著的形成，与赛典赤·赡思丁和张立道等治水能人的滇池治水实践是分不开的，也是滇池人民在水利实践中传承和发扬古人之法的结果，而诸多水利成果的出现反过来也说明了滇池水利的影响力和重要性。

### （二）滇池之父，文教水功

赛典赤·赡思丁治滇之功“赢得水同涓”，其功当高，其为官业绩当精。赛典赤在治理昆明盘龙江水患、兴修水利方面，写下了彪炳千秋的一页[⑤]。因此，赛典赤·赡思丁被誉为“云南的李冰”，其功劳确实影响深远。其治水成例，元、明、清三代遵循。《元史》记载：“赛典赤居云南六年，至元十六年卒，年六十九，百姓巷哭，葬鄯阐北门。交趾王遣使者十二人，齐经为文致祭，其辞有

① 方国瑜．云南史料丛刊（第四卷）［M］．昆明：云南大学出版社，1998：119.
② 郑连第．中国水利百科全书·水利史分册［M］．中国水利水电出版社，2004：162.
③ 刘波．松华坝库区水源保护与综合整治研究［J］．云南环境科学，2003，8（增刊1）.
④ 《长江水利史略》编写组．长江水利史略［M］．北京：水利电力出版社，1979：167.
⑤ 郑群．中国第一座水电站石龙坝传奇［M］．云南教育出版社，2012：9.

‘生我育我，慈父慈母’之语，使者号泣震野。”[①]赛典赤·赡思丁被誉为“生我育我，慈父慈母”，这是外国使节所言。对云南人民而言，他们称赛典赤“生我育我，慈父慈母”恰如其分。为何交趾国也如此认为呢？史载交趾国闻其病故，派遣十二位使臣远道奔丧悼念，使臣沿路“号泣震野”，祭文如泣如诉。

> 至元甲戌，赛公忽临。口传天语，慈仁之至。天疆以南，日月光霁。生我育我，慈父慈母。秋毫不侵，田园（朝野）富有。愿公祗（祈）公，永福永寿。胡为苍天，短公之寿（年）。公去无怯（慊），我苦谁怜。连年兵刃，血满田园。哀哉赛公，我心忧伤（彷徨）。礼宜临丧，躬致瓣香。索我如羁，遣使酬觞。愿公之灵，阴福吾国。哀哉赛公，昊天之德。呜呼尚飨[②]。

赛典赤·赡思丁被交趾国尊为父母，源于其外交政策灵活，视外邦为兄弟，民族平等，恩威泽被交趾，使交趾人民免遭战争而生灵涂炭。例如《新元史》记载：“交趾叛服不常，湖广行遣兵讨之，失利。赛典赤使人谕以逆顺祸福，且约为兄弟。其王亲至云南，赛典赤效迎，待以宾礼，遂乞永为藩服。”[③]这当是赛典赤的外交影响，而其影响还波及后世的外交。《元史》记载：“大德五年，缅国主负固不臣，忽辛遣人谕之曰：‘我老赛典赤平章子也，惟先训是遵，凡官府于汝国所不便事，当一切为汝更之。’缅国主闻之，遂与使者偕来，献白象一，且曰：‘此象古来所未有，今圣德所致，敢效方物。’”[④]忽辛凭借其父赛典赤·赡思丁的威望，化解外交危机，确实体现了赛典赤的伟岸。赛典赤被东南亚诸国尊为慈父，是其文治武功和超人的外交智慧泽被东南亚的结果。赛典赤·赡思丁的后裔郑和七下西洋，成为伟大的航海家，自然与其家族政治智慧和家庭教育密切相关。对滇池流域的人民而言，他们对赛典赤·赡思丁更有爱戴之情。因其治水之功业泽被八百余载，春城昆明市中心广场有一座“忠爱坊”，就是为纪念伟大的政治家、水利专家、和平使者、云南元代的“父母官”，郑和的先祖赛典赤·赡思丁而立。有一首七律如此称赞赛典赤·赡思丁的不朽业绩：“赛公典赤治南滇，四百余年绩未湮。西述天方恢圣祖，东传教道沟中原。六王绍业勤犹在，八相调梅事可攀。

---

① ［明］宋濂，［明］王袆．元史·赛典赤·赡思丁·忽辛附［M］．北京：中华书局，1976：3069．

② 纳国昌．咸阳王陵七百年［J］．回族研究，2004（2）．
马经．《祭咸阳王忠惠赛公文》揆释［J］．云南民族大学学报，2008，25（5）：106-110．
引文中，括号中文字是《<祭咸阳王忠惠赛公文>揆释》的异文。

③ ［民国］柯劭忞．新元史·赛典赤·赡思丁［M］．台北：开明书局，1935：318．

④ ［明］宋濂，［明］王袆．元史·赛典赤·赡思丁［M］．北京：中华书局，1976：3069．

十五传来歌仲子，指南赢得水同涓。”[①]

“忠爱坊”位于昆明市中心广场，其肃然而立，犹如打开的一本史册，又像一个唤醒历史记忆的符号，默默地倾诉着、表述着一代政治家的功绩[②]。事实上，赛典赤·赡思丁已经在云南和滇池成圣、成神。春城的老百姓在昆明建了“报功祠”，俗称“咸阳王庙”，用祠庙表达他们永远的哀思，更表达对赛典赤的敬仰，希望他一直保佑和恩泽滇池流域及云南人民。有书记载：“滇之士女每于王故之辰，扶老携幼，望垅遥祝，如集如市，如考如妣。总以王之慈惠，治于六诏，德化翕于天人。凡有水旱厉殃，悉祷于王，无不响应。”[③]也许正是有赛典赤·赡思丁，中国近现代诸多“第一”才发生在云南，发生在滇池——其后裔郑和从滇池走向世界，石龙坝水电站成为华夏人第一座自己建设的水电站……诗人说赛典赤·赡思丁“四百余年绩未湮”，而今人说云南取得的成绩都与赛典赤治水精神的传承有关，与其护佑滇池有关。

元代以前，云南的政治、经济、文化中心在大理。元朝建立云南行省后，决定把省治设在中庆（今昆明）。一方面是因为中庆地处滇中，利于统摄全局，并可借以摆脱大理国残余势力和段氏总管的牵制；另一方面中庆地势平坦开阔，自然条件较好，与内地联系也较为方便，有发展前途。赛典赤到中庆后，导水治桥，扩建城市，使中庆崛起为云南政治、经济、文化中心和西南重镇，改变了云南的政治经济格局。今天的昆明尽管比当年扩大了许多倍，但元代中庆城区所在的正义路、南屏街、三市街、长春路、金碧路仍是城市中心的繁华地段。可以说赛典赤在700多年前就奠定了昆明这一省会城市的基础。而随着云南政治经济中心的内移，云南与祖国的联系也更密切[④]。对此，王臣《咸阳王庙铭》记载如下。

遂来滇南举贤、用能、分职、理务。下车之初，以兴学育才为先，建文学岁祀二丁，收置载籍以示学者。抵大理询父老诸生利国便民之要，抟采而力行之，政声大著。南荒之人，翕然向化，由是省徭役、收散亡、恤鳏寡、备水旱，优礼贤士、汰去冗员，置屯田，以便攻守，薄赋税以广行旅，饥寒者衣食之，流散者抚字之，凡兴利除害之事，靡所不究。又建省堂、治驿馆、修桥梁、兴市井，百为之备，而民不知其劳。

赛典赤六年光阴，凡兴利除害之事，无不为之，且不知劳苦，最终积劳成疾。时人赞之“口碑同之父母”，“盾（遁）千百人旱水，施澍泽”，“如星辰”，“愿

① 纳国昌. 咸阳王陵七百年［J］. 回族研究，2004（2）.

② 郑群. 中国第一座水电站石龙坝传奇［M］. 昆明：云南教育出版社，2012：11.

③ 纳国昌. 咸阳王陵七百年［J］. 回族研究，2004（2）.

④ 高发元. 首届赛典赤研究国际会议论文集·赛典赤民族政策的历史贡献与现代启示［M］. 昆明：云南大学出版社，2004：69.

王世世庇滇人”[①]。在云南，赛典赤获得了更多的尊敬和由衷的爱戴。《新纂云南通志》卷九二《金石考·赛平章德政碑》记载：“虽三尺之童亦知之。”云南人民仍然“慕之如父母，畏之如神明”（《景泰云南图经》卷八《云南志略序》）。清代人袁嘉谷《卧雪堂文集》卷七《重修咸阳王赛典赤·赡思丁墓记》记载，赛典赤“治滇六年，心滇之心，事滇之事，至元十六年，卒于滇，葬焉。……而近滇人思慕于王（指赛典赤——编者注）者，无不凭眺欷歔，徘徊墓下弗忍去”。至今云南人民提到修滇池、建文庙，还时常与赛典赤联系起来，这不是偶然的。赛典赤父子治滇的事迹，一直在民间流播。这些情况充分说明了一个事实：无论在什么时代，无论什么人，只要他为国家、为人民真正做过一些有益的事，人民是永远不会忘记他的[②]。从云南人民对赛典赤虔诚的敬仰甚至崇拜来看，其治水泽被千年才是最根本原因。元、明、清三代，云南发展的根基是农业水利基础设施建设，而滇池流域的农业基础建设是重中之重，滇池的水利设施确实有类似蜀地都江堰的功效。赛典赤·赡思丁也确实有的“滇地李冰”之功业。滇池维护水利设施者，被称为“海夫”，而赛典赤·赡思丁就是滇池的“海夫之父”，滇池水利之神，滇地之大禹，滇地之李冰。对此，王臣《咸阳王庙铭》描述如下。

> 世之庙食垂万世而不绝者，不于功，必于德。……李冰、文翁之治蜀也，冰以功，翁以德见。诸事业之大感于人心之深，皆卓乎……然炳然合二者而有之，是其所以奋百代而超千祀，盖不随死而磨灭者矣？若有，元行中书省平章事，赛公咸阳王，其殆庶几乎！[③]

在云南人眼中，赛典赤对滇人既有德也有功，其功堪比李冰，又有文翁治蜀之德——首先兼李冰建都江堰水利之功，然后兼备文翁文教治蜀之德。

### （三）子孙承业，“二郎”治滇

传说李冰有子名“二郎”，四川多二郎庙。赛典赤则多“二（儿）郎”和子孙继续其事业的，并将治水的经验传承了下来，其子孙后代确实为云南的建设起到了传承的作用。例如赛典赤·赡思丁之子纳速剌丁，累官至中奉大夫、云南诸路宣慰使都元帅；子苫速丁兀默里，建昌路总管；子马速忽，云南诸路行中书省平章政事；子忽辛，曾授云南诸路转运使[④]。赛典赤·赡思丁之子及其后代为云南的建设起到了巨大的作用，其建坝闸的治水思想为云南历代官民沿袭。《元

① ［清］张毓碧．云南府志（康熙）·艺文五［M］．台北：成文出版社，1967：527-528.
② 方铁．论赛典赤治滇［J］．宁夏社会科学，1984（3）.
③ ［清］张毓碧．云南府志（康熙）·艺文五［M］．台北：成文出版社，1967：527-528.
④ ［明］宋濂，［明］王祎．元史·赛典赤·赡思丁［M］．北京：中华书局，1976：3066.

史·忽辛传》对忽辛记载如下。

> 赡思丁为云南平章时，建孔子庙为学校，拨田五顷，以供祭祀教养。赡思丁卒，田为大德寺所有，忽辛按庙学旧籍夺归之。乃复下诸郡邑遍立庙学，选文学之士为之教官，文风大兴。王府畜马繁多，悉纵之郊，败民禾稼，而牧人又在民家宿食，室无宁居。忽辛度地置草场，构屋数十间，使为牧所，民得以安。①

忽辛继承了其父的文教之法，堪称赛典赤的“二郎”。赛典赤的“二郎”们子承父业，为云南和国家作出了重要贡献。王臣《咸阳王庙铭》不乏溢美之词，但从历史的客观效果看，巴蜀之地之所以能和中央王朝成为一体，并成为华夏之“天府之国”，李冰和文翁的水利之功与文教之德是两个关键因素。而赛典赤治滇及其后裔子承父业、孙乘祖业同样是滇池成为云南经济文化中心的两个关键因素。《昆明县志》卷九《冢墓》记载：“王于元世祖至元十一年拜云南行省平章，德政甚多，民感悦，镇滇六载，卒年六十九，谥忠惠。”②其德政自有定论，其功也甚多，例如《云南府志》卷之十一《官师一》载：“教民以礼，作陂池，以备水旱，创建孔子庙，讲经史，置学田，文教稍兴。”③

赛典赤·赡思丁重视文教礼治，又建松花坝、开六河、泻海口，建坝闸、兴水利、灌田亩，一人确实完成了李冰和文翁两人的事业，更为重要的是其后裔真正子承父业，为云南作出了重要贡献。因此，赛典赤的功业和威德确实泽被后世。

### （四）郑和出滇下西洋

郑和为中华民族和世界著名的航海家，其家乡有诸多传说。滇池南端昆阳镇的月山上有郑和公园，就是为了纪念郑和航海的历史事迹，公园里有《郑和下西洋》的浮雕，浮雕上的船队浩浩荡荡，向西乘风破浪，气势雄浑。公园东大门在昆阳大街中段，玻璃坊顶，翼角红墙。园内建有郑和纪念馆和马哈只墓碑等。为何在昆阳山上建郑和公园呢？原来昆明是我国明初伟大航海家郑和的故里。郑和本姓马，小字三保，回族。他 1371 年生于云南昆阳（现云南省昆明市晋宁县境内），晋宁县也被称为郑和故里，郑和便成为晋宁的名片之一，也是滇池的名片之一，还是昆明的著名名片之一，更是云南的名片。

滇池为郑和出生之地。《明史稿》载：“天方国有一井，水清而甘，泛海者汲以行，遇飓风取水洒之，即息。郑和使西洋所传也。”郑和在其家乡已经成为

---

① ［明］宋濂，［明］王祎. 元史·赛典赤·赡思丁·忽辛附［M］. 北京：中华书局，1976：3069.

② ［清］戴䌹孙. 昆明县志·卷九·冢墓［M］. 台北：成文出版社，1967：155.

③ ［清］张毓碧. 云南府志（康熙）·官师一［M］. 台北：成文出版社，1967：293.

神人。郑和之所以与海结缘，离不开滇池水的熏陶和锻炼，正因如此，他方能在未来的太平洋和印度洋创造不二伟业。郑和下西洋翱翔大海之前，即在其儿时，云南已经有滇池连通真正的大海的观念，人们为之祭祀，并形成制度。《邱濬集》载："今制，祀东海于登州……滇之极西百夷之外，闻有大海通西海岛夷，即西海也。宜于云南城西望祀之。"[①]云南人民与滇池有缘，而滇池为云南的"海"，云南当地的信仰中便有对海的崇拜，这种崇拜鼓励了云南人民探求水的世界，以至探求世界之大海的理想追求。

1984年，已故云南学者李士厚提出了"郑和为咸阳王（赛典赤）六世孙无疑"的研究结论。有关该史料直接的记载，当推明代学者史仲彬的《致身录》，该书注文曰："《咸阳家乘》载'和为咸阳之裔'，夷种也。永乐中，受诏行游西洋。"这成为今天我们见到的记载郑和为赛氏后裔的最早、最直接的史料。已故著名史学家方国瑜教授在《马哈只墓碑》中亦引此项史料，并指出郑和"为赛典赤·瞻思丁裔也"[②]。再据赛氏族谱记载："16世赛严，17世苏祖沙，18世坎马丁，19世麻（马）哈木，20世赛典赤之平章政事，封太师、咸阳王，谥忠惠，公讳赡思丁。生而神灵，仁慈非常。元帝命驻咸阳，为都招讨大元帅。西秦食德受恩。授上柱国左丞相，仍管平章政事。再命驻镇淞江，五年而吴越熙皞，文明冠于天下。三命安抚滇南，宏功伟烈，不能尽述，载在《通志》甚详。建祠重关，春秋以少牢致祭，为云南名宦第一。此人滇之始祖也。"所谓"此人滇之始祖"是指赛典赤宦绩云南，滇地多其后裔，事实上赛典赤为云南做了巨大贡献，是为云南的"父母官"，因此有"始祖"之名。西安《重修清净寺碑》记载："至大德丁酉，陕西行中书省平章政事赛典赤·乌麻儿大崇厥教，增广饰治，视前有加。及我国朝永乐十一年四月，太监郑和奉敕差往西域天方国，道出陕西，求所以通译国语可佐信使者，乃得本寺掌教哈三焉。"南京《抄郑氏家谱自序》记载："王伯颜生察儿米的纳，封滇阳侯，米的纳生马三宝，袭封滇阳侯。"[③]而郑和生于滇池周边地区，承袭了先人的宏志与亲水、治水的基因。

郑和是赛典赤六世孙[④]，为赛典赤后裔无可争辩。如果说郑和是游出滇池的一条海龙，那么其先祖赛典赤就是归根滇池的一条江龙。郑和足迹遍布中国沿海各省，乃至太平洋和印度洋沿岸。《读史方舆纪要》卷九十五《福建二·马头江》记载："自闽县流入境，江面益阔，又东北与大海相接，波涛震撼，乘舟入郡，

① 方国瑜．云南史料丛刊（第五卷）·地理门二［M］．昆明：云南大学出版社，1998：244.

② 谢梅英．关于郑和为咸阳王赛典赤后裔的研究［J］．宁夏大学学报，2011（6）.

③ 马颖生．孤本咸阳家乘（大理马姓家谱）研究［J］．回族研究，2004（2）.

④ 马颖生．郑和是赛典赤后裔说应该可信［J］．回族研究，2003（1）.

常虞风潮之阻。……明朝永乐中，太监郑和由此入海，改曰太平港。”[①]《读史方舆纪要》卷一百十二《广西七外国附考》记载，锡兰山“亦在西南海滨。自苏门答剌顺风十二昼夜可至。其国有高山，番语高山为锡兰也。永乐七年，太监郑和等斋诏谕其王亚烈苦奈儿，苦奈儿负固弗服。和设策擒献阙下，乃改立耶巴乃那为国王，自是贡献不绝。”[②]这些都是郑和下西洋后形成的地名。郑和之所以有如此业绩，除了自身努力外，也与其家族的努力及其出生在滇海、受“海”润和“海”染相关。

郑和之祖是赛典赤·赡思丁，其父为马哈只。马哈只带着郑和到滇池岸边观赏家乡的美好景致，“面对茫茫的滇池水，（父亲马哈只）常常情不自禁地对他的爱子谈起他早年跋山涉水、远渡重洋……的事情来”，小郑和“面对碧波荡漾、水天茫茫的滇池，看着湖面上往来驶航的片片白帆，小马（郑和）的心中不知不觉地种下了远洋航行的伟大理想”[③]。从学者的研究看，郑和与滇池，与水必然结下不解之缘，这与父亲的言传身教和祖先的基因是分不开的。父亲除了讲述自身经历，也会将先祖的业绩讲给小郑和听。

限于本书的主旨，谈论郑和不妨到此为止，借以说明赛典赤对其族人和后代的影响即可。赛典赤在滇池主持的水利建设，奠定了后来滇池的水利基础，中华治水有大禹，蜀地治水有李冰，而滇地治水有赛典赤。在中国近代水利史上，因为重视水利传统，云南在滇池发生了一件革命性的水利事件，史载：“民国元年，工程告竣，正式成立。营业所设于昆明升平坡。发电所设于昆明县属之石龙坝。转电所设于昆明市小西门内水塘子。”[④]此工程建设即中华民族历史上第一座自己建设的水电站——石龙坝水电站。

石龙坝水电站使中华民族跨越了第一次工业革命的蒸汽时代，直接看到了电气时代的曙光，这光虽然微弱，但其影响和历史地位必将载入史册，而云南之所以能最先建设成中国人自己的水电站，难道不是赛典赤800年前重视水利之功吗？

---

① ［清］顾祖禹．读史方舆纪要·福建二［M］．贺次君，施和全，校．北京：中华书局，2005：4393．

② ［清］顾祖禹．读史方舆纪要·广西七［M］．贺次君，施和全，校．北京：中华书局，2005：5022．

③ 李惠铨．滇史求索录·郑和［M］．昆明：云南人民出版社，2011：67．

④ 云南省志编纂委员会办公室．续云南通志长编·工业［G］．1986：339．

# 第五章 石龙坝水电站修建史研究

辛亥革命前一年建设的云南石龙坝水电站，是中国人自己建设的第一座水电站，之所以能够建成，是因为受到列强侵略，在实业救国思想的感召下，云南地方各界敢为人先，艰苦奋斗。石龙坝水电站历经万难建设而成，显然受到了元初赛典赤治滇水利文化的影响。石龙坝水电站的修建，促进了我国水电事业的发展，培养和训练了水电人才，其水电文化精神成为中华民族宝贵的文化遗产。

## 一、元初赛典赤因治滇而得名

1910年，云南发生了一件与百年来生活在昆明的人都有关系的大事，它使云南荣耀地成为全国第一：就在西山背后，一条由昆明海口流向金沙江的小河——螳螂川上，云南人民建筑了中国第一座专门为发电而蓄积水能的水坝，这就是号称“中国第一坝”的石龙坝。当然，比起现在的鲁布革、漫湾、葛洲坝、三峡等水电站，石龙坝只不过是一个不起眼的小坝，然而它却是中国水电事业的鼻祖。一百年过去了，那台远渡重洋而来的西门子水轮发电机仍然在隆隆地运转着，未见任何衰老的迹象[①]。

事实上滇池水利在元初赛典赤治滇之时，就进行过大规模的建设，而滇池的出口螳螂川成为华夏第一电站之地，所建水坝为石龙坝，又称滚龙坝，均因龙而名，可见其深受古代治水历史的影响。“石龙坝”之名可能与赛典赤治滇的水利

① 吴强. 由重阳节联想到石龙坝水电站［J］. 云南档案，2011（6）.

建设相关。陈金《海口记》记载："元赛典赤凿金汁渠，引松华（坝）水以溉滇城东西之田，至今滇人仰其利，而庙祠之。……赛典赤凿渠引水，滇人以享百世之利。"[①] 古人有诗歌赞扬赛典赤"赛公典赤治南滇，四百余年绩未湮"[②]。《元史·赛典赤·赡思丁》记载赛典赤·赡思丁去世后，"帝思赛典赤之功，诏云南省臣尽守赛典赤成规，不得辄改"[③]。《六河总图说》记载："古人（赛典赤）于利害之间，权度轻重，备极苦心，垂为良法，勿庸漫为更张者也。"[④] 赛典赤是云南滇池水利治理的代言人，具体操办者是其副手张立道，而石龙坝水电站所在地海口螳螂川的治理，就是张立道具体实施的。

《读史方舆纪要·云南二·滇池》记载，滇池"在府城南。府西南八十里为海口……海口财赋，岁以亿计。咽喉通塞，利害最大。元至元中张立道浚之，以泄滇池之泛溢。"[⑤] 作为滇池海口的咽喉要道，石龙坝是滇池泄洪的孔道，自元初赛典赤等治理海口之后，便成为水利设施的重要节点之一，是泄洪、泄沙的重要出口，一直受到历代政府和水利工作者的关注。《昆阳海口图说》曰："至大河内之石龙坝，议者以为阻塞河流，在此前，屡往踏勘，大河流至石龙坝，形势已低，沙泥顺流而下，并无阻塞，且上游各滩之水，已经停住，而石龙坝之水，仍然流走，是海口之阻塞，在各子河闸下滩头，而不在石龙坝，明甚。开石龙坝之说，勿庸置议。"[⑥] 这表明了水利人对石龙坝水口重要性的重视。

石龙坝所在地有较高落差，当滇池水沿着螳螂川下泄时，水流湍急，水花四溅，水冲石现。对石龙坝的描述，莫如《徐霞客游记·滇游日记四》所写道："障扼川流，东曲而盘之，流为所扼，稍东逊之，遂破峡北西向，坠级争趋，所谓石龙坝也。此山名为九子山，实海口下流当关之键，平定哨在其南，大营庄在其东，石龙坝在其北。山不甚高大，员（圆）阜特立，正当水口，故自为雄耳。……螳川之水，自九子母山之东，破峡北出，转而西，绕山北而坠峡，峡中石又横岨而层阂之。水横冲直捣，或跨石之顶，或窜石之胁，涌过一层，复腾跃一层，半里之间，连坠五六级，此石龙坝也。"[⑦] 徐霞客无形中阐述了石龙坝得名的缘由："一

---

① ［清］张毓碧．云南府志（康熙）·艺文六·海口记［M］．台北：成文出版社，1967：542．

② 纳国昌．咸阳王陵七百年［J］．回族研究，2004（2）．

③ ［明］宋濂，［明］王祎．元史·赛典赤·赡思丁［M］．北京：中华书局，1976：3066．

④ ［清］黄士杰．云南省城六河图说·六河总图图说［M］．台北：成文出版社，1974：2．

⑤ ［清］顾祖禹．读史方舆纪要·云南二［M］．贺次君，施和金，校．北京：中华书局，2005：5064．

⑥ ［清］黄士杰．云南省城六河图说·昆阳海口图说［M］．台北：成文出版社，1974：33-37．

⑦ ［明］徐宏祖．徐霞客游记［M］．北京：商务印书馆，1929：13-14．

则水流横冲直捣、坠级争趋形如龙，而水冲之石横岨而层阂，其水口之特雄，二者斯皆如龙也。”对此，郑群描得最为精彩。

> 赛典赤和张立道率领军民在公元1278年凿海口，建水闸后，泄水之日，当开闸放水令下，只见湖水涌出海口，排山倒海，形成巨流，冲出峡口，远观在阳光下，水花飞钱，腾空而起，形成两道飞虹光环，仿佛从天边翻滚下来，酷似二龙戏水，人们便取名“滚龙坝”。而滚龙坝水一冲，卷走沙石，河道显露，形成怪石嶙峋，远观如身披鳞甲的巨龙穿山走坝，摇头摆尾直入螳螂川，蜿蜒向金沙江奔去，人们在滚龙坝之名上再取名“石龙坝”①。

郑群深谙徐霞客对石龙坝的描写之法，故能妙笔生花，将石龙坝得名的原因描绘得十分精彩。云南多龙，滇池周边多龙的传说，因赛典赤兴修水利，产生了“滚龙”和“石龙”之名，此为人造之龙。“云南十八怪”有一种说法，“四季同穿戴，水火当着神来拜”，体现了云南人民对山川、水火神明的自然崇拜。但云南人并没有躺在民间习俗的传统上睡大觉，从云南滇池治理的历史来看，历代滇池水利治理，“尽守赛典赤成规，不得辄改”。这种重视水利治理的传统，也使这条“石龙”在螳螂川潜伏800余载后，在敢为人先、实业救国思想的感知下，在中华民族自己的石龙坝水电站建好之后，“电龙”冲天，一“亮”惊人，坝名流传青史。

## 二、铁路引路，电站救国

自赛典赤主持修建松花坝和海口水闸等一系列水利设施后，滇池流域注定在水利史上占据重要的历史地位。元、明、清三代都延续了元初重视水利的成例，而明清水利研究甚多，都是在赛典赤治滇基础上加以传承和拓展，并无革命性的变化。唯有生于滇海之畔的郑和走出国门，驶出中国海，驶向太平洋和印度洋。清末民初建设的石龙坝水电站，使中国人有了自己建设的水电站。1894年6月，孙中山在《上李鸿章书》中指出水力生电。但是此时，中国面临日本的侵略，李鸿章根本不可能顾及孙中山的上书。孙中山“生五谷，长万物，取五金”的思想是适应时代发展的要求，是实业救国思想的一个缩影，这种思想自然会影响到云南。时间又过了15年，1908年，云南昆明的街头贴出如下一份告示。

> 各商号市民均请注意：今有法人企于我滇池出口之螳螂川办电，为

① 郑群．中国第一座水电站石龙坝传奇［M］．昆明：云南教育出版社，2012：10.

吾国吾民之利权所在，为壮我民族之实业，经与云贵总督府初议，拟由本省官商合资自办。兹鉴政府财力所限，如愿意入股集资者，不分卑贱多寡，望即与劝业道索函取章，共促办电早成。[①]

告示中所谓的法人企图在螳螂川办电，指的是法国占领中南半岛后，为了更方便地侵略中国，法国人修筑铁路，即滇越铁路，然后还想在螳螂川办电站。清末中国有诸多乱象，例如流传着“百姓怕官，官怕皇帝，皇帝怕洋人”的顺口溜。对于法国在云南修铁路、建电站，清政府是害怕的，面对法国人的紧逼，云南地方官员希望依托地方乡绅名流，以抵制法国在滇池建电站并控制云南的企图。从这个层面上讲，清政府和地方官员中不乏有志之士，为挽救民族危亡而努力，这就为上马石龙坝水电站提供了一个相对有利的国内政治环境。

清末，帝国主义以修铁路的方式控制中国，为维护国家主权，全国各地民间筹资，商办修建铁路。因此整个中国，各地“咸请自修干枝等路，悉如所请。至是建造铁路之说，风行全国，自朝廷以逮士庶，咸以铁路为当务之急”[②]。在四川，民间自修川汉铁路，但是清政府将铁路收归国有，出卖路权，引发了四川的保路运动，后在四川各地发展为起义，清政府将湖北及周边省份的军队调到四川镇压，湖北武昌空虚，于是武昌新军起义成功，全国各地独立，清朝迅速瓦解。故当时有人说“一条路搞倒一个王朝”，正如清帝退位诏书宣示的那样：“前因民军起义，各省响应，九夏沸腾，生灵涂炭。……岂不懿欤！”[③]学者指出：“清王朝的灭亡，是近代以来中国政治、经济和社会诸种矛盾发展激化的综合结果。但是，它的灭亡，却是由收归民间铁路公司的权利，直接伤害了广大民众的切身利益引发，须知，民间铁路公司的股东，是由广大的基层民众组成，这种伤害，牵动的是千家万户，激起的反抗强度，一定也是晚清政府始料未及的。”[④]

在云南，法国还是修成了滇越铁路，故“云南十八怪”中有“火车不通国内通国外”之说（今另一说：“火车没有汽车快”），指法国修的滇越铁路通到越南，而不通往中国内地。法国修路，自然是为掠夺中国西南的资源，更好地控制中国西南，其侵略目的不言而喻。但正是这条铁路，改变了云南没有铁路的历史，也激起了云南地方实业救国的热情。更为重要的是，它为石龙坝水电站从西方的德国运输电站设备提供了前提条件。正如《长江志・水力发电》记载：“由于滇越

① 郑群．中国第一座水电站石龙坝传奇［M］．昆明：云南教育出版社，2012：16.

② 赵尔巽．清史稿・志一百二十四・交通［M］．北京：中华书局，1977：4436-4437.

③ 詹文琮，邱鼎汾．川汉铁路过去及将来［C］．邓思温，校．武汉：湘鄂路局工务处，1935：30.

④ 朱荫贵．川汉铁路：导致晚清王朝垮台的股票［N］．经济参考报，2007-07-13.

铁路于 1910 年 4 月 1 日建成通车，所购设备由越南海防运进。”[①] 中国第一座电站所需设备是利用法国所建铁路运入中国的，西方国家本来利用铁路来侵略中国，云南人民反而利用西方铁路，输入修建电站所需设备，聘请外籍专家，可谓时代的无奈。如今看来，外国铁路进入云南带来的冲击，客观上推动了云南人民实业救国，实现了跨越时代的梦想——修建中国第一座电站。从这个角度看，又可谓庆幸。

电，是代表时代的科学与技术，是时代和发展的标志，这个时代的起点在石龙坝，中国人的石龙坝。

## 三、集资筹股，耀龙闪亮

修建电站，首先需要大笔资金，而这自然需要头面人物出面，如此才能一呼百应，而担当此任的就是云南传奇商人——“同庆丰”商号创办人、中国唯一的一品红顶商人、“钱王”王炽之子王鸿图。王炽给儿子取此名，就希望其未来“大展鸿图”。“当时的云南巨商王筱斋，在国内各大城市都设有独资经营的‘同庆丰’商号。他有条件遍迹国内各大越（原文错字，当为“城”——笔者注）市，扩大眼界，对新鲜事物较敏感。他在云南经济界很有权势，出自民族自尊心，怕法帝国主义插手，王主动同德商礼和洋行联系，经该行请来的两个德国工程师毛士地亚（水机专业）、麦华德（电气专业）的鼓动，坚定了信心，产生了迫切兴建该电站的要求。”[②]

“钱王”王炽未能亲自参与修建中华第一电站，但其让儿子“大展鸿图”的愿望和希冀实现了。王鸿图联合当时云南 19 位知名人士集股成立“商办耀龙电灯股份有限公司”，取名“耀龙”，希望电站建好后，如龙闪耀，让云南大地亮起来。这与云南重龙文化、重水利的传统是一脉相承的。1910 年（清宣统二年）2 月 13 日，“商办耀龙电灯有限股份公司”在鞭炮声中挂牌成立了。此时距孙中山《上李鸿章书》提出水力发电，已经过去了整整 16 年。《续云南通志长编 · 电力工业》记载：“昆明市耀龙电灯股份有限公司沿革：公司创办于前清宣统二年，初为商办，后改官商合办。股额初为银元二十五万元，每股十元，共集二万五千股。”[③]

① 长江水利委员会长江勘测规划设计研究院．长江志 · 水力发电［M］．北京：中国大百科全书出版社，2004：7.

② 陆秀敏．石龙坝建站史略［J］．云南水力发电，1990（3）.

③ 云南省志编纂委员会办公室．续云南通志长编 · 电力工业［G］．1986：339.

民国13年（1924年）《昆明市志》的《公用事业·电灯》中，记载的商办耀龙电灯公司股金更为具体："清宣统二年一月设立股本，总额二十五万六千九百九十元，官股七万六千五百八十元，商股一十八万零四百一十元，商股股东二百五十一户。"[①]

1910年2月13日当晚，劝业道刘岑舫亲莅商会，协同代理商会总协理陈柄熙、施云卿，电灯公司总协理丁绍文、施云卿并各股东，会议耀龙股份有限公司应办事宜，兹将议决各条列下。

——本公司禀准咨部立案，系归商办，共集股本银25万元，除由劝业道刘岑舫认招股交付机器头二两批约银11万余元，其余13万余元均归商会总理王筱斋，代理总协理陈柄熙、施云卿，电灯公司总协理丁绍文、施云卿，并商会各股东担认，按期付款。

——本公司股东，无论官绅商庶，凡入股者均一律以股东看待，不分畛域。

——本公司按照商律，设立董事局，应按认股数目分名次先后，今公举王君筱斋，董君少恒，徐君宝臣，黄君梅修，某君某某共五人，现因王君筱斋奉派南洋赛会，即以陈君柄熙为代表，均尽义务不支薪水。

——前订章程内设总董二人，今既议设董事局，应将总董一条删除，总董二条删除，更正咨送。

——本公司暂附设商务总会，待机器运到即迁入升平坡新公馆租住。

——各董事、总协理及各股东均须守定本公司规则办理。

——董事局以每星期会议一次为常经，如有急要之件随时开会，速议以期无误。

——董事局即附设公司，局内不另择地，以免分歧而期就便。

——此外，如有未尽事宜，随时会商增修改定，以期完备。[②]

此次共集股本银25万元，离所需50万元总额，还有一半的差距，但经此决议，正式成立了组织机构——商办耀龙电灯股份有限公司，机构成员包括商会总理即董事长王筱斋，代理总协理陈柄熙、施云卿，电灯公司总协理丁绍文、施云卿。自然，也成立了股东董事局。最难能可贵的是，他们都不用支付薪水，属于义务劳动，这就需要有高度的责任感和爱国情怀。同时，公司选好了办公地点，形成公司规则，以及董事会每周一会的制度。3月1日，云南耀龙电灯股份有限公司董事会向云南劝业道呈文，请求批准在石龙坝建设水电站。对此，刘德鹏所作《石龙坝水电

① 张维翰，童振藻．昆明市志（全一册）［M］．台北：成文出版社，1967：285.

② 郑群．中国第一座水电站石龙坝传奇［M］．昆明：云南教育出版社，2012：23-24.

站百年大事记（1910—2010 年）》记载如下。

云贵总督李经羲批复：

贵会禀为集股创办云南耀龙电灯股份有限公司，酌拟章程呈请立案咨部注册领照开办等情一案，奉批禀悉。查振兴商务必先请求实业；该商会集股创办云南耀龙电灯股份有限公司，所拟章程是否可行，专利年限与部章是否符合，仰云南劝业道查案核明，详候咨部注册给照立案可也。此缴章程存等因奉此并据禀道，当经据情具详于二十日奉。并道："从今起，二十五年内不许外人来滇办电！"

3 月（农历二月），耀龙电灯公司因集资不足，由王鸿图、陈德谦二人担保，向滇蜀腾越铁路公司借款 40 余万银元，保证了电站的建设资金，而所借资金到民国 12 年（1923 年）才还清本息。对此，《续云南通志长编・电力工业》记载："因工程费巨，共用款六十余万元，除实收股额不敷外，尚负债四十余万元。十二年统计营业收支，除偿还前欠四十余万元外，微有盈余。"①

有了钱远远不够，因为当时中国既没有技术，也没有技术设备。故引进技术人才和购买机器设备就成为当务之急。电站筹备董事会为避免法国独霸云南，故在选择西方合作者时，首先将法国排除在外，而德国当时与法国是竞争者，加之德国是第二次工业革命的引领者之一，且德国人做事情严谨认真，故聘请德籍技术人员和购买德国机器设备成为首选。于是，董事会紧急召开，决意排除用法、英机器设备的打算，同时派人在昆明城中打听虚实。通过比较，宣统二年元月，云南耀龙电灯公司与德商礼和洋行代理人签订了购置德国西门子电气公司水力发电机一套的合同。合同规定如下。

今中国云南府总商会之电灯公司与德商礼和洋行双方决议在滇兴办水力发电工程，其购置机器立约事项列下：

——中方以开办 6000 盏灯为限，向德方订购所需全部器材。

——所需款项约银 10 余万元，自合同生效之日起分两批交付，不得有误。

——德方从见款之日起，负责工程勘测、设计、建筑、安装、生产、管理。

——中方负责提供设备运输条件及兴工匠人。

——德方所派工程技术人员，薪水和人身安全，另立合同。

——中方需要新添设备机件，理当续订合同。②

① 云南省志编纂委员会办公室．续云南通志长编・工业［G］．1986：339．

② 郑群．中国第一座水电站石龙坝传奇［M］．昆明：云南教育出版社，2012：26．

与德国谈判初期，德商礼和洋行提出承包全部设备、技术和工程建设。我方认为只能引进技术和设备，否则大量资金外流，成为“洋商包办”，何以与外人进行商战？最后签订合同，只同意礼和洋行负责提供从勘测、设计、建筑、安装到管理的全部技术，并提供全部器材，在德国专家指导下，由中国人自己建设及运行管理。这些决策，在今天看来，都是十分正确的①。有了钱，有了技术和设备，电站所需的就是土地了。中国人的土地就是命根子，在安土重迁的时代，征用农民的土地非常困难，然而发生了非常感人的故事。对此，史载如下。

> 永远存照。立永远杜卖水民田，立契人李得，系昆阳州平定乡小海口住人。为因征用，情愿将自亡祖遗水田遗连二丘，计三工，坐落石碧脚东至新沟止，南至西至北，至李仲春田止，又一丘，计一工，坐落望景东至新沟止，南至李仲春田止，西至小沟止，北至杨标田止，四至，开明同当村中老幼人等说明，杜卖与耀龙电灯公司名下为业，实接受杜价银大龙图拾贰元，共接获龙银元四拾八元，照市公平，给发入手，应用亲领。自杜之后，任凭耀龙公司投官印税，挖土种树一切等件俱听其便。世守其业，李姓老幼人不得异言，倘有村中内外人等声言，惟李得一力承担。恐口无凭，特立永远杜卖水民田文契存照。
>
> 再者，每田，给粮一升六合，共计田四工，应纳秋粮六升四合，言明自卖之后立拨公司上纳，不与卖主干涉，再照住粮本户。宣统二年四月十八日立，永远杜卖民田，文契人李得、李文清（族内）。中人：李忻（各押一份）代字：李鸿图②

小海口村的农民听说要征自家的土地盖电站，心肠百结，忧喜交加。所喜者，盖中国自己的电站，为国人争气；所忧者，命根子般的土地卖了，以后靠什么为生？本村老人李得思前想后，觉得应以国事为重。他率先在卖地契约上画押，带领儿子参加了电站工程建设。其他村民纷纷效仿③。榜样的力量是无穷的，有李得的示范，更有云南名人李鸿图亲自主持甚至代笔，村民接二连三办理了卖地文契，电站所需的空间场所——土地问题顺利得到了解决。

《续云南通志长编·电力工业》还记载了电站部分其他设施的地点，“民国元年，工程告竣，正式成立。营业所设于昆明升平坡。发电所设于昆明县属之石龙坝。转电所设于昆明市小西门内水塘子”④。征地后，诸多工程及其配套工程便

---

① 陈德元. 石龙坝的启示［J］. 云南水力发电，1990（4）.

② 郑群. 中国第一座水电站石龙坝传奇［M］. 昆明：云南教育出版社，2012：23-24.

③ 司恩平. 石龙坝水电站的故事［J］. 云南支部生活，2006（6）.

④ 云南省志编纂委员会办公室. 续云南通志长编·电力工业［G］. 1986：339.

紧锣密鼓地进行了，其中最困难的便是运输机器到石龙坝，当时的昆明，既无公路，也无汽车。德国的机组经海轮运至越南海防，又经滇越铁路运至昆明。在昆明将整机拆散，由300多人组成的专门运输队从盘龙江德胜桥装船，沿江而下经滇池运至海口，从海口顺螳螂川东下石龙坝。当行至平地哨时，江水太浅，不胜重物，工人们只得将机件又搬上河岸，以滚木垫底，用十多条水牛牵引，一步步向前挪。7000米的峡谷陡坡，竟走了一个半月[①]。运输机器的时间非常漫长，整个电站的修建速度却是极快的，《长江志·水力发电》记载："石龙坝电厂1910年7月开工，民国元年4月建成发电，最初装机容量2×240千瓦，建设周期为21个月，实际建设净周期只17个月，建设速度较快。"[②]

陆秀敏《石龙坝建站史略》记载："1910年，王鸿图因事离昆明，改推左益轩为总经理，主持工程，施云卿为协理，负责筹款办事。同年6月2日左益轩同德国水机工程师毛士地亚、电气工程师麦华德到石龙坝察勘，并主持建厂挖渠。1910年7月正式开工，每日参加施工的达千余人，当年年底机器运到昆明。1911年工程已进行了一大半，辛亥革命爆发，时局动乱，德国工程师离开昆明去河内避乱，停工4个月。1912年4月全部工程完成，运行发电。这就是中国引进外国技术设备，自建、自管、自用的第一个水电站——石龙坝一厂水电站。"[③]

事实上，该电站修建速度放在今天任何大坝及其水电建设中，都是无法想象的。当时没有推土机，全靠一帮工人凭借一腔热血和双手，以及几乎最原始的生产工具，不能不说是一个奇迹。这一奇迹是当时石龙坝建设者为建成中华民族第一座电站而奋斗不息、顽强拼搏的结果。正如杨选民编辑的《石龙坝水电站碑文》中有关石龙坝的《永垂不朽·商办云南耀龙电灯公司石龙坝工程纪略》碑文记述的那样——

> 左君（左益轩，实为总经理——笔者注）派人分头鸠工，庀材迅速赶办，逐于七月兴工。盖此事，左君意在速成，以为早开灯一日，公司早获权利一日，故其招集泥、木、石大小各项工人，日约千余名，崩山炸石，不顾危险，分段赶做，猛力进行，其最要者严订规则，所有各办事人及各项工人，每夜均系四钟开饭，天明出工，日入方息。……各项工人踊跃从命，不辞险阻之艰难……左君之不辞劳怨，办事认真，及诸同仁之协力相助，焉能有如是告竣之速耶！

有好的领导，有严密的规章制度，有高涨的热情，有不辞辛劳的工人，众

---

① 司恩平．石龙坝水电站的故事［J］．云南支部生活，2006（6）．

② 长江水利委员会长江勘测规划设计研究院．长江志［M］．北京：中国大百科全书出版社，2004：6．

③ 陆秀敏．石龙坝建站史略［J］．云南水力发电，1990（3）．

人协力，其利断金。确如《永垂不朽》碑文所载，石龙坝水电站体现了云南人民敢为人先、不畏险阻的开拓精神，这也是中华民族永垂不朽的奋斗精神的体现，它树立了中华民族水电事业的丰碑。

## 四、星星之火，燎原可待

石龙坝水电站为引水式开发，事实上上游有坝——拦河坝；有闸——由中滩屡丰闸和平地哨节制闸组成，颇有赛典赤之“遗风”；有两条渠——引水渠和尾水渠。除此之外，比较显眼的就是发电厂房，其他辅助设施还有抽水站、滚龙坝进水口、压力前池、压力钢管等。对此，《续云南通志长编·电力工业》记载如下。

工厂与资本：厂基约二百八十余公亩，值国币三千一百一十二元，厂房占四十九公亩，值国币十六万六千三百五十一元。资本已缴者国币八十五万二千五百元，未缴者国币十四万七千五百元。共计国币一百万元。

机厂设备：第一厂共装置德国制水力机三座，计马力八百五十四。第二厂共装置德国制水力机二座，计马力八百五十四。两厂共装置德国交流发电机五座，发电容量共为一千二百基罗瓦特（“kilowatt”的音译，即千瓦——笔者注）。由石龙坝至昆明，设有电杆九百零三杆，电线长八万余千公尺，全昆明市馈电高压杆三百三十一杆，总电线长一万一千公尺，分杆一千四百九十三杆，分线长十万公尺。

原料：各种电气材料，多购自德国，后因国内仿造出品已多，故渐购用国货。计二十四年购入原料约值国币二十五万元。

营业状况：营业区域为昆明市，约供给电灯用户五千数百户，马力用户七十余户。①

石龙坝水电站本身就如星星之火——由一个发电厂变为四个发电厂，只是统称石龙坝水电站。其主要变化在于，由新中国成立前的一厂、二厂、三厂和新中国成立后的四厂（即新中国成立后建成的新厂）及升压站组成。《长江志·大事记》记载：“1912 年电站第一台机组建成投产。后经扩建、改建和增建二厂、三厂，至 1949 年建国前夕，电站装机规模由 480 千瓦逐渐增至 2920 千瓦。”②可见，就石龙坝水电站而言，其自身也经历了一个发展壮大的过程，其发展本就具有里

① 云南省志编纂委员会办公室. 续云南通志长编·电力工业［G］. 1986：340.

② 《长江志》总编室. 长江志·大事记［M］. 北京：中国大百科全书出版社，2006：89.

程碑意义。同样，其诞生对中国水电事业而言也具有里程碑意义，而由一厂、二厂、三厂再到四厂，体现了由量变到质变的时代意义。一厂的建立，标志着中国由传统农业社会与不成熟、发展不充分的蒸汽时代向电气化时代迈出了坚实的一步，虽然这一步距离世界第一座水电站，即“与1882年建成的美国威斯康星州世界第一座水电站的诞生相距30年”[①]，但石龙坝水电站注定要成为华夏水电腾飞的标志。

石龙坝水电站第一厂房车间门口有一副中国对联，上联为“机本天然生运动”，下联为“器凭水以见精奇”，横批为“皓月之光”。这是一副藏头对联，把上联和下联头一个字连起来读就是“机器”。“机器”这个词是电气时代的标志，体现了第二次工业革命的动力——电力，它是文明之光，横批“皓月之光”可谓名副其实。

孙中山《上李鸿章书》曾对电的产生原理作如下阐述。

> 格致之学明，则电风水火皆为我用。……将来必尽弃其煤机而用电力也。毓物开矿之功，尚未大明，将来亦必有智者究其理，则生五谷，长万物，取五金，不待天工而由人事也。然而取电必资乎力，而发力必藉于煤，近又有人想出新法，用瀑布之水力以生电，以器蓄之，可待不时之用，可随地之需，此又取之无禁，用之不竭者也。[②]

1927年1月，德国《西门子》杂志第7卷第1期，发表了有关云南石龙坝水电站建设的一篇文章《云南府·中国第一个水电站》，文中有如下段落。

> 在中国这个大国的内地，还很少能够找到现代工业设施。但是，我们认为，由于它有着极为丰富的自然资源和四亿人口，工业的发展必然会得到认真考虑。
>
> 一般的中国人比其任何人民都守旧，墨守于祖辈的东西。因此，对于那些可以改善他们从祖辈以来就习惯了的简朴生活的革新，他们是很难接受的。但是，在这个国家的内地，在那远离世界贸易潮流与西方文化隔绝的地方，也已有人准备将西方技术成就引进到自己的土地上。一些卓越的知识分子和有关方面敢于开拓的人士就是这么说的。
>
> 在云南省的首府（今昆明市——笔者注）在（第一次）世界大战前几年，一个中国小组即接受了德国方面提出的一个建议：利用当地拥有的水力资源来发电。1910年开始施工，1912年4月这个电站即投入运行……

① 郑连第．中国水利百科全书·水利史分册［M］．北京：中国水利水电出版社，2004：91.

② 孙中山．上李鸿章书［M］，北京：中华书局，1981：12.

云南首府的这个工程是中国建设和运行的第一个水电站……

这个工程在技术方面虽然没有什么特别突出的特征，但是作为中国的第一个水电站，以及考虑到其建设的特殊情况和中国内地的特点，仍然是值得重视的。[①]

从《西门子》杂志的这篇文章中可以看出，他们认为中国水电资源丰富，云南石龙坝水电站的建设是适应世界潮流的，而电站建设者具有开拓精神，改变了一些落后思想，也改变了生活方式，更改变了生活的理念，接受了外来事物。

民国《昆明市志·娱乐事业·电影场》曾作如下记载。

新云南电影院：在商埠一区五段，金碧公园内，民国十二年一月开设，系合伙经营，经理人向渭卿、姚峙安、王幼山。资本总额四千五百元，影片多购自美法两国，其间有风景、博物、社会、滑稽、武勇、侦探各种。每日演放两次。

当时，电影已经不是简单的娱乐方式，而是代表西方文化的传入，科学技术及理念的移入，是对闭塞思想的洗涤和改造。民国《昆明市志·公用事业·电灯·商办耀龙电灯公司》记载："分为营业、工程两部，设有三相交流发电机二部，每部容量三百开唯爱（*KiloVolt-Ampere* 的音译，即千伏安——笔者注）。全市安设常灯表、表灯，共一万五千余百，照电表一千零三十个，每月供给各工厂之电量计四百基罗瓦特。每月共收入灯费一万五千余百元，马力费八百余十元。"[②]根据该记载，民国 13 年（1924 年），耀龙电灯公司有灯表、表灯一万五千多个，已经初具规模，电站收益也颇丰。

不过，新生事物未必马上就能得到人民的接受，刚开始时鲜有人用电，故电站亏损十分严重。"由于一般中国人对新事物的惑疑，只有少数大胆的人愿意试试这种'新灯'，所以第一个电站开始运行时，只有很小的负荷。但是这些少数却也是对公众中的反对意见和成见的突破。因此在电站运行三四个月后，联入的电灯数量就增到 3000 盏。"[③]从中可以看出，用电经历了一个民众逐渐接受的过程。星星之火，可以燎原。第一盏电灯亮了以后，数月便增至 3000 盏，此后用电，已经不限于照明，需要用电之人、用电之处越来越多。

《续云南通志长编·电力工业》记载了用电剧增的变化："但电量分配渐有供不逮求之势，以近年市内人户增加，各项电力发动工厂相继成立，需用电力颇巨，而私灯、窃电、漏电之弊，在所不免。乃于是年提经股东会议议决：添招新股，

① 郑群．中国第一座水电站石龙坝传奇［M］．昆明：云南教育出版社，2012：59-60．
② 张维翰，童振藻．昆明市志［M］．台北：成文出版社，1967：285，288．
③ 郑群．中国第一座水电站石龙坝传奇［M］．昆明：云南教育出版社，2012：60．

增加股额为一百万元，由政府负责添募新股现金十四万元，改订章程。于十六年照《公司条例》呈经核准立案。”人们熟悉、了解并接受电以后，小小的石龙坝水电站输出的电荷已经不能满足昆明用电之需，公司不得不扩大规模，甚至改组为“耀龙电力公司”。对此，《改组后之耀龙电力公司·缘起》记载如下。

> 该公司自民国元年至民国二十七年间，先后添制发电机，惟发电机容量仅达二千四百四十千瓦，仍不足以应付当时之照明需要，而工商企业用电更无从获得。经济委员会自行创立一千二百五十千瓦之蒸汽发电厂于云南纺织厂之旁，建厂装机，于民国二十六年七月完成，开始发电，名曰昆明电厂。所发电力，除供纺织厂外，尚有余量。抗战以来，为谋供求相济，耀龙公司遂于二十七年六月一日，与昆明电厂合并改组，更名耀龙公司。年来政府行军工生产，用电日增，除将已逾龄拆卸三百千伏安旧水力机两部重行修装应用外，并向同业昆湖电厂购电补助，转供市区。①

1938年，因昆明抗战之需，石龙坝水电站电力的重要性更加凸显。这时，石龙坝水电站真正走上电力抗战救国之路，成为云南的“电力长城”。如今，石龙坝水电站博物馆飞来池旁的墙上，有关飞来池的介绍就是石龙坝水电站抗战的历史。2013年1月30日，黄权生将飞来池的简介录文如下。

> 抗日战争时期，石龙坝水电站由民用供电转为军工生产和昆明防空报警电源供电。1939年至1941年曾遭日本飞机四次轰炸，1940年12月16日上午9时40分左右，日机投下1枚燃烧弹落在一车间20米远处爆炸，弹片、飞石打烂门窗玻璃30多处，另有7枚分别落在田间山坡，爆炸6枚，二车间房顶被飞石打穿一个洞，弹片击伤一名工兵和机务员。
>
> “飞来池”是炸掉集中爆炸后留下的弹坑遗址，弹坑深处5米多，直径20多米……
>
> 1993年加盖凉亭建成公园供养鱼垂钓休闲。云南省水电设计院周正家设计，云南省著名书法家何启圣书。上联：电站虽小历史悠久开中国水电之始；下联：水塘不大成因奇特记东瀛入侵之证；横批：飞来池。故而得名。

石龙坝之电，不仅是中华民族走向电气时代的星星之火，更是中华民族挽救危亡之火。1957年，时任水利电力部副部长李锐视察石龙坝，题诗赞誉道：“电厂似庵堂，楹联赞月光。昆明石龙坝，寿共辛亥长。”该诗先抑后扬，“寿共辛亥长”一语双关，一则指其产生在辛亥革命时代；二则指其影响和意义与辛亥革

① 云南省志编纂委员会办公室．续云南通志长编·电力工业［G］．1986：339-340.

命一样伟大，一样重要。1923 年，公司又招新股，扩建河道，建筑二机房，置 2 台 276 千瓦发电机组，并于 1926 年 3 月 7 日投产发电。落成礼上，清朝云南唯一的状元袁嘉谷激动万分，挥毫题词："石龙地，彩云天；灿霓电，亿万年。"（《石龙坝水电站碑文》，杨选民）袁嘉谷将之勒于石上，以作纪念。

受石龙坝水电站的影响，民国时期，西南各地修建水电站之风渐兴，全国各地建设了为数不少的电站，其中不少技术人员来自石龙坝水电站，而三峡工程正是在民国时期由国人提出并进行了初步的论证和勘测。对于中华民族而言，石龙坝的影响不能仅用其发了多少电来衡量，它是一颗启明星，是一面旗帜，是水电伟业的原点，它点燃了中华民族水电发展的希望之梦。

## 五、水电黄埔，民族脊梁

2013 年 1 月 30 日，150 余名中外学者参观了石龙坝水电站，中外学者无不惊叹于中国石龙坝水电先驱的地位。在这里，举目可见体现"昆明精神"的标语："春融万物，和谐发展。敢为人先，追求卓越"。如今，石龙坝水电站已经成为中国著名的活着的水电博物馆，诸多标语反映了石龙坝人的精神。例如，石龙坝人以"自强求变，厚德求进"，改变了中国没有水电的历史；以"勤奋干事，干净做人"的建设者、管理者姿态建设和管理电站；"百年石龙，和谐企业"不仅是对百年历史的总结，更是对当代社会的期待；"传承历史，输出能源"，体现了石龙坝水电站作为中华民族水电发展的原点和坐标的地位。这些标语不断激励着后来的水电人。

事实上，石龙坝水电站除了输出能源，还输出思想。

孙中山先生在《上李鸿章书》中提出了富强治国的四个方法，其中最重要的就是人才。"窃尝深维欧洲富强之本，不尽在于船坚炮利，垒固兵强，而在于人能尽其才，地能尽其利，物能尽其用，货能畅其流——此四事者，富强之大经，治国之大本也。"[①] 如今，石龙坝水电站定位为水电博物馆，对中国水电人而言，它就是一座天然的水电学校。"第一个电站的施工和开始运行的全部工作完全是由 SSW 和 VOITH 两个德国工程师指导的。最初并没有受过训练的工人可用，只是随着工程的进展，逐步培养出一批可用的职工。"[②] 电站建成以后，公司十分

① 孙中山．上李鸿章书［M］．北京：中华书局，1981．

② 郑群．中国第一座水电站石龙坝传奇［M］．昆明：云南教育出版社，2012：60．

重视职工的培训工作。《续云南通志长编》就训练方面曾作如下记载。

> 公司为培养职工学识及增进服务效能起见，职工到职后按其学力予以一年以上之见习。见习期间，有讲习、实习训练。工人则随领班或组长实地工作，使能操相当技艺，处理各种装设、修理或检验工作。此外由公司各部负责人随时召集谈话，或请外界人士讲述公用事业之原理，或研究设施与改进问题。①

石龙坝水电站的职业培训和训练不仅促进了自身的发展，更为全国各地水电建设输出了人才。对此，《续云南通志长编》之《工业・电力工业》记载如下。

> 民国三十三年本会与下关士绅发起利用西洱海水力，创办玉龙电力公司时，耀龙公司投资国币三千万元，并以发展本省电气事业居协导地位，代训练电工，及调派技术人员协助设计装置机件，于三十五年二月完成三百千伏安发电机一部，开始发电。②

1984 年，石龙坝水电站成为集文物、教学、旅游、发电于一体的综合型电站。确实，在水电人培养方面，石龙坝水电站具有首创之功。1987 年，石龙坝水电站被命名为“昆明市重点文物保护单位”；1992 年，被命名为“昆明地区中国现代史和国情教育基地”；1993 年，被命名为“云南省重点文物保护单位”；1997 年 4 月，被命名为“云南省爱国主义教育基地”；2006 年 6 月，入选第六批九处近代工业文化遗产，被国务院命名为“全国重点文物保护单位”；2008 年 12 月 12 日，被昆明市文化局挂牌为“水电博物馆”；2008 年，入选第一批国家工业遗产名单。石龙坝水电站确实是一个博物馆，是一个一直供人学习、借鉴的活着的博物馆。

福利方面，《续云南通志长编》曾有如下记载。

> 公司为增进职工福利起见，于三十三年九月，遵照社会部颁布《职工福利设立办法》，正式成立职工福利委员会暨职工福利社。已举办之业务，计有消费合作社、图书室、体育部、沐浴室、理发室、特约医院（惠滇、仁民）、医疗室（在石龙坝）、戏剧社、职工子弟小学（在石龙坝）、英语讲习班、学术研究会及旅行团等。③

综上观之，中国近代军事有黄埔军校，而水电企业有石龙坝水电站，其影响首先在于对国人水利建设、管理、技术传承发挥启蒙作用。今天，三峡工程建设后，中国水电技术在世界上名列前茅，而这已是石龙坝水电站建设百年之后的事情。

---

① 云南省志编纂委员会办公室．续云南通志长编・电力工业［G］．1986：351．

② 云南省志编纂委员会办公室．续云南通志长编・电力工业［G］．1986：349．

③ 云南省志编纂委员会办公室．续云南通志长编・电力工业［G］．1986：351．

万幸有石龙坝水电站，中国水电甚慰，中国民族企业甚慰。回顾历史，总结历史，我们能从石龙坝水电站那里得到哪些启示呢？

石龙坝水电站虽是现代意义上的电站，但其建于赛典赤治理过的滇池，正如“传承历史，输出能源”这一石龙坝水电站的口号所说，其精神其实是八百年前赛典赤治水精神的传承和发扬。

中华大地广阔，为何独独在此先建水电站？人也，此地有敢为人先者。如今，包括云南在内的西南各地水电开发正酣，应该说，现代水利人从赛典赤和石龙坝人那里继承和发扬了历经千年沉淀的水利精神。

# 第六章 防洪堤坝用料研究

古人认为："昔人以治河比之治兵，守堤如守城也，防水如防寇也。"[①]意思是，当时的人认为治理堤防犹如治兵、守城、防寇一般重要。在古人眼里，荆州的洪水威胁非常大，因此大禹治水的传说才能代代相传。扬雄《荆州牧箴》曰："幽幽巫山，在荆之阳。江汉朝宗，其流汤汤。夏君（大禹）遭鸿，荆衡是调。云梦涂泥，包匦菁茅。"面对洪水，传说的治水方法中，大禹采用的是疏浚之法，而他的父亲鲧则以建堤堵塞为要。扬雄《益州牧箴》曰："华阳西极，黑水南流。茫茫洪波，鲧堙降陆。于时八都，厥民不隩。禹导江沱，岷嶓启乾。远近底贡，磬错砮丹。"[②]在传统治水方式中，"鲧堙降陆"之法一直遭受批评，然而事实上，在长江中下游，以堤防堵塞是治水的常态。早在东晋陈遵创建金堤之前，荆江就已经建了堤防，甚至汉代可能已有古堤。《旧唐书·李皋传》记载："先，江陵东北有废田傍汉古堤二处，每夏则溢，皋始命塞之。"[③]陆游《入蜀记》载，在沙市东，"解舟，击鼓鸣橹，舟人皆大噪，拥堤观者如堵墙。泊新河口，距沙市三四里，盖蜀人修船处"[④]。可见宋代荆江已经有完整的大堤了。元、明、清时期，长江干支流堤防逐渐完成，上起荆江，下至江苏都有系统的堤防；汉、湘、赣等各江堤防也普遍修建起来。汉江下游及荆江段常有水灾，堵口、修堤的记载

① ［清］倪文蔚．荆州万城堤志［M］．毛振培，栾临滨，李锋，校．武汉：湖北教育出版社，2002：135.

② ［西汉］扬雄．扬雄集校注·益州牧箴［M］．林贞爱，注．成都：四川大学出版社，2001：252，257.

③ ［后晋］刘昫．旧唐书·李皋传［M］．北京：中华书局，1975：3640.

④ ［南宋］陆游．入蜀记校注［M］．蒋方，注．武汉：湖北人民出版社，2004：189.

很多[①]。

如今荆江大堤早已成为人民生命财产安全的重要保障之一，整个荆江防洪防的便是三峡工程以上各个水利工程的调蓄水，洪水经过三峡进入荆江，荆江大堤便直接面对调蓄后的洪水，如果发生百年一遇或千年一遇的洪水，还需荆江分洪和蓄洪工程作为长江中下游洪涝灾害最后的保障。也就是说，长江防洪关乎各种坝库水利工程调蓄、长江干支各大堤防洪、长江各地分洪蓄洪，三者结合，不可偏废。

## 一、荆江水患与堤坝

水患的发生始终离不开自然地理因素的影响。从地理的角度看，一方面荆江为长江中段，地势极低，长江携带泥沙多在此沉积，使得河床不断高出两岸地面，因此在荆江行运的船只被称为“船在屋顶走”；另一方面，荆江河道弯曲，河段“九曲回肠”，江水无所泄，故水患频发，素有“万里长江，险在荆江”之说。对此，明代周晟作《荆南怨》描述如下。

> 荆南怨，往岁丰收柴米贱，几年旱涝少收成，公私租税界负欠。负欠逼来逃串多，夫妻父子宁相恋。吏胥叫嚣夜打门，村庄鸡犬皆惊遍。君门万里那得知，安得恩诏蠲征敛，请君听我荆南怨。[②]

荆江洪水不是抱怨就能解决的，必须在地方上切实地防洪，其中修建堤坝是防洪的重要方式之一。川江自巴蜀进入荆州地界，是为荆江，川江的洪水对下游的威胁是巨大的。《川江石坝志略》记载：“咨访川、汉水源，有谓下流壅滞所致，有谓天时气运使然，有谓汉水不足虞。惟川水骤会，斯为患也。”由于荆江洪水常常泛滥，长江中游和下游的人民生命财产遭到了巨大的损失。洪水“所过皆愁惨景象，田地芜莱者过半，庐舍坟塚多成故墟，至有百里无人烟者”[③]。长江水患尤以荆江最甚，想要阻挡水患，修建堤防工程就成为统治者与人民最为紧要的工作。自东晋陈遵创建金堤后，荆江水患虽然在一段时间内得到了缓解，然而堤坝仍然常常溃决，究其原因有三点：其一，所建堤坝虽然厚度足够，但高度不够，只要水势一大，便可以越堤冲入；其二，一些堤坝虽然高度足够，但堤身过薄，

① 姚汉源．中国水利发展史［M］．上海：上海人民出版社，2005：497．

② ［明］薛刚，［明］吴廷举．湖广图经志书（嘉靖）·荆州府·诗类［M］．北京：书目文献出版社，1991：558．

③ 蓝勇．稀见重庆地方文献汇点（上）［M］．重庆：重庆大学出版社，2013：146．

仍旧极易被冲毁；其三，有些堤坝足够高、足够厚，但中间不够坚实，时间一长，水仍然会浸入堤身，以致溃决。由上可知，仅仅依靠筑堤尚不可保证常年安全，因而出现了累年修筑的情况，但是累年重修耗时、耗力、耗财，长此以往，断不可行。为了适应实际情况的变化以及避免浪费，劳动人民结合丰富的实践与经验，创造了许多筑堤、修堤、验堤的方法，以减少堤坝溃决。同时，为了从根源上解决问题，逐渐开始重视堤坝材料的选用。对此，《再续行水金鉴·长江卷》记载如下。

> 襄河堤工，其土性最为松浮，难于捍御风浪。非防风草坝，不能制其冲剥。非碎石堆砌，不能固其根脚。尤难者极险之工，底土虚陷，施之以草，则漂浮而去，抛以碎石，则沉溺无踪。此等地方，必于上游作长大挑坝，撑水外出。迫险处生根，然后再为护堤护滩，方保无虞。不然退挽月堤，或加高培厚，不数年水凿滩根，其险复至。且下面坍卸，堤身愈高愈危。①

上文指出，修建堤防使用了土、草、石，修建之时要将各种材料结合使用，并诉诸抛石护岸、使用月堤、挑坝等方式，可见修建和护堤之复杂。本章以荆江堤防为例，主要探究几种堤坝材料的选择和使用。

## 二、堤防用料及其影响因素

### （一）石

自东晋创建金堤以来，很长一段时间内，堤坝都是用土简单夯筑而成的。土坝也成为历代最常用、最基本的防洪工程。而在荆州，是用石头包裹堤岸，这在古代还是比较奢侈的事情。随着“两湖熟，天下足”态势的形成，湖南、湖北大量出现了包石护岸，甚至抛石护岸的现象。

1. 石料的选用及注意事项

要知道，石坝并不是任意石块的自然堆砌，筑坝过程中，许多因素都会影响最后建成的堤坝，想要顺利筑成一座能够切实起到抗洪作用的堤坝，以下几点不容忽视。

第一，注重石块的平整。在筑堤过程中，须用平整的石块方能起到稳固作用，

① 中国水利水电科学研究院水利史研究室．再续行水金鉴·长江卷·长江七·查勘江汉情形［M］．武汉：湖北人民出版社，2004：259.

而这主要依赖于石匠采石的手法。石匠必须将用于筑堤的石块打磨平整。

第二，注重石块之间的缝隙。石块大小形状相差过大，则堆砌起来的石坝多缝隙，不能阻水。因此，石匠在选择石块筑坝时，须重视石块之间的缝隙，若缝隙过大，则要再细细打磨直至石块之间能够贴合。若实在无法贴合，则用水泥或石灰浇入缝隙填补。

第三，层土层石。仅仅用石筑坝，效果并不明显，原因在于，即使石匠手法再高超，也无法使石块之间毫无缝隙。最佳解决方法是层土层石，即每砌一层石便砌一层土，用土将石缝夯实。夯打务必严实，否则土层一遇风浪便会坍塌无余，危及堤身。

第四，剥岸用条石，平面用板石，坦坡用碎石。

第五，使用棱角石。筑堤工程结束之际，还有一个重要的步骤，就是在堤身周围裹砌一层棱角石。事实上，这种做法和抛石护岸作用是相同的，都是为了减少风浪对堤身的冲击。不过，棱角石多用于新堤建成后裹砌，而抛石所用的石料并不仅仅局限于棱角石，无论何种石料用于抛石护岸效果都是一样的，既可以用圆石，也可以用碎石。

2. 石料、石匠的来源

采用石料修筑堤坝或抛石护岸，需要考虑石料的来源问题。石料主要来源于山地，有山处筑堤自然方便、简单，而离山远的地方也并非就不能筑造石堤，只不过所费人力物力更多。《再续行水金鉴》指出："然滚坝尺、丈既宽，购料甚属不易。查湖南巴陵县所属之柁港洲，有废庙在湖滩旷荡无人之地，建于乾隆初年，一孀妇捐资为之。后因藏聚盗贼拆毁，賸（剩）有基址十数亩，多长大条石，民间渐有偷去者。该处去沔阳之新堤不远，水脚运之最易。而新堤居各湖之下游，出水势若建瓴。今以无用作为有用，可以费半功倍，而造滚坝不难矣。"[①] 对于堤防而言，有石料就如军队有武器，但荆江平原石头甚少，"购料甚属不易"。湖南巴陵县因为有废弃的庙宇，多条石，这些石料"无用作为有用"，被地方政府所利用。以棱角石为例，《荆州万城堤志》载："黑窑厂并观音寺尚有未到工石一万方有零，逐日运到者多系圆石，从前抛砌尚属可用，今该工将及垂成，周围必须块石裹砌，庶免将来溜激滚卸之虞。"[②] 堤成后的当务之急便是找到棱角块石，而枝江石庙、石牌等地多棱角块石。又如《荆州万城堤志》中有关于徐州采石的记载，"因思徐州近山之处碎石既属得力……且碎石产自山中，不须购买，

① 中国水利水电科学研究院水利史研究室. 再续行水金鉴·长江卷·长江七·查勘江汉情形［M］. 武汉：湖北人民出版社，2004：259.

② ［清］倪文蔚. 荆州万城堤志·石工［M］. 毛振培，栾临滨，李锋，校. 武汉：湖北教育出版社，2002：121.

只须人工采办，即距山稍远，亦可用船装载，当即据实奏明，按以离山道里之远近酌定采运之方价”[①]。就自然环境来说，湖北荆江段境内多山，且水运交通便利的地域属宜昌，因此宜昌市东湖、长阳、宜都等地就成了采石要地。筑堤工程必然需要大量石料，这就需要雇大量的石匠进行开采。据《荆州万城堤志》载：“当据锁必名称，枝江向无石匠，石牌仅有石匠二十一名；张世维称石庙仅有匠人三十四名。”显然，这一数量的石匠对于开采石料来说远远不够。而正如之前所说，宜昌附近山多，山多的地方自然石匠就多，正所谓靠山吃山，靠水吃水，“伏乞檄饬宜昌府，于所属内多雇石匠一二百名，差押来工，分头赶紧开采装运，以济要工”[②]。

3. 运输方式

石料运输除了陆路之外，还有水路。由于石块重量大，若是路途遥远，便难以搬运，若用人力马车运送，必会耗时耗力，得不偿失。唯一的简便之法便是船运。石料来源地恰好位于长江边，这就为运输石料提供了极大的便利，且一条船所能承受的石块重量是马车所能承受的数倍之多。《万州堤志·岁修·估验》记载：“仍先于十月间差传沙市船牙来署，当堂具领运资、封条，谕令封雇石船，赴东湖、长阳、宜都三县采办碎石装运，沙市石卡验明给票，分赴各局，量收石方，回卡给价，累年情形如此。”[③]该文献不仅提到了石料来源地及其运输方式，也说明了石料运输价格是按照石方计算的。这就引出了石料价格应该如何计算的问题。

4. 计价方式

计价方式既包括运石船的价格如何计算，也包括石匠的工钱如何分发。由于土与石不同，土的重量较石更轻且运输方便，取土难度小。土和石的工程用量差别也大，前者相当于后者的九倍，由此可见石比土所需费用更高。不同的船工有不同的计价方式，总的来说，最为普遍也最受认同的莫过于以下这种方式：在石匠开采完石料后，石料便由雇来的船工搬运至船上，同时根据石料大概的方数选择船的大小并丈量石料尺寸，石料务必将船装满，然后测量船吃水的深度，据此两个数据，再以当时双方承认的价格计算。石匠也有其独特的计价方式，据《荆州万城堤志·经费》记载：“条石宽厚一尺，每丈重一千五百斤，有运脚、上位诸费，

---

① ［清］倪文蔚. 荆州万城堤志·石工［M］. 毛振培，栾临滨，李锋，校. 武汉：湖北教育出版社，2002：128.

② ［清］倪文蔚. 荆州万城堤志·石工［M］. 毛振培，栾临滨，李锋，校. 武汉：湖北教育出版社，2002：122.

③ ［清］倪文蔚. 荆州万城堤志·估验［M］. 毛振培，栾临滨，李锋，校. 武汉：湖北教育出版社，2002：104.

每丈价银一两五钱；新砖长尺二寸、宽五寸、厚三寸三分，有砌作、搬运诸费，每块银一分二厘；碎石每方银一两零九分三厘；石灰每百斤价银一钱。每石以丈用灰一担，每砖一块用灰一升，高堰例也。木桩径五寸，杉木每根三钱三分；锯桩斫尖，每工做桩八十根，工价银五分；下桩夫每根用夫八名夯打，每名每日下桩十二根，每工银四分。”[①]根据该记载，石料可具体分为条石、碎石，砖、石灰等也纳入其中。当然，石匠的计价不仅包括砌作和搬运等费用，还包括筑堤时为巩固堤身而用的木桩等做工费。根据石料不同的种类、不同的做工，价格也各有不同。

5. 采运蛮石的变迁

上文提到，受限于石匠的人数和运输方式，采运碎石有一定的难度，以致一些离山较远或经济水平不够高的地区不愿用碎石修筑堤坝。《荆州万城堤志・岁修・石工》记载：“乃或以离山较远采运稍难，或以大工甫竣日不暇给，或以钱粮限于额数不能兼及。”[②]这种想法无疑是短浅的，筑堤之初便采用碎石抛砌，即使花费很多银两，毕竟能够起到防护作用，至少能保证河堤数年稳固。否则，需要累年修筑，长此以往，所费钱财更多且更耗人力。荆江堤防宜昌下游的城市都于宜昌采运蛮石，因此，宜昌西坝专门设有航运局和西坝派出所登记所有过往船只，进行换载。例如枝江一代船民居多，以运输蛮石为业，常因蛮石运价而与荆江堤工总局产生矛盾。木船时代，荆湘地区的木船都靠运送宜昌西陵峡等地开采的蛮石获益，开采的蛮石经由木船下行或上溯至各地用于堤防建设。到 20 世纪 80 年代，葛洲坝的建成使得大小船只过闸都要经过严格程序，每艘船过闸都耗时较长，这对于运量大的货轮来说并没有多大影响，但对于每艘载重只有二三十吨的木船来说，效益则会大大减少，得不偿失。20 世纪 80 年代，政府出于对宜昌西陵峡等山区进行生态保护的考虑，着手禁止蛮石开采。因此，荆江流域堤防建设所需的石料便不在宜昌开采，木船也很少再有从葛洲坝通航的。正是葛洲坝的出现，限制了船只的自由通行，导致了石料采集地的改变。总体说来，葛洲坝工程虽在一定程度上限制了木船运输业的发展，改变了荆江石料的开采地，增加了运输成本，但从发电、防洪、航运方面来看终归利大于弊，为长江经济带的发展作出了巨大贡献。

### （二）土

每年修筑堤坝之时，相对于石料来说，土料更容易获得，对于抢修能起到更

① ［清］倪文蔚．荆州万城堤志・支销［M］．毛振培，栾临滨，李锋，校．武汉：湖北教育出版社，2002：182-183.

② ［清］倪文蔚．荆州万城堤志・岁修［M］．毛振培，栾临滨，李锋，校．武汉：湖北教育出版社，2002：128.

大的作用。沈梦兰《五省沟洫图说》中就提到了土与石相比所表现出的优势："若搬运土石，则近堤既无山阜，民地率多洼下沙淤，又不适用也。料件整齐而轻松，担荷省力，铺筑省工，与夫零杂而重笨者，其工作亦迥不侔也。"[①]文中提到了土的两个优点，其一，运输轻便；其二，筑堤省工。既然谈到土，就要思考土从何而来、如何取土、土料如何运输与使用及其计价方式等。

1. 取土

（1）取土位置。以修堤为例，由于修堤所需的土并不多，所以取土位置不必离堤太远，一般来说距堤二十丈以外即可。若是筑堤，则应远离筑堤处取土，因为靠堤取土，极易对堤脚产生破坏，使堤脚空虚，不利于筑堤处根基稳固、堤脚坚实。一直以来，修堤都是在堤外取土，堤上土牛则为抢险准备。只有堤上所备土牛不够而险情严重之时，才可以在堤内取土抢修，等到险情过后必须到别处取土补上堤内取土的空隙。

（2）取土时间。取土面临的另一个限制性因素在于取土时间的要求。取土需要劳动力，从东晋到清代，取土修堤对于民众来说并非主要工作，只相当于一个副业，他们还是以农耕为业。因此，选择合适的取土时间以适应土工需要非常必要。最好的选择便是在农闲秋冬时候雇佣土工，那时不仅工人空暇，而且降雨少，土质干，取土也方便。重要的是，秋冬取土筑堤完工后便能从容应对春夏时的桃汛，一旦遇到险情可以及时抢修，不至于汛期来临后措手不及。春夏之际，取土便困难许多。《荆州万城堤志·岁修·估验》指出："至若春夏农忙，雨水连绵，集夫难而施工不易，欲求克期完竣，断未有不草率从事，固不独多费钱力也。"[②]由此可看出，春夏取土，然后再进行修筑，不一定能赶在汛期前完成，而且匆忙修筑的堤坝也没有时间检验是否浸漏，无法保证其安全性。如此不仅费时费力，而且容易使民工产生偷懒取巧的心理，劳民伤财，对修筑事宜有害无益。值得注意的是，虽说秋冬取土为最佳，但并不宜在冰雪交加的寒冬取土筑堤，因为这个时段的土多为冻土，难以夯硪。

（3）取土方式。严格来说，取土方式包含土的运输方式，这一点在后面会提到。此处讨论的取土方式，除了在堤外取土外，还包括如何在为沙所占的湖（包括潭）底取土。想从湖底取土，唯一的方式就是转移湖内的水，那么如何转移湖内的水便成了关键。胡祖翮《荆楚修疏指要》记载："又有被水没者，倘水不过深，作埂成圈，运以车戽，水涸土现，每方加钱不多，甚勿以水没土场，废修坐误也。"[③]

① ［清］沈梦兰．五省沟洫图说［M］．北京：农业出版社，1963：64．

② ［清］倪文蔚．荆州万城堤志·岁修［M］．毛振培，栾临滨，李锋，校．武汉：湖北教育出版社，2002：96．

③ ［清］俞昌烈，胡祖翮，王概．荆楚修疏指要［M］．张志云，毛振培，校．武汉：湖北人民出版社，1999：211．

这是最简单的取土方式，对于这种方式，工价也仅仅按照水的深浅，同时结合面积来计算。戽是古代一种普遍的提水器，主要用于灌溉田地，通常是将一方田中的水用戽斗戽入另一方田地。

2. 土的运输

用土筑堤的快慢，主要取决于土的运输速度。最初，大多以人力运土，后因人力有限且人力运土突发性事件频发，例如“逃亡、阴雨时节人力难以运送”，筑堤缓慢。后转为使用驴等牲畜运土，继而开始采用独轮车，因独轮车稳定性较好，可在山坳、沟壑中行进，因而得到广泛使用。除人力运土和独轮车运土两种方法外，还有一种运土法，称为“隔水运土法”，主要用于土场隔水、必须用船运载土料的情况。《荆州万城堤志》载：“土场隔水，须船运载，除两岸仍以两挖几挑之法科算外，其水面以相隔三十桨之遥用划船一只，前后土船便能鱼贯而行，首尾相应，不空锹，不空挑，不空船矣。倘遇生手，不能一律如式，只可减挑，不可减锹，尤不可减船。盖锹减则挑空，船减则挑、锹两空。”[①]“挑”“锹”为陆路运土的定价方式，以每把锹的取土数结合挑夫运土的步数来对土方进行定价。20 世纪出现了“吹填运沙”的方法，《江陵水利志》记载：“1978 年开始‘隔江输沙’（用挖泥船在江心水下吸挖泥砂，通过橡皮软管、钢管输送到堤内脚，又叫‘吹填’工程），以解决堤内脚填筑渊塘的土源问题。”[②]

3. 夯土及影响夯土的主要因素

（1）硪工。用土修筑堤坝，最为重要的就是如何使土严实，防止出现所谓“穿靴戴帽”的现象，其中关键在于在铺土过程中务必层土层硪，硪工得力。《荆楚修疏指要》中有一段记载，描述了铺土行硪的整个过程，也正说明了硪工的重要性。《荆楚修疏指要》卷首记载：“查筑堤以二五收分，底顶相配，须于铺底时先行量准丈尺，间段插桩，使其一律宽阔，不得任将堤脚收小，偷底短铺，致成陡立。仍于未铺底之先，按照原估宽长丈尺，将地面排筑坚实，套打重硪，免致根脚浮松，谓之盘底。然后加上底坯，严督夫工，铺踩平匀，不得结块成团，彼松此密。每上一坯松土，只许一尺二寸，打成实土八寸。监工员亦须多截木签，作为尺寸定式，不许上土过厚。至每层行硪总须连环套打三遍，以硪花为验。硪夫须选择能手，起得高，落得平，便无松劲。若以凑数，撒手不匀，落土不实，必有打不着处，即不能饱锥。”[③]这段记载同时说明了堤坝坚实与否皆有赖于硪工的优劣。俗话说，

---

① ［清］倪文蔚．荆州万城堤志·土工［M］．毛振培，栾临滨，李锋，校．武汉：湖北教育出版社，2002：107．

② 《江陵县水利志》编写组．江陵县水利志［G］．1984：51．

③ ［清］俞昌烈，［清］胡祖翮，［清］王概．荆楚修疏指要［M］．张志云，毛振培，校．武汉：湖北人民出版社，1999：175．

“起得高，落得平，便是会打硪人”，关于硪工的优劣，也自有一套评判标准。铺土行硪这一环节完成后，用锥扎孔，继而往孔内注水，若是孔内的水不向外渗漏，硪工就是合格的。硪工的主要工作便是夯土，夯土方法对于硪工来说必不可少。根据夯土人数，人们创造了两种夯土方法，一种为“抬夯式”，另一种为“空夯式”。“抬夯式”用于四人夯土，适用于难以行硪的地方。“空夯式”用于两人夯土。

（2）土的选择。除了硪工的优劣，影响所修堤坝不可忽视的因素还有土质。《荆州万城堤志·岁修·估验》载：“今用数尺长铁锥，饬役于堤顶、堤腰钉下，拔起成孔，即以壶水灌之，土松者水即不能久注，则杂用沙土及不加夯硪之弊亦现。”①想要硪工得力，夯土坚实，土质尤为重要，若以沙土打硪，很容易出现缝隙，漏水严重，全因沙土密度大，即使硪工再得力，也很难将土夯打坚实。因此，修堤所用的土最好为细土，若土不细，修堤之时也应派人将土锄细，然后才可行硪。

### （三）砖

同治年间，护堤多采取抛砌碎石之法，后由于种种外在因素，抛砌碎石之法在某些情形下无法达到保护堤岸的作用，因此开始改石用砖，认为砖坡也具有防御风浪的功能。一些堤坝常有溜矬之患，即使依照原先抛砌碎石的方法，仍然不断发生溜矬，难以抵御风浪，因而浪坎越来越多，而每年用于修补浪坎的花费也不断增多。《荆州万城堤志·图说·说略》指出：“此等工最宜砖石坦坡，否则衬以土台，纵被撞洗，土仍着台，不伤堤脚，逐渐堤平，亦无矬溜之患。”②这是对砖坡法的简要概括，从中可以看出，砖坡法在理论上确实能够防止矬溜。至于在实际使用中能否达到比抛石护堤更好的效果，则要从实际事例出发加以讨论。有关砖坡法的具体操作，《荆州万城堤志·岁修·石工》中有一段详细说明。

> 先将浪坎削成斜坡，版拍令平，用板石厚四五寸者平插坡脚，卫以短桩，再用砖从石上侧砌，如漫地式到顶，复以石板锁之。每换一形，用石作界段，以泥抿缝，不须石灰，为其易于生草。但栗公以千砖为一方，价银六两，惟未详尺寸耳。③

可以看出，用砖过程中也需要用石，但是石在砖坡法中只是作为每一段砖的界限，所需数量并不多，而且使用砖坡法时，对石缝的处理也只需往缝中补泥，

① ［清］倪文蔚．荆州万城堤志·估验［M］．毛振培，栾临滨，李锋，校．武汉：湖北教育出版社，2002：101．

② ［清］倪文蔚．荆州万城堤志·说略［M］．毛振培，栾临滨，李锋，校．武汉：湖北教育出版社，2002：49-50．

③ ［清］倪文蔚．荆州万城堤志·石工［M］．毛振培，栾临滨，李锋，校．武汉：湖北教育出版社，2002：134．

节省了用石灰的花费。泥中也易生草，间接起到了一定的防护作用。

### （四）柴

柴作为烧火用的草木早已为人熟知，然而柴除了烧火外，对于堤防也能起到防护的作用。以下为柴的两个具体作用，实际上这两点都属于防护作用，此处只是从不同的险情出发，对柴所起的作用进行讨论。

1. 防浪护堤

若遇风浪冲击堤坝，最常用的应对方法要属抛砌碎石来防护堤身，倘若碎石仍无法解决，则可采取加大坦坡、沉积淤土的方法减轻冲击。如果这两种方法都不可行，那就选择用柴来保护。《荆州万城堤志·防护·守汛》记载了柴的使用方法："倘两者俱不可得，当于该处堆积柴料，并预备长大签桩数十根、榔头足用；如水至堤根，猝遇风暴，赶紧抢护，每一尺五寸钉橛一根，用柴掩护，亦可捍御。"①可见，柴对于抢险来说不失为一个较好的选择。

2. 防溜矬

用柴来防溜矬是常用的方法，对于防护堤身、防止渗漏的柴工也有一定的要求。《再续行水金鉴·长江卷》指出："然后镶里草土，戗为挑坝，冲刷更为得力。"②首先，帮固堤脚的柴不能过高，以出水五尺为最佳；其次，由于柴在水中容易腐烂，所以需要每年更换或者每年添加新柴。具体来说，用柴防止矬溜，须注意以下两点。其一，柴深须与淤土深度相同。《楚北水利堤防纪要》指出，水脚之处"无沙处购用芦柴探试，淤深五尺则柴亦用五尺厚，追压到老土，亦不能溜矣。惟柴烂时又有蛰动，仍须加修，有用桩木钉护，内加戗桩，方不至倾倒，并于溜处脚下做一土台压低更妥。"③此类一般是在淤土处筑堤且缺少沙来填淤，极易发生溜矬，所以采用柴来防止溜矬。若是筑堤处有沙，必然先用沙将淤土处填满，否则堤脚由于位于淤土处，容易松动。其二，先挖浮泥后用柴。据《荆州万城堤志·岁修·土工》记载："如系干滩，必先挖尽浮泥，再用柴实之，以桩护其外，覆土后，仍用硪夯。纵有锉溜，亦不崩卸。"④由此可看出，若是干淤的地方，必须要先挖尽浮泥，不可直接用柴填淤。

---

① ［清］倪文蔚. 荆州万城堤志·守汛［M］. 毛振培，栾临滨，李锋，校. 武汉：湖北教育出版社，2002：154

② 中国水利水电科学研究院水利史研究室. 再续行水金鉴·长江卷·长江七·查勘江汉情形［M］. 武汉：湖北人民出版社，2004：259.

③ ［清］俞昌烈，［清］胡祖翮，［清］王概. 楚北水利堤防纪要·溜矬工［M］. 张志云，毛振培，校. 武汉：湖北人民出版社，1999：134.

④ ［清］倪文蔚. 荆州万城堤志·土工［M］. 毛振培，栾临滨，李锋，校. 武汉：湖北教育出版社，2002：118.

### （五）草

草随处都有，殊不知草也可以对堤防起到帮助作用。

1. 巴根草

多部文献资料中都有提到巴根草，这一草种能够起到防护堤身的作用。例如《松滋县志·水利志》中提到："堤顶、堤坡除巴根草外，凡有长草必须割去，以清眉目。"① 又如《楚北水利堤防纪要》曰："堤成之后，再于两坦多种巴根草，可免水沟、浪窝及风浪撞刷之患。"② 巴根草能够抵御风浪，原因就在于这种植物尤其耐寒耐热，且耐涝耐旱，生命力极其旺盛，它的叶子会随着气候的变化而发生变化，水患之时，巴根草的叶子会变得更长更大，从而起到防护的作用；干旱之时，它的叶子则变得更小更少，从而减少自身水分的消耗。

2. 其他草类

总的来说，草类对于堤身都能起到一定的防护作用，因此不能为了"以清眉目"而将草类悉数割去。对于里坡的草，应留根二三寸，不能连根拔去；对于堤外的草则更应保护，以其抵御风浪。另外还有一种柴草，多漂于江中，《荆州万城堤志·防护·守汛》提到："每遇盛涨，沿堤漂有柴草，谓之浪渣，颇足御浪，应禁居民不得捞取。"③ 这一定程度上也体现了物尽其用的态度。

3. 草坝的修筑

草坝，顾名思义便是用柴草筑成的堤坝。显然，这里所说的用柴草筑堤，并不是简单地只用草这一种材料筑堤，草坝通常是和土一起修筑。可用的草包括多种草料，如芦苇、秸秆、柴等。沈梦兰《五省沟洫图说》载："大堤支垸溃缺各口，宜用埽料镶修，以资巩固也。查选料之法，芦苇、苘秸均以长为上。仿照南河草坝：以梢向外。铺一层料，筑一层土，陂陀而上，以至堤顶。夯硪一切，仍须如法。"④ 这段话详细地介绍了草坝的修筑程序。

### （六）防护林、芦苇、茭草

（1）防护林。防护林作为堤防的重要组成部分，是必不可少的。几乎所有的堤坝都需要种植防浪护堤林，并定期修剪管理，以保证树木的正常生长。正因如此，一般防护林绝对禁止人为砍伐。北宋诗人张景曾写到，"两岸绿杨遮虎渡，一湾

① ［清］吕缙云，罗有文，朱美燮，等. 松滋县志（同治）·水利志［M］. 南京：江苏古籍出版社，2001：429.

② ［清］俞昌烈，［清］胡祖翮，［清］王概. 楚北水利堤防纪要·创筑新堤［M］. 张志云，毛振培，校. 武汉：湖北人民出版社，1999：131.

③ ［清］倪文蔚. 荆州万城堤志·守汛［M］. 毛振培，栾临滨，李锋，校. 武汉：湖北教育出版社，2002：153.

④ ［清］沈梦兰. 五省沟洫图说［M］. 北京：农业出版社，1963：63.

芳草护龙洲”；《江陵堤防志》载：“从1953年冬开始，在荆江大堤栽植防护林。”①由此可见，防护林存在了近千年。最初，主要在荆江大堤外种植柳树用以护堤，刘天和在其《植柳六法》中对杨柳的评价极高，认为只要种植杨柳护堤，即使有风浪冲击也可以保证堤坝无损。后来人们发现，虽然柳树有很好的护堤作用，但是杨柳容易腐烂、干枯，并不适合长久抵御风浪。《荆州万城堤志》记载：“子知柳之护堤，未知柳之害堤也。夫木有坚多心，有坚多节，柳则不然，枝条方盛，而心朽根空，甚有干枯过半，枝叶犹婀娜如故者，倘不悉伐则罅隙从生，贻害匪浅。”因此，那些已经朽烂渗漏的柳树应及早伐尽，不应留下，认为继续以之防御风浪，会贻害无穷。后来多采用杨树代替。

（2）芦苇。清代后期，栽种芦苇成为一种常见的护堤手段，原因在于，芦苇为水生植物，且具有很强的繁殖能力，经常成片出现，覆盖面广，能够防御风浪，保护堤身。“乾隆年间，黄前县督民栽芦，保固数十年。后因细民牟利，渐次开垦，无复存者，以致浪啮堤身，叠遭溃决。”②这足以说明栽种芦苇的重要性。

（3）茭草。茭草是一种具有较大经济价值的植物，很多民众以茭草为经济收入来源。茭草主要生长在湖中，与芦苇相像，但也有差别。芦苇多生长在灌溉沟渠或是堤外沼泽地内，茭草则生长在地势低洼的湖中。《荆州万城堤志·防护》中有载：“兹查水洼之处栽杨种苇均不相宜，惟茭草一物随水长落，滋蔓丛生，足以御浪；且根苗可当蔬菜，结实名为菰米，细粒黑色，质粘，味淡而香。”③据此可知，茭草具有两种功能，一为护堤保民；一为提供食品，产生经济效益。因此对于民众来说，种植茭草有益无害。

## 三、大堤护岸用料的演变

### （一）从土到石

1. 土牛

以土护堤一直都是堤防的优先之选，根据上文对土的具体介绍可以了解到，

① 《江陵堤防志》编写组．江陵堤防志［G］．1984：67.

② ［清］倪文蔚．荆州万城堤志·备患［M］．毛振培，栾临滨，李锋，校．武汉：湖北教育出版社，2002：141-145.

③ ［清］倪文蔚．荆州万城堤志·备患［M］．毛振培，栾临滨，李锋，校．武汉：湖北教育出版社，2002：150.

土的优势在于获取容易，运输方便。因此，我们常常可以看到在已筑好的堤坝上放置一堆土料，这就是常说的“土牛”。所谓“土牛”，就是堆在堤坝上准备抢修用的土堆，因其远看像牛而得名。《黄河河防词典》解释为：“为准备平时堤防维修养护，汛期抢险急需，预先在堤顶靠背河堤肩、堤坡存储一部分土料。因牛的‘五行’属土，故名。”每年汛期至时，路面多积水泥泞，难以临时寻找土源并运输至堤坝，此前所准备的土牛便对荆江的防洪发挥了重要作用。关于清代堆积土牛的做法，《荆州万城堤志》记载道：“汛涨猝至，临时无土，每致束手。该县某处工所现有土牛几垛，应量明高宽、丈尺，逐一开拆禀明。其有残缺者即须添补，若无则须挑土积起，即以所雇人役为之。每一土牛高约四尺，长二丈，顶宽二尺，底宽一丈。每日一夫，应挑土几担，一夫可积一土牛，按夫按日核定挑积，报候点验。其无土之处挑堆瓦灼亦属可用。”[①]从中不难看出，清代对土牛有两个要求：其一，残缺土牛务必及时添补；其二，严格遵循土牛高宽大小的规定。清代对土牛的重视程度由此可见一斑。除此之外，“其无土之处挑堆瓦灼亦属可用”更能体现当时堤防护岸的一个趋向，表明当时护堤用料已经不限于土，还有其他物料用以防洪护堤。物料之中最为重要的当数石块，俗话说“土工保固一年，石工保固三年”。

2. 抛石护岸

光绪二年（1876 年），李鸿章描述了当时针对荆州水患采取的治理措施：“我朝乾隆戊申之役，特出重臣，蠲巨帑，增筑石矶。厥后累岁重修，水患亦以稍弭。”[②]由此可见，虽然统治者下派大量官员、银两修筑石矶，仍需累年重修。那么究竟什么导致修筑的堤坝总是容易溃决呢？原因就在于，荆江上的堤坝多濒临大江，江水逐年暴涨，而堤坝正居风浪迎头冲击之处，长时间下来，堤身遭到严重破坏，形成浪坎，轻则危及堤身稳固，重则决口成灾。洪灾严重时，堤上所备土牛虽能解一时燃眉之急，但是难以力挽狂澜，这也是改土用石的原因之一。于是，抛石护岸的做法开始出现。据《荆州万城堤志・岁修・石工》记载：“徐州城外黄河逼近城垣，向于堤外建有石工以为捍卫，迨后年深日久，石下底桩不无朽坏，黄流大溜冲刷，恐有塌卸之虞，是以自乾隆年间即酌于石工之外抛填碎石，卫护根脚，其顶冲迎溜之处并抛砌碎石，挑坝挑溜开行，石工籍资稳固，郡城恃以无虞。”[③]

① ［清］倪文蔚．荆州万城堤志・守汛［M］．毛振培，栾临滨，李锋，校．武汉：湖北教育出版社，2002：151．

② ［清］倪文蔚．荆州万城堤志［M］．毛振培，栾临滨，李锋，校．武汉：湖北教育出版社，2002：1．

③ ［清］倪文蔚．荆州万城堤志・石工［M］．毛振培，栾临滨，李锋，校．武汉：湖北教育出版社，200：127．

可见，乾隆年间通过抛石来减少堤坝所受风浪侵蚀的影响，延长了堤坝的使用年限，这在当时的历史条件下，具有进步意义。值得注意的是，抛石的位置也有严格要求，所抛碎石必须向堤里侧抛入，不能随意乱抛入江中，只有这样才能起到防护作用。从只依赖于筑建石工，到利用碎石保护堤岸，表明堤防思想逐渐开始多样化。抛石护岸在《荆州万城堤志·建置·附铁牛》中也有记载，在今江陵县郝穴镇的荆江大堤上有个郝穴镇矶，因其堤旁有尊铁牛，也称铁牛矶。此矶于咸丰年间因战乱停工，后人修筑。“上湾砌碎石，迎面嵌版石抛石护脚，加撑内帮”[①]，以此减少洪水对石矶的冲击。

### （二）从石到砖

同治年间，万城堤观音寺率先采用砖法护岸，因行之有效，其他各府遂均采用此法。之所以改石用砖，原因之一是砖法比之石法更有效。对此，《荆州万城堤志·岁修·石工》记载如下。

> 护堤率用秸埽，然埽能激水啮堤，又易朽坏。若碎石，惟巩县济源有之，采运维难。砖则沿河州县民窑终岁烧造，随地取用，不误事机。且砖及碎石皆以方计，而石嵌空砖平直。石每方重五六千斤，砖只重三分之一，以一方石价可购砖两方，而抛砖一方又可当石两方。其质滞于石，故入水不移；坚于秸埽，故入水不腐。土不能于水中筑坝，砖坝则水中可抛，即荡成坦坡，亦能化险为平。[②]

通过对比土、石、砖三种材料，我们可以从中提取改石用砖的三个原因：其一，砖可随地取用，唾手可得；其二，砖价较石价低廉，作用却比石要好；其三，砖入水不移，也不会腐烂。另外，某些特殊的情形使得某些地区不得不采取砖坡法，例如荆江大堤抛砌的碎石多采自宜昌平善坝，至光绪年间沿江的石块已近开采殆尽，用来护堤的碎石不过是沿江所剩无几的零散石头，其功用大不如前，但价格并没有任何降低。

### （三）水泥的使用

工业革命以后，水泥、钢铁等新型材料广泛应用于建筑、交通等领域，其中也包括堤防，彻底改变了老式的堤防面貌，堤防的革命也因此向前迈进了一大步。然而，虽然水泥的出现大大提高了堤坝的抗洪能力，但是土、石、砖并未退出堤

---

① ［清］倪文蔚．荆州万城堤志·建置［M］．毛振培，栾临滨，李锋，校．武汉：湖北教育出版社，2002：89．

② ［清］倪文蔚．荆州万城堤志·石工［M］．毛振培，栾临滨，李锋，校．武汉：湖北教育出版社，2002：133．

防舞台，和水泥一样，仍旧得到广泛使用，且土石一直占据主流地位，从未消失。

**（四）大堤堵漏之法**

古语说："千丈之堤，以蝼蚁之穴溃；百尺之室，以突隙之烟焚。"事实上，造成堤坝溃决的原因有很多，如用料不当、堤坝质量不过关、堤身有缝隙等，其中堤坝自身存在隐患是最根本原因。要保证堤坝正常的抗洪功能，最基本的便是排除蚁穴、獾洞这些堤坝自身的隐患。《楚北水利堤防纪要》曰："大堤走漏为至险至急之事，古人云：蚁穴、泛灶盖不急救，则害不测矣。猝然遇之，虽智勇者不能不惊心动魄，然必静以镇之，察其形势，施工抢救，庶不致气沮神消，手忙脚乱。"从这段记载中我们可以看出，当时的人们已经开始关注蚁穴溃堤的问题并思考应对方法。

（1）注意獾洞。獾有狗獾、猪獾等，獾造成的漏洞一般都比较大，所以捕獾也有一定的困难。在这样的需求下，一群以捕獾为业的人产生了。至于他们采取的方法，《楚北水利堤防纪要》中描述道："捕法不一，有用烟熏，有用网兜，有用绳套，其猎犬一项在取必需，有人专营此业者，令其搜捕，得其一赏钱若干。必验洞穴，须刨挖到底，夯杵填实，饱锥为度。再，獾之巢穴总在沙土堤，穿洞者居多，因沙土细而实在，即悬空不致塌下故也；其淤土粗而不胶，若悬空易于塌卸，不可不察。"[①]这段文献中提到了多种方法，从根本上来说，要实施这些方法并取得效果，须先了解獾的活动情况，然后根据具体的情况采取具体的应对方式。那么如何对獾造成的隐患进行相应的处理呢？根据目前的文献资料来看，主要有开挖翻筑法和压力灌浆法两种。

（2）关注蚁穴。蚁穴，顾名思义就是蚂蚁在堤身内所筑的巢穴。由于蚂蚁繁殖能力强，体量又小，所筑蚁穴四通八达，因此很难寻找。针对蚁穴，一般采取开挖翻筑法，此法根据白蚁的生活习性设计，在此基础上跟踪蚂蚁的路线，顺藤摸瓜找到蚁王，挖尽蚁巢，再进行翻筑。据《荆州万城堤续志》记载："挖毕用三合土坚筑，惜不能透堤身搜除净尽，然较之由堤内漏眼挖筑为功实多矣。"[②]用三合土坚筑，具体操作中定然离不开筑堤所需的硪工，层土层硪才能保证堤身如常。至于压力灌浆法，主要分打锥和灌浆，因此也叫锥探灌浆法，即先利用锥杆等工具对坝体中有漏洞的地方进行打锥，后进行灌浆。据《江陵堤防志》记载："通过压力灌浆机的作用，把泥浆由蚁路口灌入蚁巢，填塞空洞，消灭白蚁，这是我

① ［清］俞昌烈，［清］胡祖翮，［清］王概．楚北水利堤防纪要·捕獾说［M］．张志云，毛振培，校．武汉：湖北人民出版社，1999：129-130．

② ［清］倪文蔚．荆州万城堤续志·守汛［M］．毛振培，栾临滨，李锋，校．武汉：湖北教育出版社，2002：435．

们历来使用的主要方法之一。”[①]压力灌浆法省略了开挖蚁巢这一步，相比开挖翻筑法，能更好地保护堤坝原来的结构，在处理堤坝隐患方面更进了一步。当然，这必须建立在一定的科技基础之上。

### （五）修筑堤防十要

清代的《续行水金鉴·修筑堤防考》总结了修筑提防的十个要点。

> 一曰审水势。东洗者必西淤，下涩者必上涌，筑堤者审其势而为之址。最难御者，莫如直冲之势。议者退为曲防，故荆州虎渡穴口之堤，先年愈退愈决，而后直逼江口，以遏水冲，乃得无恙。他如顺注之倾涯，则堤势宜迂；急湍之回沙，则堤势宜峻。二曰察土宜。一遇缺口，必掘浮沙，见根土，乃筑堤基；其所加挽者，必用黄白壤。三曰挽月堤。洗在东崖，则沙回而西淤；在南胜，则波旋而北塞。故往往古堤反抱江流者，为水所啮，即临仰涯之上，势甚孤悬，必先勘要害之地，而豫筑重护之堤。四曰塞穴隙。獾属蝼蚁巢穴，秋冬水涸，遍察孔端，极探其原，而为之防。五曰坚杵筑。木杵不如石楞，石楞不如牛铄。六曰卷土埽。塞决口护城堤之法，埽以萑苇为衣，以杨柳枝为筋，以黄壤为心，以谷草为绋缅，因决口之浅深，水势之缓急，而为长短大小者也。若堤防初成，土尚未实，必以杨柳枝为埽，横栖于堤外，则可以御波涛，而堤无恙。七曰植杨柳。八曰培草鳞。九曰用石甃。当冲决之要处，若非石堤，必不能回水怒而障狂澜。十曰立排桩。将大木长丈余，密排植于堤之左右，联以绋缅，结以竹苇，则风浪先及排桩，而堤可恃以不伤也。[②]

《修筑堤防考》对用料及其用法都作了专业的解释。这些经验都是人们在漫长的治水实践中总结归纳出来的，值得后人借鉴采纳。

## 四、三峡古堰坝用料

### （一）凿石安澜

“凿石安澜”的理念最早是在大禹治水时期提出的，同时被记录于黄陵庙中。凿石安澜，顾名思义即凿开山石或滩体等阻碍物，以引导水流并稳定洪水的流态。

① 《江陵堤防志》编写组．江陵堤防志［G］．1984：67．

② ［清］黎世序，［清］俞正燮．续行水金鉴·江水［M］．台北：台湾商务印书馆，1968：3652．

历史上凿石安澜的著名事例要数大禹治水。禹的父亲鲧也是一位治水专家，但由于先秦时代落后思想的限制，水来土挡就成了他一贯的治水方式，据《山海经·海内经》记载："洪水滔天，鲧窃帝之息壤以堙洪水，不待帝命。"[①]鲧为征服洪水，私自盗用黄帝的息壤用于堵水，结果屡遭冲决，接连失败。息壤包括息土、息石之类的沙石土填充物，准确来说，息壤也指土地上为耕种粮食翻松好的土，正因鲧使用息壤，破坏了农田，不仅未能阻挡洪水，反而使洪水淹没良田，人们损失惨重。禹则不同于其父鲧，他采用了截然相反的以疏导为主的治水思路。《川江航道整治史》有载："（禹治四川岷江）在岷江西北的铁豹岭凿山开河，疏导岷江及其部分支流。……禹的治水原则，主要以疏导为主，即所谓'高高下下，疏川导滞'，然后'合通四海'，除去水道中的障碍，增加泄水去路。"[②]禹这种反其道而行之的治水策略，给以后的治水提供了一种新方法，也让后世明白，洪水的产生有许多影响因素，其中水量暴涨只是最为普通的原因之一，还包括河道堵塞、泥沙淤积导致的河床抬高等重要原因。对此，《再续行水金鉴·长江卷》记载如下。

> 虎渡口门太宽，不能束水，支河腹小，不能敌冲，故不免旁溢。既如此故，只应由虎渡口以及水所经过之处，所有积沙阻浅者，设法疏浚。如禹王疏瀹决排，去其壅塞，以畅江之别流，直趋洞庭，于以副疏治之名。何得弃垸堤溃口不治，撤民保障，俾亿万生灵，尽沉波底，不复共享太平之乐耶。[③]

上游虎渡口过大，无法约束水流，而支流河道狭窄且有淤塞，导致河水四溢。禹疏浚河道，凿石去沙，使得江流顺利入洞庭，不至于"弃垸堤溃口不治"，涂炭生灵。因此治理水患，不仅要因地制宜，还须因时制宜，针对不同的水患成因采取正确的解决方式。蜀国开明帝开凿玉垒山分流岷江水入川江的传说也是凿石安澜的典型事例。据《水经注》记载："开明凿通灌县东南的玉垒山，分岷江之水东注沱江，导之东流而出金堂峡口，使之南下江阳流入川江，免除水患。"[④]开明帝借鉴大禹凿山疏导岷江之法，分散水流，减少河道流量，避免了因水量过大引发的洪水灾害。

虽然鲧以土治水、禹疏导岷江以及开明帝开凿玉垒山都是中国神话传说，但

---

① 袁珂，周明．中国神话资料萃编［M］．成都：四川省社会科学院出版社，1985：239．

② 朱茂林．川江航道整治史［M］．北京：中国文史出版社，1993：12．

③ 中国水利水电科学研究院水利史研究室．再续行水利金鉴·长江卷［M］．武汉：湖北人民出版社，2004：331．

④ 朱茂林．川江航道整治史［M］．北京：中国文史出版社，1993：12．

其治水方法定然是现实生活中治水经验的反映，代表了中国古代劳动人民治理水患的智慧。进入 21 世纪，科技飞速发展，土、石等用料仍然是堤防建设的主体，绝大多数堤坝依然用石砌坝，中间夯土，或以石包岸，保护堤身。凿石安澜只是众多治水之法之一，所凿之石很多都用于下游防洪坝的建设。治理水患，不光要采用凿石的疏通方式，还应根据水流的具体情况适当地对水流进行堵截，这就涉及防洪坝的修建。

### （二）川江石坝

川江石坝是明代治理川江最为重要的堤防建设，据文献记载，明代的川江石坝位于三峡流域内，其防洪作用在一定程度上与三峡大坝相似，因此，川江石坝也被称为“明代的三峡大坝”。从先秦开始，川江就开始兴修水利，到明代嘉靖年间终于取得了重大突破。嘉靖三十九年（1560 年），长江突发洪水，殃及百姓，湖广巡抚陈瑞带领民众参与治水，最初毫无头绪，后来突现灵感，以垒筑石坝之法顺利解决水患问题。有传说陈瑞是得到了三峡黄陵神的启发。一夜，黄陵神入陈瑞梦中，第二天陈瑞便乘船考察三峡，发现沿江多石块，并且江中有一块巨大的石梁，同时对峡江地区奔流的急湍感受极深，这才幡然领悟到黄陵神的启示。据《三峡通志》记载：“夫治水之策二，在杀其源，疏其委。今源委既远，难于为力。若于上流少加阻遏，以缓水势，使下流以渐而通，是亦治水之一策也。况岸有积石及天生石梁，因以垒石坝数十座，或者可挽狂澜万一。”[①]“源委”有源头和河口之意，陈瑞认为，此处之所以急流涌动，是自然坡降过大所致，治水重点在于削弱上游来水量，疏通下游水流。但由于“源委”相距甚远，因此须在上游设置建筑物以削弱水的流势，使下游有时间排水，加之江岸两边有积石和自然而成的石梁，可以垒筑数十座石坝，结合这两种方法，或许可以减缓水流。同时，此法就地取材，既省去了大笔治水费用，又可达到一定的治水效果。当然，就地取材以筑坝也有要求，所筑坝体的先后顺序须根据石料位置选择，若是石料在迎水坡一侧，则应从背水一面开始砌坝；若是石料来自背水坡一侧，则应于迎水坡先行筑坝，这样所筑的坝体才不至于在施工一开始就受水流冲击，从而延长整个坝体建成后的使用寿命。除此之外，坝体的石块之间必须契合，避免水流经缝隙流出，最后冲垮整个坝体。筑坝后，江水遇到坝体就会受到阻碍，水势就能遭到削弱，不至于急速下泄，汹涌澎湃。据《川江石坝志》记载：“今岁自祷神垒坝之后，江水旋涨旋消，真为神异。且水流纡缓，堤岸不溢，穴口不穿，民得粒食。此十五六年来所未见者。引石坝，古人尝砌以防水，缘岁久湮没。今所立

① 黎小龙．三峡通志校注［M］．重庆：重庆出版社，2014：115.

坝处，多系故址，若和符节，费少功多。若由此而岁加修垒，诚足为千百年永利。”[①] 川江石坝建成以前古人就在三峡流域筑坝以防水，但大多因年久失修而废弃。

川江石坝有二十多座，筑坝材料虽可就地取材，但所需人力却是个难题，极少有人肯冒着生命危险参与筑坝，加之当地所筑堤防早已有之却屡筑屡溃，百姓的信心已被消耗殆尽。而在明代川江石坝建设过程中，沿江百姓都欣然参与石坝的修筑工作，并未有人工招募的困难，筑成的单个石坝跨度达33米，厚度约17米，高约5米，这在当时确实是一项需要耗费极大人力物力的工程。笔者猜想，正是陈瑞所做的有关黄陵神的梦，将整个川江石坝的修筑烙上了神的旨意，而在那个奉神为上的时代，民众对于神旨的信任程度远远超过对统治者或是官员的服从程度。或许，黄陵神的梦只是陈瑞为使沿江百姓都能参与石坝的修筑而编造出来的也未可知。

总结川江石坝在三峡防洪中的作用可知，川江石坝在洪水冲至坝前时起到缓冲作用，阻挡横流，为下游的两湖平原免除洪涝灾害起到了重要作用。川江石坝的修筑是中国水利史上的一个重要节点，它开启了大坝的一个新类型。

### （三）堵疏矛盾

长江的堵疏矛盾长期存在，鲧的时代人们只知堵而不知疏，到了禹的时代采用疏导的方法治理水患，终于取得成功。由此，堵和疏就成了水患治理过程中必然要考虑的关键问题。堵疏矛盾在很大程度上即指防洪与交通的矛盾，堵是为防洪，而疏是为交通。不论堵疏，都须遵循一定的自然条件和实际情况而行。堵实际上就是建坝等水工建筑物以阻挡洪水，如川江石坝；疏就是采用各种方式疏导水流或清理碍航物。

（1）以疏治水。水患治理过程中，疏主要指疏通航道，包括清除礁石、滩体以及河道中的泥沙、残渣等物。滩体阻碍航行是峡江流域一直存在的难题，由于川江流域地势险要，尤其是川江下游峡江流域悬崖峭壁林立，且雨季山体滑坡、泥石流事故频繁，因此川江地区多滩。自先秦开始，川江地区就对河道中的礁石滩体展开治理。最早可追溯至禹，到战国时期，李冰治理岷江时曾发明一种清理礁石的方法，即先以火烧礁石，后在礁石上浇冷水或醋，使其破碎。其中蕴含了热胀冷缩的物理知识，可见古人的智慧。《都江堰文献集成·历史文献卷》有载：“盖凿离堆者，禹也；而疏离堆者，冰也。凿之既久，安知其不复淤；于其淤而复疏之，上继续八年之劳，下开百代之利；虽谓冰与禹同功可也。奚必攘前圣之陈绩，而独专之与冰哉？”[②]“离堆”即指滩体，据文献可知禹和李冰都曾采用凿或疏的

① 尹玲玲．明清两湖平原的环境变迁与社会应对［M］．上海：上海人民出版社，2008：161.

② 冯广宏，袁苹．都江堰文献集成·历史文献卷［M］．成都：巴蜀书社，2007：671.

方式去除“离堆”，疏浚河道，然而禹凿石历史久远，所凿之处早已被土石淤积，李冰复又凿石治礁。由此看来，李冰和禹都为水利堤防事业作出了贡献，都江堰的修建不可归于一人之功。随后又有天启四年（1624 年）湖广治滩采用的新法，《川江航道整治史》云：“凿石空其腹，聚煤燃之，继浥以醯（醋），如此数次，大石以碎。”[①] 该方法较李冰治礁有了长足发展，人们开始懂得聚一点燃之的道理，使能量集中，礁石爆破更显效果，这也是中国钻孔爆破的开端，为礁石爆破技术的发展积累了经验。到了宋元时期，一种类似于打夯的礁石治理技术出现，即在礁石上放置铁杆挂上铁块，再用人力操纵铁块击打礁石使其破碎。但是此种方法并不多见，主要原因在于此法过于耗费人力，达到的效果却不如以上两种方法。光绪年间，火药逐渐应用于航道治理，对一些流域两侧突出的悬崖峭壁或河道中的礁石滩体，凿孔放入黑火药进行爆破，提高了航道整治效率，节约了时间和人力。近现代以来，随着科技的不断发展，礁石滩体处理方法也在不断进步，设备不断更新。20 世纪 50 年代以前，航道疏浚工作都由钢耙船进行，而钢耙船基本都靠人力操作，效率低下。在木船时代，常有船民为暗礁滩体所困，因此自行凿石，导致石块四处散落，反而加剧了航道的恶化。20 世纪 50 年代以后，爆破范围逐渐从水上发展至水下，峡江中的暗礁米心石采用水下爆破技术，解决了江中乱石阻碍通航的问题。据《川江航道整治史》载，米心石爆破分为三个阶段：“第一期，建乌石与连花碛间堵口坝，截断横流，改善流态。第二期，炸滚子角。第三期，如前期效果不大，作挡流屏安在船上，浮置米心石上游挡流，以便在米心石上进行钻孔爆破或潜水作业。”[②] 其中挡流屏的作用在于为下游礁石爆破减少水流的冲击，以便更好地爆破。水下爆破以钻孔爆破为主，其优点在于可以更均匀地爆破礁石，提高爆破效率。在进行爆破作业的同时还须配合清渣作业，将爆破的石块抛掷到深水区域，避免影响船只航行。

（2）堵疏结合。简单来说，堵疏结合就是综合运用以筑坝等阻挡水流的方式和治理阻碍航行的滩体等方式来改善流态，保证船只航行安全。改善航道，除了疏浚河道、清理碍航物外，还须修筑堤防，使洪水在来临之际不至于泛滥，造成严重的损失。因此，在改善航道方面，不可只疏不堵，要堵疏结合，做到浚深河道与筑高堤防同时进行。最简单的堵疏结合方式是，在洪水泛滥、难以行船的区域筑坝，阻挡部分水流，减杀水势，同时将下游水上水下的礁石、滩体凿去或予以爆破，使下行船只得以顺利通行。另有针对山体滑落大量石块堵塞河道引发洪水的堵口开渠法，宜昌上游的下马滩就是采用此法。下马滩所在区域，船只无

① 朱茂林. 川江航道整治史［M］. 北京：中国文史出版社，1993：17.
② 朱茂林. 川江航道整治史［M］. 北京：中国文史出版社，1993：110.

法在夜间航行，严重影响船只通航效率，四次治理后仍未解决，于是采用堵口开渠法。据《川江航道整治史》载："堵口坝型式为混凝土拱坝，坝长60米，顶宽2米，高14米，背水坡作为阶梯形，坝基因系V形河谷，两侧为坚硬岩石，谷底为大块石夹沙，结构精密，坝的两端固定在基岩内，连接为一稳固整体。"[①]下马滩坝体用料为混凝土，而不是传统的石坝或土坝，工程用料方面有了进步。坝两侧谷底以块石夹沙，起到了挡水作用，同时防止水流渗漏，改善下游石块淤积情况，虽未消灭滩体，但滩势不再恶化。在建筑堵口坝后，施工人员采用人工爆破方式，开挖一条人工导流渠，将水流由原先被堵塞的槽口引入新渠中，为船只航行提供新线路。综合前例，不论治理何种河道，都必须根据河道的实际情况，采取相应的治理措施。堵疏结合的流域，应以筑坝为主，疏浚河道为辅。

### （四）石坝用石

航道采取堵疏结合的防洪方式时，要注意施工时期，避免在涨水季施工，尽量于枯水季开始，在涨水季来临前完工。防洪建筑物一般为丁坝等可收束河流、提高水流流速、冲击下游泥沙的坝体，还有引导水流流向的顺坝等。例如重庆上游的筲箕背就采用修筑顺坝的方式，顺坝坝心为红块石，表面护坝则用青块石与条石。又如川江东阳滩溪口拦石坝，"其坝心为块石堆筑，表层用条石包砌，糯米石灰浆粘结"[②]。糯米石灰浆常用于垒筑城墙时块石之间的粘连，有着极强的黏合性，为拦石坝阻挡块石下落起到极其重要的作用。以石砌坝的传统古已有之，到21世纪，峡江地区的石坝不论筑坝方式、石坝类型还是筑坝工具，都随着时代的发展而不断进步。在其发展过程中，除了当时主要的运输工具即木船在其中担任重要角色外，石料的来源也对石坝产生重要影响，同时还处处受峡江地区黄陵神的影响。川江石坝被称作"明代的三峡工程"，是首个在三峡地区成功建坝的工程，现在的葛洲坝与三峡大坝背后都有川江石坝的影子，不同的是葛洲坝和三峡大坝工程在用料和设备上都较川江石坝有了极大改进。

## 五、葛洲坝工程用料

众所周知，长江干流最早建设的两座大坝，一为葛洲坝，二为三峡大坝。这

① 朱茂林．川江航道整治史［M］．北京：中国文史出版社，1993：158.
② 朱茂林．川江航道整治史［M］．北京：中国文史出版社，1993：40.

两座大坝未建前遭到世界上几乎所有水利学者的轻视，建成后却令世界讶然。其中葛洲坝水利枢纽虽然并没有三峡工程的规模和科技水平，但是它作为三峡大坝建坝前的试验坝，其历史意义和地位是任何堤坝无法比拟的，因此葛洲坝被盛誉为“万里长江第一坝”。长江水深、流急，葛洲坝选址位于南津关下游2.8千米处，在此建坝并非易事。围堰属于临时性挡水建筑物，是由土和石混合而成的土石坝，在此围堰建坝，并以西坝岛为界，便可在不妨碍长江行水及航运通航的前提下顺利建坝。围堰是中国古代治水筑坝的挡水建筑物，并非近现代堤防建设的产物，古代围堰采用的土和石等原料，葛洲坝工程和三峡工程围堰同样采用了。葛洲坝工程首先于二江、三江围堰，围堰的同时，将长江水流导向大江通过，如此也不妨碍长江通航。为了减轻大江压力，将二江上的葛洲坝江心洲挖去，扩大了大江水流通过的面积。

葛洲坝工程施工初期，中国的技术化水平和机械化水平还处于初级阶段，因此，当时的土石等工程用料大多由人肩挑手提，少数工程用料由卡车等装运，因此经常动员成千上万普通民众参与堤坝建设。笔者于2018年4月29日考察西坝时问及一位年约五十的葛洲坝建设者，其时他负责的是船闸建设，据他所说，当时为号召全员参与建设，政府以“为共产主义事业而奋斗”为口号动员了大量群众参与建设工作，大家都以高度的热情建设葛洲坝，甚至不少人都是义务劳动，自带干粮。下面主要以1982年大江工程围堰为例，简述围堰修筑的过程及工作内容。

大江围堰分为上游围堰和下游围堰，上游围堰全长800多米，整个堰体下宽上窄，底部堰宽比堰顶宽了10倍之多。选择围堰布置点时，着重考虑了地形条件，以减小围堰填筑所需土方量以及围堰高度。由于上游水深流急，因此，堰体填筑也分为水下抛填与水上填筑两部分。围堰底座主要为混凝土，水下20米抛填的主要为砂砾石、砂卵石与块石，上游坡脚使用大块石护坡并主要采用菱形块石，以提高表面粗糙程度，起到更好的保护作用。堰体水上填筑部分最高有50米，主要用砂砾石和土等混合，夯筑严实，每铺一层土石料就进行夯筑，以保证堰体牢固。为使堰体在汛期时不被水流淹没，施工人员必须赶在汛期到来之前截流，之后将围堰建至高于汛期最高水位方可。

长江水深流急且流量大，大江截流是保证大江工程施工的关键，同时也是保证二江、三江工程正常运行的关键。若是失败或在截流过程中出现失误，将会造成重大的经济损失。因此，葛洲坝工程截流时曾设计过多种方案，截流施工中，戗堤是极其重要的一环。“戗”有支撑之意，所谓“戗堤”即指向水流中抛投块石或混凝土块等横向进占河流。进占可分为单向进占和双向进占，因此戗堤也分为单戗立堵截流、双戗立堵截流和多戗立堵截流。立堵截流是我国一直以来采用的截流方式，葛洲坝围堰上游采取单戗立堵，从一面进占；下游采取双戗立堵，从左右岸同时进占，直至形成龙口。大江围堰用料多用含泥量小的中小块石，块石大多来自二江、三江围堰拆除后的物料。另外，为保证大江截流顺利，进行了多次岩石爆破，同时获取了石料。大江截流用料为混凝土四面体（形似锥形体）以及钢架石。由于截流龙口流速快、流量大，石笼由民船、侧抛船、汽车等组成并抛入河流保护堰体底部，以抵挡水势。混凝土四面体体积大、重量大，每个面为三角形，整体也为三角形结构，故稳定性较强，棱角突出，入水后不易被水冲走。不过，遇到像长江这样大流量的水流，单个四面体本身的重量并不足以抵挡水流，因此葛洲坝技术人员经过讨论研究，提出了将三到四个四面体结成葡萄串一齐抛入龙口。到 1981 年葛洲坝大江围堰成功，龙口截流总计抛投约 25 吨混凝土四面体和 38 吨钢架石笼。

葛洲坝采用新物料、新方法抛填。施工过程中，钢架石笼和混凝土四面体都作为现代截流物料进行抛填，截流抛投的石料全部落在龙口，以抵挡凶猛的水流。钢架石笼是对传统竹笼卵石的改进和完善，解决了竹笼卵石法易腐易坏的缺陷。至于混凝土四面体，则在普通块石的基础上，设计三角结构并改用混凝土，保证了稳定性，同时减少了块石消耗和对自然的破坏。

整个葛洲坝工程中，混凝土作为围堰防渗墙的填充材料以及所有水工建筑物的基本支撑材料，因其抗渗性和耐久性而得到广泛应用。因此，混凝土的搅拌和冷却也是葛洲坝建设的重要环节，当时在西坝岛上，设有独立的拌合楼用于混凝土的搅拌和冷却。混凝土由砂石、水泥等材料和水拌和而成，砂石骨料的来源、拌和料的比例及温度等都有严格的要求。在工程建设初期，葛洲坝技术人员曾轻视混凝土拌和要求和温度控制而导致混凝土裂缝增多、极易崩溃等问题。经过长时间的改进实验，混凝土达到了科学的温度及合理的比例，增大了混凝土的密度，增加了混凝土的强度。大江工程建设期间，有关混凝土的许多新技术都得到了开发利用，例如混凝土制冷 7℃工程顺利建成投产、碾压混凝土首次使用，从而在科学技术上保证了混凝土的使用质量。至于砂石骨料，主要来自山体碎石块石，还有很大一部分就地取材，来自江中采砂。当然，砂石骨料的选择，例如粗骨料和细骨料，也是混凝土拌和工作的重点。

1986 年 5 月，大江工程宣告完成，大江围堰需要拆除放水，为防止直接拆除围堰后水量过大，对新筑水工建筑物造成冲击，技术人员采取了虹吸管吸水的方法，将江水先通过虹吸管引入围堰内，以此减轻江水的冲击力度。最后爆破堰体，即先于堰体内钻炮眼，装入炸药，确认安全后爆破。二江、三江围堰都以同样方法进行拆除，拆除后的余料可用于大江围堰的建造或其他用途。

截流的成功，离不开全体施工人员夜以继日的辛苦劳动。葛洲坝工程建设过程中有这样一句赞扬工人的话：“想革命，怕拼命；要大干，怕困难——这是懒汉懦夫，当不了水电工人。”他们是真正的“长江之子”。

## 六、防护堤和防洪墙

### （一）防护堤的定义和位置

从水利工程的角度定义，防护堤也叫防洪堤，通常指由石堤、土堤或土石混合构成，堤体呈斜坡上升且较厚的堤坝。防洪堤按其功能可分为缕堤、遥堤和格堤等。缕堤位于堤防的前沿，用以约束水流，由于堤身低薄，所以仅能防御一般洪水，遇到特大洪水时，水流就会漫过缕堤。遥堤也叫干堤，是在洪水漫溢缕堤后阻击水流的第二道防线。格堤位于遥堤与缕堤之间，它将保护区划分为格状，如此洪水冲毁缕堤后淹没的只是一格区域。古代官修的多为堤，而民间由于资金不足，为了防止洪水漫溢遥堤，人们往往在遥堤的堤顶位置加修小堤，民间称为子埝，也称民埝。宋代滕子京曾筑偃虹堤，欧阳修为其写了《偃虹堤记》，主要记叙了作者对修建此堤之人——滕太守功德的赞颂，同时告诫后人要妥善保护此堤。偃虹堤对于当时岳阳的防洪作用不可谓不大，不过百步远的堤坝却可以抵挡得住肆虐的洪水。同时，此堤也为岳阳人的生活、商业提供了便利，便于船舶躲避风浪。由于岳阳地处荆州、湘潭、贵州、四川要冲，在未有偃虹堤前，前来办公或交易的船只只能于南津辗转，给过往人员带来极大不便，自从修建偃虹堤后，不仅便利多了，且安全度也得到了提高，这全都得益于滕太守。遗憾的是，2017年黄权生等人考察岳阳时发现，偃虹堤早已失去了原来的模样。可见，滕太守之后的人们并未像他那样用心，以至废弃了这惠及岳阳百姓的湖堤。除了偃虹堤，岳阳许多堤坝的岁修任务都随着洞庭湖的缩小、湖区水位的上涨而逐年加重，只得不断加高加固堤坝。然而，在未对湖区进行根本治理之前，一切防洪措施都不过是权宜之计。

防护堤位置的选择极其重要，选择一旦有误，就会影响到方方面面。首先，必须让防洪堤真正起到防洪的作用；其次，其修建不能对附近交通、民房、农田等人民的利益造成影响。因此，防洪堤的位置选择应遵循以下几点原则：①地形应较高，因为防洪堤的主要目的是防洪，这就要求堤体一定要有足以抵挡洪水的高度，选择离河岸近且地形高的位置可以有效减少防洪堤的耗材和人力；②防护堤的线路应尽量顺直，缩短长度，避免产生不必要的工程量；③防护堤应在土质坚实的岸边打地基，远离土质疏松、淤泥地带，堤脚的稳固对堤坝起着至关重要的作用；④防护堤修建应尽量不占用农业用地和居民住宅；⑤应考虑因地制宜、就地取材的原则，将防护堤设置于有水流冲刷的河岸边，在尽可能减少工程所耗费用的同时又能充分保证质量。

### （二）防洪墙

修建防护堤是我国堤防建设的主流，是乡镇防洪的主要措施之一。然而，在城市中防洪，防护堤便有了诸多不利。由于防护堤体积大、占地广、工程量大，而城市寸土寸金，根本无法为防护堤提供大片土地。因此，采用防洪墙成为城市防洪的首选。体积小、占地面积小、抗冲击能力强是防洪墙相比防护堤所具有的优势。防洪墙主要使用混凝土或钢筋混凝土等建造，一般会在临江处修筑防护堤，在防护堤以上近城区或交通路段修建防洪墙，以减少土方量、占地和拆迁。

现代防洪墙相较于传统的防洪墙有了显著的进步，笔者于 2017 年 12 月在汉口进行考察时曾关注过汉口的防浪墙，其中最能引起笔者思考的是汉口防浪墙的闸口具体是如何在涨水期关闭的。当时在汉口江滩，我们有幸获得一位曾在当地从事水上运输工作的退休水手的帮助，在他的说明下我们了解到，至今汉口闸口仍然延续着老式的封闸方式。每个闸口两侧都有两条槽口用来插放闸条，大多为高三四米、长宽约十厘米的长方体钢筋混凝土条，每至汛期，防汛工作人员便用吊绳将闸条从防汛墙顶部沿槽口下放，每条槽口各放八九条闸条，堆至 1 米以上高度，其后在两边闸条内部堆满黄土并且用电动机械夯打严实，防止洪水渗透，最后在靠近洪水一侧堆满黄土和防洪沙包，形成一个坡度，这样可以有效地减少洪水对防洪墙体的冲击力。因此，物资对于抗洪来说是极其重要的武器，在距离江滩不远的防洪墙边上，尤其是闸口处都堆放着闸条、编织袋、黄土等防洪物资。整个汉口江滩有几十个闸口，如此多的闸口若是遇上汛期，封闸肯定要耗费大量的人力物力，难道没有更为简便的方式吗？2013 年，德国、奥地利开始使用一种铝合金及钢材质的防洪挡板，名为 *Spundwand*。这是一种装配式的防洪墙，每块钢板可移动、可拆卸，安装一块钢板只需 4 分钟。然而高昂的成本使得此类防洪墙无法大范围推广，只有一些人口密集的大城市才能配备。在汉口江滩粤汉码头闸口处就有一种类似的拼装式钢板防洪墙，是武汉市城市防洪勘测设计院设计的产品，大约 200 米长，近看可以明显看出是不锈钢材质，挡板为特殊材质的铝合金，这种材质可以承受长时间的浸泡和洪水冲击。与传统的填土筑堤不同的是，这种拼装式防洪墙在非汛期可以随时拆卸，节省了不少人力物力资源。

防洪墙并不是单纯地在洪水位以上建一排墙体，设计和实际实施过程中应注意一系列要点：①堤防标高设计应高于洪水水位，防浪墙每隔一段距离应设计接缝处；②由于温度变化，防洪墙会因热胀冷缩反应产生裂缝，因此接缝处应设计止水结构；③墙体底部应深入地下10厘米左右，保证地基结构稳固；④墙体以浆砌石或钢筋混凝土建造，靠近交通道路的墙体背水面应填土栽种植被，以加固墙体，保证城市美观；⑤汛期时，迎水面堆放沙袋等防水用料以保护墙体，相当于临时的防浪堤。

万里长江，险在荆江。有建坝于峡江之“提前调蓄法”，有堤防为命的“直接守堤法”，有中下游蓄洪分洪之辅助办法。无论何种办法，堤防为要、堤防为命的“直接守堤法”显然不能废弛。对于荆江而言，“治河比之治兵，守堤如守城也，防水如防寇也”[①]。要打赢守堤这场“战役”，大堤用料就是“粮草”。对此，《巴陵志·兵防论》有如下精彩描述。

> 自古谈兵，有战器，有战地，有战人。然器不得地，虽有器不能战也；地不得人，虽有地不能守也。……然则有器而不得其地，虽有器无益也；有地而不得其人，虽有地无益也。故得人为上，地次之，器次之。三者俱备，是为全局。[②]

对于荆江堤防而言，各种建堤和护堤的用料就是“器”的问题；荆江自古多水患，此“地”之问题；如何防洪护堤，则是“人”的问题。明代《五岳游草》指出：“楚在春秋为外夷，今声名文物，乃甲大江之北，然而洞庭、彭蠡、长江、巨汉非有加也，以昔若彼，岂天运地脉，亦待人事而齐哉！”[③]可见，三者之中最关键的还是人。当然，荆江防洪护堤是一个系统工程，对此《再续行水金鉴·长江卷》描述如下。

> 大江之中，以引坝克沙夺溜为主。南岸分泄、北岸作挑坝堤堰次之。裹河之水，以挑坝撑溜刷沙为主。而堤堰之用石、用草作斗门次之。至滚坝宣泄湖水，其宜于江汉之间，则一也。特是国家经费有常，安得事事糜之。臣惟有督率各该地方官，先事预图，力出于民，财筹于官，次第经营，以仰副圣主保祐（佑）斯民之至意。[④]

自建堤开始，荆江堤防便一直是荆江沿岸最重要的防洪措施，到了明清时期，

① ［清］倪文蔚．荆州万城堤志［M］．毛振培，栾临滨，李锋，校．武汉：湖北教育出版社，2002：135.

② ［清］陶澍，［清］万年淳．洞庭湖志·兵防［M］．长沙：岳麓书社，2003：97.

③ ［明］王士性．五岳游草·楚江识行［M］．周振鹤，校．北京：中华书局，2006：109.

④ 中国水利水电科学研究院水利史研究室．再续行水金鉴·长江卷·长江七·查勘江汉情形［M］．武汉：湖北人民出版社，2004：260.

更是成为荆江沿岸唯一的“救命稻草”。其实，堤防是治标不治本的措施。清代沈梦兰《五省沟洫图说·江堤埽工议》曰：“窃惟治水之道，必顺乎水之性。夫可蓄，可导，可行，可止，而不可矶者，水之性也。”[①]然而，在人们居于江汉平原后，围湖造田，塞长江宣泄之口，再好的措施都无济于事。清代同治年间著述的《长江图说》中，马征麟曾就综合整治长江水患提出如下见解。

> 一曰禁开山，清其源。二曰急疏瀹，以畅其流。三曰开穴口，以分其势。四曰议割弃，以宽其地。五曰修陂渠，以蓄其余。五者并举，大川易泄，小川有所蓄，废弃无多，所全甚众。此外无良策也。[②]

可见，治水需要多策并用。

根据上述分述，我们了解到荆江大堤具有以下几个特点。

（1）情况不同，选择的材料也不同。有些材料只适用于筑堤，而不适用于修堤；在修堤过程中，需要根据堤坝的浸漏、破坏情况选择相应的材料进行修补，等等。

（2）时间要求不同。每种材料都有时间上的要求，例如取用土时，取土时间便有严格的规定；人力方面也有时间要求，并不是所有工匠都是专门为筑堤或相关运输工作而生的，他们绝大部分都以农事为主，因此选择筑堤时间时须满足人力对时间的要求。

（3）材料运输方式不断演变。这一点要从历史的角度出发，研究不同历史阶段采取的运输方式。一般来说，最原始的运输方式是人工，既耗时又费力。随后慢慢演变出多种适应实际情况的运输方式，如山路崎岖时用独轮车，沿江则依靠船运，等等。

综上所述，通过初步探讨荆江和峡江以及汉口等地建设堤坝所用的各种用料，我们可以从中吸取诸多经验教训。目前荆江堤防洪涝形势虽然相比过去有所减轻，但是不能松懈。在三峡工程调蓄后，荆江防洪堤防仍然起着最后的保障作用。对历史上的堤防用料加以研究，有助于我们应用于实践。以史为鉴，任何防洪工程都不是万全之策，故顾祖禹总结道：“设险以得人为本，保险以智计为先。人胜险为上，险胜人为下。人与险均，才得中策。……自古用武之地，然必内以大江为控扼，外以淮甸为藩篱。夫大江以南，千里浩邈，决欲控扼，非战舰不可。……良畴百万，并力营田，措置军食，此又战守之先资也。”[③]

时至今日，荆江防洪仍当“措置军食”，平时护堤，不可不备，而“设险以

① ［清］沈梦兰．五省沟洫图说·江堤埽工议［M］．北京：农业出版社，1963：62．

② 中国水利水电科学研究院水利史研究室．再续行水金鉴·长江卷·长江附编七·长江图说［M］．武汉：湖北人民出版社，2004：987．

③ ［清］顾祖禹．读史方舆纪要·南直一［M］．贺次君，施和金，校．北京：中华书局，2005：918．

得人为本”，“人胜险为上”。长江水利建设须时时提防，年年检修，长江上游三峡工程调蓄，荆江分洪蓄洪工程随时预备蓄洪分洪，沿江各湖泊调蓄分洪，加之荆江大堤防洪，百年不遇或千年不遇洪水利用沿线分洪和蓄洪工程——这一切结合起来，方是保长江、荆江不失的万全之策。

# 第七章　三峡工程：中国坝梦

当今的中国，有一个伟大的“中国梦”——实现中华民族的伟大复兴；当今的“中国梦”，每一个人都参与其中。中国水能资源丰富，水资源的开发和利用为千百年来无数中国人所熟知；当今的中国有一个伟大的“中国梦”，而“中国梦”的实现必然离不开国之重器——水利水电工程建设。对于水利梦想而言，只有选择正确的路径，梦想才能慢慢变为现实。

## 一、梦之旗：梦想中的中国

古代有大禹治水、李冰主持兴办都江堰工程以及建塔镇蛟。直至近代，河湖沿岸水患灾害频繁，因此修建完善的水利设施仍是国人梦想的一部分。1933 年，《东方杂志》开展了一个主题为“梦想的中国”“梦想的个人生活”和“个人计划”的征文活动。当时各界人士积极参与，而知识界对梦想展开了空前广泛的讨论。20 世纪 90 年代，刘仰东将 30 年代知识界的梦想编辑成书——《梦想的中国》，该书大致分为三个部分：第一部分是知识分子对未来所梦想的中国的描绘；第二部分由国家过渡到个人，描述的是个人对未来生活的大致想象；第三部分为个人计划，是对未来新的一年的基本构想，即对 1934 年所做的个人计划。就《东方杂志》提出的梦想和计划，一共有 142 人参与讨论。虽然这些梦想不能完全代表当时所有中国人的梦想，但是确实代表了当时一大批知识分子的梦想。这些梦想涉及政治制度、国民经济、大众文化和教育事业等方面。例如郑振铎（燕京大学教授）所梦想的中国，“将是一个伟大快乐的国土……我们将建设了一个伟大的社会主义国家”[①]。20世纪30年代的知识分子处于水深火热的时代，在摆脱国家落后现状、实现富强之路的梦想中，有关水利建设的梦想早已有之。如在《梦想的中国》中，钱啸秋（法政学院教授）所梦想的中国，“约莫已过宜昌，那里有一个人口近30万的新工业中心。……登陆后，看见路旁的大围墙上写有‘新中华水电站世界第一’等字”[②]。

可见，当时的人认为水利建设是“中国梦”重要的一部分。虽然今天钱啸秋所梦想的中国早已实现，但是在当时的社会背景下实现这个梦想绝非易事。20世纪30年代的中国，面临民族存亡的大危机，因此修建水利工程是利民兴国、拯救民族危亡的重要途径之一。实际上除古人治水智慧和经验外，近代革命先驱孙中山最早就有一个水利之梦，他在于1919年撰写的《建国方略》中首次竖起开发长江、建设三峡工程以发电的大旗。孙中山有关水利水电的宏伟蓝图，与他希望利用科学技术发展中国实业的政策是契合的，例如他在《建国方略之二・实业计划》的《改良扬子江现存水路及运河・庚・长江上游》中论述道：“自宜昌而上，入峡行，约一百英里而达四川之低地，即地学家所谓红盆地也。此宜昌以上迄于江源一部分河流，两岸岩石束江，使窄且深，平均深有六寻，最深有至三十寻者。急流与滩石，沿流皆是。改良此上游一段，当以水闸堰其水，使舟得溯流以行，而又可资其水力。其滩石应行爆开除去。于是水深十尺之航路，下起汉口，上达重庆，可得而致。”[③]

不难看出，相较于钱啸秋所梦想的中国，孙中山对水利水电建设的构想，有一定的技术考量以及实施策略。孙中山认为，改善宜昌上游河段需要利用“水闸堰其水”，从而最大限度地改善峡谷急流险滩的航运状况，也就是说，通过建立水坝让大吨位的轮船在此河段可以航行，从而使此河段的航运交通得到极大改善。孙中山的水利思想绝不止于此，修建水利除了改善航运交通以外，利用水力进行发电进而发展中国实业经济，从而达到实业救国的目的，才是孙中山水利水电思想的主旨。纵观孙中山的水电计划，长江作为中国最大的河流，其上游的夔峡（三峡）尤为关键。如孙中山在《三民主义・民生主义》第三讲中作如下阐述。

> 又像扬子江上游夔峡的水力，更是很大。有人考察由宜昌到万县一带的水力，可以发生三千余万匹马力的电力，像这样大的电力，比现在各国所发生的电力都要大得多；不但是可以供给全国火车、电车和各种

① 刘仰东．梦想的中国：30年代知识界对未来的展望［M］．北京：西苑出版社，1998：8-9.

② 刘仰东．梦想的中国：30年代知识界对未来的展望［M］．北京：西苑出版社，1998：89-92.

③ 孙中山．建国方略［M］．北京：中华书局，2011：142.

工厂之用，并且可以用来制造大宗的肥料。[①]

在孙中山实业救国的宏伟蓝图中，可以利用三峡水力进行发电，从而产生三千余万匹马力的电力，如果建成能够产生这样巨大效益的水利水电工程设施，将会为中国乃至全世界瞩目。在电气化时代，电力不仅为铁路交通以及相关的工业生产提供电力供给，还可以为农业生产提供肥料。能够产出巨大效益的水利水电建设，若能付诸实践，那么挽救民族存亡、实现中华振兴是完全可以实现的。孙中山一生阐发了许多重要思想，其中，水利水电思想对20世纪乃至21世纪中国的国民经济建设具有极其重大的指导意义。综观今天的中国已初步成为世界上水电较发达的国家，今天中国人正在努力地“建设三峡，开发长江”，最终实现长江梯级开发、滚动开发、全流域开发和全方位开发的格局。今天中国的水利水电工程建设实践，实现了孙中山在百年前“水闸堰其水……资其水力”的梦想。历史实践证明，孙中山的水电之梦是深入人心、切实可行且行之有效的，水利水电设施建设使中国一步步摆脱贫弱走向富强，不容否认的是，孙中山是高举水利水电建设梦想之大旗的第一人。

## 二、梦之碎：“萨凡奇计划”破产

孙中山高举中国水利水电的大旗，并且发表众多建设中国水利水电工程的文章和著作，在当时引起了中国乃至全世界水利工程界人士极大的兴趣。如孙中山在《建设杂志》发表《建国方略之二·实业计划》的《改良扬子江现存水路及运河·庚·长江上游》一文后，英国工程师波韦尔于同年来到中国的扬子江进行了实地勘察，随后提出了《扬子江三峡水电开发意见》。然而20世纪30年代的中国正处于军阀混战、灾害频发、黑暗笼罩的困境中，因此无法为水利水电工程建设的实践提供现实的土壤。直至40年代，中美双方力图合力修建三峡工程，美国政府派遣世界著名水坝专家萨凡奇抵达中国大西南，其先后考察了大渡河、岷江和西陵峡等。任何梦想的实践都须历经艰险，甚至付出宝贵的生命，例如文献记载萨凡奇对坝址进行地形勘察时写道：“1944年8月底在萨博士下三峡之前数日，第一次派测量队赴宜昌峡实测坝址地形，在长寿河街码头用小船送客上江轮时，不幸小船倾覆，钱光宗殒命！”[②]

① 孙中山．孙中山全集［M］．北京：中华书局，1986：402.

② 《中国长江三峡工程历史文献汇编》编委会．中国长江三峡工程历史文献汇编（1918—1949）［M］．北京：中国三峡出版社，2010：148.

这虽然是发生在三峡工程前期准备阶段的一个意外，但不难想象，要实现水利水电建设梦想需要更多的中国人付诸行动，甚至付出宝贵的生命。萨凡奇在返回宜昌途中，对吴金麟说道：“长江三峡的自然条件在中国是唯一的，在世界上也不会有第二个。三峡计划是我一生中最得意的杰作，如果上帝给我时间，让我看到三峡工程变为现实，那么我死后的灵魂会在三峡得到安息！”①

从萨凡奇的此番言论中足以看出，长江三峡工程建设的自然条件得天独厚，而利用如此优厚的自然条件，建设出能够产生巨大效益的三峡工程对后人来说既是巨大的压力也是一个巨大的挑战。萨凡奇对长江流域各支流水系实地勘察后，提出了《扬子江三峡计划初步报告》，即“萨凡奇计划”。在该计划中，萨凡奇就三峡工程的坝址选择、水电站修建、水文以及上下游经济开发等方面作了大概的规划。这个以发电为主的综合水利建设计划，在当时被认为是中国水利建设的一项重大举措。该计划提出以后，建设水电站的各项工作也在准备中。但是在20世纪40年代，当时中国物价飞涨，导致中国经济形势日趋恶劣，三峡工程设计工作也被迫暂停。1947年8月，三峡工程的各项设计工作全部被迫停止。三峡工程在当时的中国只能是一个梦，时人感叹道，“这个梦境只能用望远镜来遥望”②。中华民国三峡工程于此梦碎。

## 三、梦之真：梦之蓝图

新中国成立后，面对贫穷落后的现状，国家领导人致力于发展新中国的经济，而三峡工程作为国之重器，必然会再次被推向舞台中央。1956年，毛泽东在武汉畅游长江后，写下了脍炙人口的《水调歌头·游泳》：“更立西江石壁，截断巫山云雨，高峡出平湖。神女应无恙，当惊世界殊。”从中我们可以“窥探”毛泽东的水利建设思路，即在三峡修建水电站，从而截断长江。事实上毛泽东早年十分重视水利设施建设，在1934年召开的第二次全国工农兵大会上就强调了水利设施建设是农业发展的根基和命脉。可见，毛泽东对于水利工程建设一直以来都尤为重视，自1953年2月乘“长江舰”视察再到1958年1月的南宁会议，不到五年的时间，毛泽东先后六次接见了“长办”（长江流域规划办公室）的主任林

① 《中国长江三峡工程历史文献汇编》编委会. 中国长江三峡工程历史文献汇编（1918—1949）［M］. 北京：中国三峡出版社，2010：204.

② 《中国长江三峡工程历史文献汇编》编委会. 中国长江三峡工程历史文献汇编（1918—1949）［M］. 北京：中国三峡出版社，2010：132.

一山，多番思考与讨论都是为了解决三峡工程和长江水利建设问题。对于浩大的三峡水利工程建设，毛泽东的态度十分慎重，有诸多考量。比如，三峡工程在技术上可能会遇到什么难题，建坝区的地质基础如何，建坝需要投入多少人力、物力和财力，建成后三峡工程的使用期限是多长，修建后长江三峡及其上下游的生态影响如何解决，等等。三峡之梦在毛泽东的领导下得以重提，梦想的蓝图再次展现在中国人面前。

三峡工程建设之梦，由孙中山首次高举旗帜，这是在当时面临民族危机的时代背景下适时而生的。虽然“萨凡奇计划”破产，但是新中国成立后，面对贫穷落后的现状，毛泽东再次阐发了三峡工程的梦想蓝图。1970 年，毛泽东对兴建长江葛洲坝枢纽工程作出批示：“赞成兴建此坝。现在文件设想是一回事。兴建过程中将要遇到一些现在想不到的困难问题，那又是一回事。那时，要准备修改设计。”[①] 毛泽东所批准的葛洲坝工程建设就是三峡工程之梦的预演，抑或首次梦圆，这是梦想成真之举。

## 四、葛洲坝工程：首次梦圆

早在 20 世纪 50 年代，有关建设葛洲坝的前期研究工作就已展开，60 年代国民经济计划的“三线”计划中，宜昌、鄂西和鄂北地区都划为“三线”建设地区。随后大批国防军工企业和科研单位在宜昌落户，面对突然增加的众多“用电大户”，湖北乃至周边省份的电力都陷入了严重短缺的困境。到 70 年代，世界格局两极对峙，鉴于当时的国内外形势，不宜上马三峡工程，湖北省省长张体学经过反复思考，提出了修改葛洲坝低坝的计划，以径流发电。葛洲坝地处宜昌市西陵区的北端，上距三峡工程坝址三斗坪仅 38 千米。

张体学提出修改葛洲坝水利枢纽的方案原因有三：一是就当时国内现状而言，可以很好地缓解湖北和周边省份用电紧缺的状况；二是就当时国际现状而言，可以避免战争爆发后下游遭淹没的危险；三是可为下一步兴建三峡工程做实战准备。为此他亲自到北京向周恩来和国务院的领导汇报，得到中共中央和国务院的批准。当时，中央在深入研究和探讨葛洲坝与三峡工程的关系，并听取各方修建葛洲坝的意见和建议后，于 1970 年 12 月 26 日批准兴建葛洲坝工程，并指出葛洲坝工

① 中国水利学会《葛洲坝工程丛书》编辑委员会. 葛洲坝工程丛书·工程文献[M]. 北京：中国水利水电出版社，1998：3.

程建设是为建设三峡工程所做的实战准备。由于三峡工程规模巨大、技术复杂，建设葛洲坝，采取先易后难、先小后大、逐步积累经验，以此锻炼队伍的方针。

1970年12月30日，张体学以“三三〇工程”指挥长的身份，为葛洲坝工程坝基挖了第一锹土。为了保证葛洲坝基础工程的顺利进行，张体学亲自到现场指挥，协调人力和物资专心建设葛洲坝工程。在十万建设大军的不辞辛劳下，仅仅用了四个月就完成一期工程上下游围堰建设。期间葛洲坝工程遇到了诸多困难和挫折，在毛泽东“兴建过程中将要遇到一些现在想不到的困难问题，那又是一回事。那时，要准备修改设计”的思想指导下，中国水利人战胜了重重困难。1981年1月4日，万里长江第一坝——葛洲坝水利枢纽工程大江截流戗堤胜利合龙，完成了葛洲坝主体建设的第一期工程。第二期工程自1982年开始，到1988年年底，葛洲坝水利枢纽工程基本建成。

葛洲坝建成后，过去三峡航道的险滩问题得到极大改善，船只货运量猛增至五千万吨以上。葛洲坝水电站成功地缓解了华中地区用电紧张的局面，除此之外，在遭遇特大洪水时，葛洲坝泄洪闸既可以下泄洪水，又能对洪水起到缓冲作用，减轻洪水对下游地区造成的危险。葛洲坝的建成，极大地促进了中国经济的发展，是千百年来中国水利梦圆的第一大步，也是为三峡工程建设进行实战演习的第一步。葛洲坝工程的兴建，为后来三峡工程建设积累了宝贵的经验，历练出葛洲坝水利建设的金牌队伍，他们为我国的水利水电事业奉献了智慧与力量。至此，《梦想的中国》中当时国人建设水电设施之梦得以实现，孙中山的水电之梦在现实中迈出了坚实的一步。“葛洲坝工程是我国自己设计、自己施工、自己制造发电机组的大型水利枢纽，是全国各有关行业广大干部和工人发扬艰苦奋斗、自力更生精神所获的成果。所以它作为振奋民族自豪感的伟大工程受到祖国各族人民的爱护。”① 葛洲坝水利工程的建成，不仅是中国水利梦圆的第一步，也是国人水利之梦的第一步。正如《梦想的中国》中黄守忠所说，“没有人能够离开他的国家而独存的。先有了‘梦想的国家’才能谈‘生活的梦想’”②。

1991年11月19日，葛洲坝工程第三次科技成果交流暨通航发电十周年学术研讨会在宜昌召开，来自全国的水电专家和科技人员共200多人参加会议。与会代表一致认为，“十年运行的实践，证明葛洲坝的规划布局是合理的，设计是正确的，施工优良，运行可靠。葛洲坝水利枢纽工程在科技上所取得的成就，为三

① 中国水利学会《葛洲坝工程丛书》编辑委员会. 葛洲坝工程丛书·工程文献[M]. 北京：中国水利水电出版社，1998：258.

② 刘仰东. 梦想的中国：30年代知识界对未来的展望[M]. 北京：西苑出版社，1998：138.

峡工程作了实战准备”[1]。1992 年 11 月 15 日，由葛洲坝工程局承建的长江三峡水利枢纽工程在做好一切准备工作后，“工程建设者驾驶从美国引进的 500 辆 30 吨、50 吨的自卸汽车，浩浩荡荡奔赴中堡岛施工工地。中共宜昌县委、县政府在坝区瓦窑坪召开万人大会迎接三峡工程建设大军，揭开了兴建三峡工程的序幕”[2]。

## 五、三峡工程：再次梦圆

三峡工程建设历经曲折，自 20 世纪 80 年代就对修建三峡大坝进行了诸多思考。直至 1994 年 12 月 14 日，在宜昌三斗坪，世界第一大水电工程——三峡工程的主体工程正式开工。千年水利之梦梦圆三峡，历经十七年的修建，三峡工程于 2009 年基本竣工。回顾历史，从最初的大禹治水到古代修建石坝用于防治水患，以及今天的三峡工程，历史长河波涛滚滚，人类与水的斗争无不体现着古人的水利智慧。三峡工程不仅是“大国重器”，更是中国在世界舞台上的一张名片。如在《梦想的中国》中，武思茂（著译家）所梦想的中国，“政府复运用全国财力人力，使全国电气化，使任何偏僻的地方的工业及农业，均能以电气为原动力。各生产部门的开动，是以人民的需要为前提，而不是以盲目的投机的营利为前提”[3]。

由此可见，武思茂所梦想的中国已经完全变成现实，现实中的三峡工程甚至已经完全超出他的梦想。20 世纪 30 年代知识界对于中国水电设施建设的殷切希望，30 年代知识分子所梦想的中国，今天大多已成为现实。值得注意的是，从历史传承的角度看，三峡水利建设早已在中国人民的骨子里渗入防洪治水、建坝防洪的思想。今天的三峡工程建设者，需要学习先辈，从古人的智慧中获取灵感，需要学习川江石坝建设的历史，从历史中汲取经验教训。未来，实现中华民族伟大复兴的“中国梦”，仍须不断摸索、勇于实践，才能圆梦。如刘仰东在《梦想的中国》之《编辑缘起》的文末写道：“很多人在憧憬 21 世纪的中国，很多人在总结和回顾 20 世纪的中国。……作为中国人，永远不会失去一个我们始终怀有的梦想，

---

① 葛洲坝水力发电厂厂志编纂委员会. 葛洲坝水力发电厂大事记［M］. 武汉：湖北辞书出版社，2001：107.

② 中国人民政治协商会议宜昌市委员会学习文史委员会. 宜昌五十年回眸［G］. 1999：343.

③ 刘仰东. 梦想的中国：30 年代知识界对未来的展望［M］. 北京：西苑出版社，1998：70.

这就是——‘中国梦’。”[①]

对于个人而言，梦想就像作家王小波所说的“伟大的事业，就是要让自己的梦想成真”。可见正如刘仰东所言，作为中国人，“中国梦”无论何时都不能丢掉，“中国梦”的实现如同水利设施建设，历经千般艰辛也永不放弃，方能成功。历史证明，三峡工程已经“梦想成真”。

## 六、梦之延续：西南水电

中国的水利之梦并没有止步于三峡工程的完成，中国的水利水电建设还有相当长的路要走，西南水电的开发建设就是中国水利水电之梦的延续。中国第一座水电站——云南石龙坝水电站，早在清末民初就已建成，它是当时中国人对水利建设的初试，我国的水电实践梦正是从偏僻和落后的西南地区开始的。在西南水电开发建设中，金沙江流域是最为重要的。金沙江是我国第一大河长江干流上游河段的别称，其水能资源极为丰富，占长江干流水能资源的40%，但是水能开发却存在极大困难，有学者指出，“金沙江的水能利用……大规模展开，如今江面上已经树立起了多座大坝，为西电东输事业发挥着自己的能量”[②]。可见，由于地质地形、自然灾害以及生态各方面的限制，西南水电的开发建设需要付出更多努力。

今天在金沙江流域已建或在建的水电站，有溪洛渡水电站、向家坝水电站、白鹤滩水电站、乌东德水电站、龙盘水电站、阿海水电站、龙开口水电站、鲁地拉水电站等，其中龙盘水电站的建设意义重大。龙盘水电站原名“虎跳峡水电站”，它是“三江并流”最为显眼的一个地理文化标志，世界影响巨大。“虎跳峡水电站作为金沙江中下游梯级的龙头电站，其开发建设对金沙江水电梯级开发和‘西电东送’的实施具有重要的战略意义，其可以从根本上改善西南、华中、华南地区的供电质量和可靠性。同时，虎跳峡水电站在滇中调水和长江流域整体防洪规划体系中也占有重要地位……虎跳峡水库拦洪对长江中下游地区具有较好的防洪

① 刘仰东．梦想的中国：30年代知识界对未来的展望［M］．北京：西苑出版社，1998：1-8.

② 何政伟．金沙江流域生态地质环境现状及其对梯级水电站工程开发过程中生态环境保护的建议［J］．地球与环境，2005（1）.

作用”[①]。虎跳峡为“三江并流”之所在，是《世界遗产名录》风景名胜区的标志性文化符号。在西南水电开发建设中，我们必须有所取舍，或在“舍”“得”之间做好权衡。民国时期的水利人都认为，“建设与破坏是相对的，没有牺牲便没有收获”[②]。今天看西南水电的开发建设，有舍有得，但得大于舍。在云南石龙坝水电站的星星之火点燃后，百年后的西南水电之火自然而然就会形成燎原之势，这是历史的选择，是“中国梦”的选择，也是中华民族伟大复兴的选择。虽然今天西南水电的开发建设已经取得了不错的成果，但是对长江流域的综合开发治理还须进行深入思考，提炼若干措施并付诸实践。在《梦想的中国》中，巴金的梦想是，“我相信个人是和社会分离不开的，要全社会得着解放，得着幸福，个人才有自由和幸福可言”[③]。2021 年 7 月 1 日，当演员在由中央电视台主办的庆祝中国共产党成立 100 周年文艺晚会上喊出“煤之热、水之涌、气之力、电之能”的口号时，显然，今天三峡之梦还在继续，“中国梦”还未完全实现，我们在回顾千百年来中国人追逐水利之梦的脚步时，追梦的伟大精神亦能激励当代乃至后人努力圆梦，实现中华民族的伟大复兴。

---

① 聂勇，于火青，赵增海．金沙江虎跳峡水电站开发建设的战略意义［J］．水力发电，2004（6）．

② 《中国长江三峡工程历史文献汇编》编委会．中国长江三峡工程历史文献汇编（1918—1949）［M］．北京：中国三峡出版社，2010：132．

③ 刘仰东．梦想的中国：30 年代知识界对未来的展望［M］．北京：西苑出版社，1998：103．

# 中篇

# 治水理论篇

# 第八章 从水的本质和功能谈治水文化

## 一、水文化的定义

水是万物之源（原），其本质和功能是势（下）、柔（流、弱）、刚、容、和、善、恶。治水是关系到治国安邦的大事，而人与水的关系是：以水为美则水美，以水为恶则水恶。故人类处理人水关系时要采取“水容为大、以水为尊、以水为师、人水合一（和谐）”的原则。水与文化的形成有着直接的关系，只要将人们的劳动和创造融入其中，就会形成水文化。水文化有广义和狭义之分，广义的水文化是人们在水事活动中创造物质财富和精神财富的能力与成果的总和；狭义的水文化是指观念形态的水文化，是人们对水事活动的一种理性思考，或者说人们在水事活动中形成的一种社会意识，主要包括与水有密切关系的思想意识，如价值观念、行业精神、行为准则、政策法规、规章制度、科学教育、文化艺术、新闻出版、媒体传播、体育卫生、组织机构等[①]。水利文化是水文化的主体，是人们在开发水利、治理水害活动中创造的具有水行业特征的水文化，有显著的行业性。在了解水文化后，我们接下来对水的功能与本质作详细阐述，如此方能理解水文化及水利文化的真谛，对方兴未艾的水利建设提供一些启迪与借鉴。

① 李宗新．浅议中国水文化的主要特性［J］．北京水利，2002（3）．

## 二、水的本质与功能

地球之所以独特，是因为地球为目前所知星球中唯一有生命（生物）的星体，而地球之所以有生命，是因为有大气和水。水，是构成自然界中生命的物质基础，是生物的本源和始基，是生命的根本。

1. 水：万物之源

东西方先哲们认为水是万物之本源。如古希腊米利都学派的著名哲学家泰勒斯通过经验，思考并总结后认为，水是万物的本源或始基，万物生于水也归于水，水是不变的本体。《周易》也认为水为万物的本源之一，“水火相逮，雷风不相悖，山泽通气，然后能变化，既成万物也”①。水滋润万物而生万物，故《周易》曰：“润万物者，莫润乎水。”《管子・水地》曰：“万物莫不以生。”“故水者何也？万物之本原，诸生之宗室也。”② 管子非常明确地认为水能滋润万物，是世间万物的根源，是各种生命存在的前提。楚墓竹简《太一生水》指出：“太一生水。水反辅太一，是以成天。天反辅太一，是以成地。”③ 该竹简发掘于战国楚墓，文中论及的宇宙生成论，传承并发挥了老子的思想，具有不同于老子思想的独创性。宇宙演化论是该篇的中心思想，其具体论述是：“太一生水。水反辅太一，是以成天。天反辅太一，是以成地。天地复相辅也，是以成神明。神明复相辅也，是以成阴阳。阴阳复相辅也，是以成四时。四时复相辅也，是以成冷热。冷热复相辅也，是以成湿燥。湿燥复相辅也，成岁而止。是故太一藏于水，行于时，周而复始，以己为万物母。”④“太一生水。水反辅太一”，而“太一藏于水”，在古人“太一生水”的哲学框架中，水为一切物质生成的基础，太一和水先于天地而存在，“太一生水”的哲学体系强调了“水”在万物中的重要作用，“水”是万物之母、万物之源。

水是文明之源，水生万物，因水生人。水在滋润地球万物生灵的同时，也孕育了人和人类的智慧与文明。人傍水而居，水诞生了文明，发展了文化。四大文明古国无不诞生在多水的江河边，长江、黄河流域诞生华夏文明，恒河、印度河流域诞生古印度文明，尼罗河流域诞生古埃及文明，两河流域诞生巴比伦文明。

---

① 徐子宏. 周易全书易传・说卦［M］. 贵阳：贵州人民出版社，1991：397.

② 黎翔凤，梁运华. 管子校注・水地第三十九［M］. 北京：中华书局，2004：831.

③ 荆门市博物馆. 郭店楚墓竹简・太一生水［M］. 北京：文物出版社，2002：1.

④ 荆门市博物馆. 郭店楚墓竹简・太一生水［M］. 北京：文物出版社，2002：26.

希腊、罗马也是诞生在有无数条小河流淌、缓缓注入地中海的海畔，而爱琴海与亚得里亚海湾畅通的海运，使希腊、罗马能汲取来自尼罗河流域的古埃及文明、两河流域的古巴比伦文明甚至恒河文明、黄河文明的养分。水是文明之源、文化之源。

2. 水的本质和功能

水为什么能创造万物、孕育生命、诞生文明、发展文化呢？也就是说，水的本质是什么？答案是：在地顺势而流（下），在天成雨（雪、气、汽）循环（轮回）。而这一切，在五千年连绵不断的中华水文化之人水相处、人水相容、人水合一的传统中可以得到圆满的解答。

（1）势（下）。《孙子兵法》曰："水之形，避高而趋下。"[①]水在地球上是循环的。古谚云："人往高处走，水往低处流。"《老子》曰："江海所以能为百谷王者，以其善下之，故能为百谷王。……以其不争，故天下莫能与之争。"[②]老子和孙武所讲的水之势是水"善下"，"以其不争，故天下莫能与之争"，指出水的柔弱之势可以转换。《孟子》曰："今夫水，搏而跃之，可使过颡，激而行之，可使在山。是岂水之性哉？其势则然也。"[③]孟子所说的"搏"与"激"受"势"而动，指出水在地面能循环，"势"是水的本质动力之一。如董仲舒《春秋繁露·五行对》记载曰："地出云为雨，起气为风，风雨者，地之所为，地不敢有其功名，必上之于天，命若从天气者，故曰天风天雨也，莫曰地风地雨也。"[④]董仲舒揭示了水在地球上因风、云、雨而循环的本质。因此水在风、云、雨等作用下，通过地表循环形成大江大河，江河水不到最低处，便永不停歇，最终形成滔滔江水，滚滚洪流。这种"避高趋下"、得"势"形成循环的巨大能量，是揭示水之本质的钥匙。"顺势而流、循环轮回"是水最重要的自然本质之一，"滋润万物"的功能则是利用水的本质特性。水与人发生关系后，即人与水的自然属性发生关系后，人赋予水的社会属性的内容就更为丰富了。

（2）柔（流、弱）。我们知道，"水汽相生"，能"以柔克刚"。水柔而弱，其下，其流。"流水不腐""细水长流""似水流年""云蒸霞蔚"等成语，都体现了水的气态与液态所体现的柔性，而水之柔、水之弱、水之流蕴藏着无穷的力量。《老子》曰："天下莫柔弱于水，而攻坚强者莫之能胜，以其无以易之。故弱之胜强，柔之胜刚，天下莫不知，莫能行。"[⑤]《淮南子·原道训》曰："天

① 刘国建，戴庞海．孙子兵法·虚实篇［M］．郑州：中州古籍出版社，2008：40．

② 李存山．老子·道经［M］．郑州：中州古籍出版社，2008：132-133．

③ ［北宋］朱熹．四书集注·孟子集注·告子章句上［M］．长沙：岳麓书社，1987：466．

④ ［西汉］董仲舒．春秋繁露·五行对［M］．哈尔滨：黑龙江人民出版社，2003：185．

⑤ ［魏］王弼．老子道德经注［M］．楼宇烈，校．北京：中华书局，2011：195．

下之物，莫柔弱于水，然而大不可极，深不可测；修极于无穷，远沦于无涯……行而不可得穷极也，微而不可得把握也；击之无创，刺之不伤；斩之不断，焚之不然（燃）……”[①]从中可以看出，水“柔而能刚”“弱而能强”，其柔、其弱蕴藏着巨大的能量。《管子·君臣下》曰：“夫水，波而上，尽其摇而复下，其势固然者也。”此句说的便是“言水波涌而上，既尽其势，还复摇动归下而止。此自然之势”[②]。水由柔弱至刚强的转换，在于其势的改变。古希腊著名哲学家赫拉克利特曾经说过，“人不能两次踏入同一条河流”，以此论证水“一切皆流，一切皆变”的运动规律。故在水利建设中，利用水之势、水之下、水之流，使其由弱及强，由柔变刚，由刚变柔，或刚柔并济，则是治水、用水、防水之“道”。

（3）刚。水有柔的一面，也有刚的一面，前者表现在“以柔克刚”，后者表现为滴水成冰、滴水穿石的刚韧精神。水之刚、水之坚，体现在水得势、得高、得压后无坚不摧的能量。太极拳则是“以柔克刚”最佳的文化解读。《太公兵法》曰：“柔能制刚，弱能胜强……柔有所设，刚有所施，弱有所用，强有所加，皆此四者而制其宜。”[③]“用之在于机，显之在于势，成之在于君。”[④]以此可解读水性，则水可由柔变刚，由弱变强，刚柔、强弱可相互转换。治水、用水如用兵，也可借此解读治水，即人把握水之规律，要借其势，用其柔，善用其刚，当然治水更需要刚柔并济、强弱相制。

（4）容。水之容表现为：盛物为容，载物为浮，而化物为溶，化人为和。格言云：“海纳百川，有容乃大。”《管子·水地》曰：“是以无不满，无不居也。集于天地而藏于万物……万物莫不尽其机，反其常者，水之内度适也。”由此可见“有容乃大”之“容”有诸多方面的意义，水无容，则人无不居，而人不能得其滋润及浮动交往之机遇。容水须有盛器，有了江河湖泊海洋，就能浮舟，而人类文明正是在江河旁诞生、流动、交往、融合、发展、进步的。人利用水之容，体现水能浮物、载物，利用载舟、浮桥，可以发展水力运输，故人类沿河建城，沿河迁徙交往，一条条江河就是一条条文化交流的长廊。水能容万物，反过来万物也能容水，故《管子·水地》认为，“（水）无不居也。（水）集于天地而藏于万物，产于金石，集于诸生，故曰水神。集于草木”[⑤]。水容于万物，如山川、草木、诸生（物）等。所以人们说“有容乃大”，保护水之容器——山川、草木、诸生（物）、万物，才能保护水——万物之源。可见“容”是今天科学治水、用水的另一把钥匙。

① 张双棣．淮南子校释·原道训［M］．北京：北京大学出版社，1997：73．
② 黎翔凤，梁运华．管子校注·君臣下［M］．北京：中华书局，2004：571．
③ 黄石公．六韬三略·太公兵法·三略·上略［M］．武汉：崇文书局，2007：155．
④ 黄石公．六韬三略·太公兵法·六韬·文韬［M］．武汉：崇文书局，2007：30．
⑤ 李山．管子·水地［M］．北京：中华书局，2009：206．

（5）和。水能溶解许多物质，具有调和功能。“和”在处理人类关系上可化人、解决彼此矛盾，故“和”是中华文化的重要根基。2008 年北京奥运会开幕式上一个“和”字体现了中华民族“和为贵”的人文理念。而中华文化博大精深，包含“和”字的成语和词语数不胜数，如“心平气和”“言和意顺”“鱼水和谐”“一团和气”“政清人和”“政通人和”“惠风和畅”“和睦相处”“和气生财”“和气致祥”“和衷共济”“鸾凤和鸣”“民和年丰”“埙篪相和”等。当今世界非常需要和睦、和谐、和解、和平；人与人、国与国、人与自然当共存共荣，达到“和”的境界。人与水则须人水合一、人水共生。

（6）善。水柔、水和、水容，故水善，能恩泽四方，滋养众生。如《老子》曰：“上善若水。水利万物而不争，处众人之所恶，故几于道。”老子把水人格化，认为最高尚的品德似水一样。《老子》曰：“江海所以能为百谷王者，以其善下之，故能为百谷王……以其不争，故天下莫能与之争。”[①]包含“善”字的成语和词语多与“恶”字相对，如“福善祸淫”“惩恶扬善”“改恶向善”“隐恶扬善”“彰善瘅恶”“面恶心善”“惩恶劝善”“褒善贬恶”等，体现了善、恶是一个事物的两面。

（7）恶。雪崩、冰雹、洪涝等灾害出现时，就体现出水凶恶的一面，例如洪水狂怒奔泻，肆意泛滥，难以遏制。世界各地都有洪水泛滥的传说，如《圣经》有诺亚乘“诺亚方舟”逃脱洪水泛滥的传说，中国有兄妹躲在葫芦（或盆）里逃脱洪水并成亲繁衍人类的传说。这些传说都是远古人类遭遇洪水后留在潜意识里的记忆。

正如《国语·周语下》所言，水具有“从善如登，从恶如崩”的双重性格。事实上水本无善恶，只是相对人而言有善恶。有利于人为善，不利于人则为恶。只有人类才会评价、关注、解读、思考水的善恶，水的物质性是自然的，其所谓德性、所谓功能、所谓本性、所谓本质是人赋予的。水之旱、淫、滥、涝等都是人对水的评价。水之恶的形成，除了水之自然属性使然外，更有人之贪婪、掠夺，使之旱、淫、滥、涝等。水势、柔、刚、容等特性，本无美恶之分。遵循水之本性，其可灌溉良田、可载物浮舟、可养鱼育藕、可沙漠变绿洲、可发电致富等；反之，可变滔天洪水、可淹没良田、可毁坏房屋、可残害生命等。故认识和掌握水之性（水的本质）是人读水、用水、治水、防水的前提。《老子》所言的“人法地，地法天，天法道，道法自然”这一朴素唯物主义思想的真谛，在今天依然是不可违背的。水给予人类更多的是美、柔、和与善，故江河为“人类之母”。

---

① 李存山．老子·道经［M］．郑州：中州古籍出版社，2008：132-133．

## 三、人水关系：以水为美则水美，以水为恶则水恶

天地之间，本无美恶之分。人用水、近水，水便有了美恶之分，而水之美恶是相互依存、相互联系、相互作用的。《老子》曰：“天下皆知美之为美，斯恶已；皆知善之为善，斯不善已。故有无相生，难易相成，长短相形，高下相倾，音声相和，前后相随，恒也。”[①]可见美与恶是相伴而生的。

水是人类生存最基本的条件，人得水而滋润，农田得水而灌溉，船只得水而航行，水磨得水而转动，大坝得水而发电；民以食为天，食以水为先，无水人不得活，水是美丽而伟大的母亲，是世间最美的天使。例如电视纪录片《话说长江》的主题曲《长江之歌》描绘母亲河长江时唱道：“你用甘甜的乳汁，哺育各族儿女；你用健美的臂膀，挽起高山大海。我们赞美长江，你是无穷的源泉；我们依恋长江，你有母亲的情怀！”这是对长江水最深情的歌唱与最生动的概括。

人品德高尚似水美，孟子赞美孔子为水，曰：“仲尼亟称于水，曰：‘水哉，水哉。’”[②]称人为水是对最高品格学识的赞誉，唯圣人孔子才可以担当。古人喻国家政治清明、君主贤明也为“水清”，故《管子·水地》曰：“是以圣人之化世也，其解在水。故水一则人心正，水清则民心易，一则欲不污，民心易则行无邪。是以圣人之治于世也。”[③]治国时，民似水，君似舟，故《老子》曰：“上善若水。水利万物而不争，处众人之所恶，故几于道。”[④]“上善若水”，老子提出“无为不争”的思想，讽喻君主要具有水的品性。而儒家认为，入世须具“有为”的思想，故《荀子·王制》提出了著名的“君民舟水”论：“马骇舆，则君子不安舆；庶人骇政，则君子不安位。……庶人安政，然后君子安位。传曰：‘君者，舟也；庶人者，水也。水则载舟，水则覆舟。’”[⑤]

从古代圣人所言的人水关系中可知，人类要水善，而不使其恶，就要爱水、利水、求水，要遵从“水就下”“顺势而流、循环轮回”这一最重要的自然规律，否则“水则载人，水则覆人”，故水有“从善如登，从恶如崩”的两面性。

中国自古有乐山、亲水、乐水的思想，如《论语·雍也》曰：“知者乐水，

① 李存山. 老子·道经［M］. 郑州：中州古籍出版社，2008：132-133.

② ［北宋］朱熹. 四书集注·孟子·离娄下［M］. 长沙：岳麓书社，1987：421.

③ 李山. 管子·水地［M］. 北京：中华书局，2009：211-212.

④ ［魏］王弼. 老子道德经注［M］. 北京：中华书局，2011：22.

⑤ 张诗同. 荀子简注·王制［M］. 上海：上海人民出版社，1974：79.

仁者乐山。”朱熹《四书集注》曰：“智者达于事理而周流无滞，有似于水，故乐水。”[①]乐山、亲水、乐水不可偏废。山与其他万物皆为水之容器，保护、亲近山川、草木、诸生（物）、万物，才能保护水——万物之源，才能真正做到爱水、利水、求水、亲水、乐水、人水和谐、人水合一，最后达到“天人合一”的境界。

古人认识到有木才有水，木可蓄水，如同治《恩施县志·古迹》记载：“国有乔木，里有源泉。”[②]而林谚告诉我们，“有了青山常在，就有清泉长流”。春秋时期孟子和荀子就认识到要对森林资源进行保护，山之禽畜，水之生灵，都需要保护，故《荀子·王制》曰：“圣王之制也：草木荣华滋硕之时，则斧斤不入山林，不夭其生，不绝其长也；鼋鼍、鱼鳖、鳅鳣孕别之时，罔罟毒药不入泽，不夭其生，不绝其长也；春耕、夏耘、秋收、冬藏，四者不失时，故五谷不绝，而百姓有余食也；洿池、渊沼、川泽谨其时禁，故鱼鳖优多，而百姓有余用也；斩伐养长不失其时，故山林不童，而百姓有余材也。”[③]《孟子·梁惠王上》曰：“不违农时，谷不可胜食也；数罟不入洿池，鱼鳖不可胜食也；斧斤以时入山林，树木不可胜用也。”[④]《孟子·告子上》曰：“牛山之木尝美矣……斧斤伐之，可以为美乎？是其日夜之所息，雨露之所润，非无萌蘖之生焉；牛羊又从而牧之，是以若彼濯濯也。人见其濯濯也，以为未尝有材焉，此岂山之性也哉？……故苟得其养，无物不长；苟失其养，无物不消。”[⑤]孟子和荀子在两千多年前就认识到树木与水的关系，如果人类乱砍滥伐、随意过度放牧，就会造成严重的水土流失。因此，爱山与爱水是密不可分的。谚语告诉我们，“人靠血养，苗靠水生”，林业谚语也告诉我们，“有林泉不干，天旱雨淋山”，否则“山上毁林开荒，山下必然遭殃”。这些谚语与两千多年前孟子、荀子的思想有异曲同工之妙。

但是很多时候人类并没有记住亲山、乐水的古训，而是肆意围湖造田，大量破坏湿地，随意乱砍滥伐，致使水资源减少，淡水生态污染严重，河流径流量减小，湖泊萎缩，涵养水分的森林资源被破坏等。如果我们再不亲山、乐水，人类的农业将失去命脉，工业将失去血液，生活将失去甘露，城市将失去生命。从中国第一大河流长江看，历史上洪水灾害的频率越来越高，灾害的强度也越来越大。面对日益枯竭的水资源短缺和日益频繁的洪水灾害，1992 年 12 月 22 日，联合国大会的 47/193 号决议设立了世界水日（3 月 22 日），这是提醒世界人民重视水资源问题的一个特殊的日子。2008 年第十六届“世界水日”，中国宣传活动的主

---

① ［北宋］朱熹．四书集注·论语集注·雍也第六［M］．长沙：岳麓书社，1987：128．

② 恩施县地方志编纂委员会．恩施县志（同治）·古迹［G］．1982：118．

③ 张诗同．荀子简注·王制［M］．上海：上海人民出版社，1974：86．

④ ［北宋］朱熹．四书集注·孟子·梁惠王上［M］．长沙：岳麓书社，1987：294．

⑤ ［北宋］朱熹．四书集注·孟子·告子上［M］．长沙：岳麓书社，1987：472-473．

题为“发展水利，改善民生”。“发展水利，改善民生”虽然是2008年才提倡的，但它实际上应是人类文明史上永恒的主题。在科学技术迅猛发展的今天，人类并未摆脱水资源的限制，反而在更大程度上（空间上、深度上）受到水资源的制约。

## 四、人水原则：水容为大、以水为尊、以水为师、人水合一

习近平提出“共抓大保护、不搞大开发”的国家战略，三峡工程是“大国重器”，是“中国梦”的具体体现。历史的经验教训告诉我们，在追求创新的过程中，治水原则不可违背。中华数千年水文化告诉我们，治水应当遵循“水容为大、以水为尊、以水为师、人水合一”十六字原则。

用水、治水要注意人水和谐。中华文明之所以能够延续到今天，是因为有以水为上、以水为美、以水为柔、以水为师的深厚的水文化。中华文化延绵不断，是江河湖泊之水不竭、不涸的结果，是中华水文化的胜利。但是今天，人们对水缺乏保护意识，肆意浪费、污染水资源，以致水资源受到严重破坏。因此，我们要人水和谐，就要以水为尊、以水为师、人水合一。以水为尊、人水合一是延续中华民族血脉所需的——高度看待人与水之间的关系，故“以水为尊、以水为师、人水合一”是很容易理解和接受的。但是“水容为大”的原则往往被人忽略，或不为人所理解，甚至与“人水合一”原则相背。

“水容为大”为治水的隐性原则，处理人水关系时，必须兼顾人和水及山川、树木、生灵等其他一切有生命或非生命物质的关系。水能容万物，万物也能容水。因此要人水和谐，容水之物须和水容之物和谐，并与水生、水流、水驻之所和谐相处。《论语·雍也》曰：“知者乐水，仁者乐山。”[①]孔子的本意是仁者与智者既乐山又乐水，而非乐其一面。同理，“水容为大”就体现在江河、大海、云雾、冰霜、雨雪、湖泊、冰川、积雪、沼泽、湿地、山川、森林、草原、滩涂等方面。当今气候变暖，南北极及青藏高原冰川融化、积雪减少，同时森林减少，草原沙化，水土流失加剧，沙尘暴增多，沼泽、湿地干涸……这一系列水危机表明，人水不和谐已经到了严重的程度。

“水容为大”有三层意思：水容之物，包括各种形态、空间及其中的生灵等；容水之物，包括天空、大气、山川、河流、大海等；似水（海）的容量和气度，也就是说人要容水，也要容容水之物，更要有“有容乃大”的容量和气度。《管子·水

① ［北宋］朱熹. 四书集注·论语集注·雍也第六［M］. 长沙：岳麓书社，1987：128.

地》中的“是以无不满，无不居也。集于天地而藏于万物，产于金石，集于诸生”[①]一句便有水容万物、万物容水的辩证思想。事实上，我们想超越“人水合一”，就要对天地万物均保持一种崇敬之心，我容万物，万物容我，达到“天人合一”的境界。

## 五、三峡工程与治水

在人类的治水文明中，水的功能与本质为人所用，因为“（水）搏而跃之，可使过颡，激而行之，可使在山”。而人“天行健，君子以自强不息”，能主动地治水防洪，改造自然。明代于三峡所建的有防洪功能的川江石坝，就是在前人防洪坝的“故址”上修建的。中国的三峡工程建设不仅是“百年梦想”，更是“千年梦想”。

古人以“地势坤，君子以厚德载物”对待万物。人顺应天时，尊重自然法则，才能趋利避害、变祸为福，“蓄积水势，顺势而利”，实现人与自然协调发展。都江堰、郑国渠、灵渠、京杭运河等古老的水利工程不仅是中华民族成功利用自然、改造自然的象征，也是人类成功治水的典范，三峡工程则是对传统水文化的继承和发扬。兴建三峡工程，可谓因势利导把握水的本质、发挥水之功能的造福苍生之举。当然，我们应该看到，水利工程把握水顺势而流的本质，发挥水滋润万物的功能，它们并非孤立的、静态的、一次性的，而是联系的、动态的、具过程性的。

2018年4月24日下午，在三峡大坝，习近平总书记深情地对工程技术人员说：“中华民族的伟大复兴，不会是欢欢喜喜、热热闹闹、敲锣打鼓那么轻而易举就实现的。我们要靠自己的努力，大国重器必须掌握在自己手里。”习近平总书记视察三峡工程并评价三峡工程是“一个标志、三个典范”[②]。真正的“大国重器”，一定要掌握在自己手里。核心技术、关键技术，化缘是化不来的，要靠自己拼搏。14亿中国人民要齐心合力、砥砺奋斗共圆“中国梦”！[③]

当今世界，三峡水利枢纽工程的建设和南水北调工程的实施为人类水利建设之创举，而三峡工程已经完成，蓄水位达175米，防洪、发电、航运等综合效益开始显现。2019年12月21日8时25分21秒，三峡工程传来捷报，在充分发挥防洪、航运、水资源利用等巨大综合效益的前提下，三峡电站当年累计生产1000

① 李山．管子・水地［M］．北京：中华书局，2009：206.

② 黎明，谢泽．回首三峡工程建设路［J］．中国三峡，2019（3）：175.

③ 黎明，谢泽．回首三峡工程建设路［J］．中国三峡，2019（3）：174.

亿千瓦时绿色电能，创国内单座水电站年发电量新纪录。据统计，1000亿千瓦时绿色电能，相当于节约标煤0.319亿吨，减排二氧化碳0.858亿吨。如果按照每千瓦时电量产生12元GDP计算，1000亿千瓦时电量可以支撑我国1.2万亿元GDP。这让笔者想到宜昌三峡公路边曾经树立的一个巨大标语牌："长江水滚滚向东流，流的都是煤和油。"该标语在水利水电人中流传甚广。艾丰《葛洲坝的启示》一文写道："万里长江滚滚流，流的都是煤和油。"一般人看来颇为枯燥的数字，水利人说起来，犹如咀嚼甘蔗，一节比一节甘甜[①]。由此可见，该标语可能改编自"万里长江滚滚流，流的都是煤和油"。其实这是修建葛洲坝时水电工人鼓舞士气的一句话，如诗歌《葛洲坝建设者的话》唱道："长江滚滚向东流，流的都是煤和油。精心设计多装机，早为四化献电流。"[②]如今建设葛洲坝的工人有的参加了三峡工程建设，为此诗歌《葛洲坝建设者的话·为祖国建一辈子电站》唱道："水电工人多自豪，拉着时间往前跑。提前建好葛洲坝，再到三峡立新劳。"[③]

如今，三峡工程正持续发挥其防洪、发电、航运等效益，而其他伴生的自然灾害及生态问题（泥沙、水库地质灾害、水质等）也正考验着中华儿女能否成就以水安邦、治水安邦的伟业，因此仍须坚持"水容为大、以水为尊、以水为师、人水合一"的原则。三峡工程基本上符合这一原则，其中利用"水容为大"形成的"势"，最终成就了三峡工程的地位，成为"大国重器"和"中国梦"的标志。

① 重耳．三峡工程的论证与决策［M］．上海：上海科技文献出版社，1988：226.
② 三三〇工程局政治部创作组．葛洲坝建设者的话［G］．1979：52.
③ 三三〇工程局政治部创作组．葛洲坝建设者的话［G］．1979：25.

# 第九章 大禹“堵疏五行”治水文化

远古时期生产力水平低下，人类在认识与改造自然界的斗争中，创造了许多神话传说。由于人类与河流的关系密切，因此有关洪水或治水的神话传说流传甚广。水利方面的神话传说反映了古代劳动人民在治水斗争中坚忍不拔的精神。其中大禹治水的故事体现了古代人民治理水患的迫切愿望和不畏险阻的可贵品质，凡是名山大川，都有禹的治迹[①]。尹玲玲指出，鲧、禹用息石、息壤以“堙洪水”的记述，在湖北江陵市得到了证实。“息壤”乃泥沙淤积而成的沙堤洲滩；“息石”则是用重物压制以防管涌的巨石，又有助力泥沙淤积之功，其特定埋深还有水文指示的意义。江陵“息壤”书写了自鲧、禹治水以来“镇锁水旱”的历史传奇，深具科学内涵[②]。中国传统文化认为，鲧以“堵”治水失败，大禹则以“疏”治水成功。事实上，大禹治水是“疏堵结合”才成功的。

## 一、水之四德

大禹治水的神话传说是中华民族治水文化的结晶。大禹生于蜀地，娶妻于巴地，在以巴地为核心的三峡地区积累治水经验后逐渐走向成熟，最终导江疏河、疏堵结合，成功治理了全国的洪水。大禹治水方法具有多样性和灵活性的特点，其中争议较多的是“五行”和“息壤”。“五行”即水、木、金、火、土，可以

① 长江流域规划办公室. 长江水利史略［M］. 北京：水利电力出版社，1979：22-23.

② 尹玲玲. 江陵“息壤”与鲧禹治水［J］. 历史研究，2019（4）.

狭义地将“水”理解为自然界中存在的各种形态的水，“木”为植物，“金”为地球上除泥土外的矿物，“火”为阳光，“土”为土地及泥沙等在地球表层存在、漂浮的物质。“息壤”即河中的泥沙淤泥。

《艺文类聚·池》记载：“与子华游东池，子华曰：‘水有四德，池为一焉。沐浴群生，泽流万世，仁也；扬清激浊，涤荡尘秽，义也；弱而难胜，勇也；导江疏河，变盈流谦，智也。’顾子曰：‘我得女于池上矣。’”[①]子华以水喻人，事实上中华民族仁、义、勇、智的美德在大禹身上体现得最为明显。大禹治水救苍生于水火，为大仁；治水多年三过家门而不入，为大义；面对滔滔洪水无所畏惧，为大勇；治水期间勇于创新，导江疏河，疏堵结合，治水功成名就，为大智——是为水之四德。

大禹利用柔、容、和、刚、善等水性美，拥有水之仁、义、勇、智四德，从治水到统一天下，对后世产生了重要影响。其人格魅力、治水的思想及方法，对今天的水利建设者及水利工程建设都有积极的借鉴意义。

## 二、大禹治水始发地

### （一）大禹生于蜀地

大禹治水神话传说的产生是有时代背景的。大禹能成为治水英雄，也是“时势造英雄”。《尚书·尧典》记载，尧舜时“汤汤洪水方割（害）”，“浩浩滔天”[②]。《史记·夏本纪》记载，大禹的父亲鲧负责治水，“九年而水不息，功用不成”，被杀于治水任上。《史记·夏本纪》记载，大禹治水“陆行乘车，水行乘船。泥行乘橇，山行乘檋。……禹乃行相地宜所有以贡，及山川之便利”[③]。《中国古代交通》记载，传说大禹到四川砍直径为一丈的大树，造成独木舟去治水[④]。该传说是有古文献记载的，如《蜀记》记载：“夏禹欲造独木舟，知梓潼县尼陈山有梓木，径丈二寸，令匠者伐之。树神为童子，不伏，禹责而伐之。”大禹生于蜀地，从蜀地开始治水，然后走向全国。《吴越春秋·越王无余外传》

① ［唐］欧阳询．艺文类聚·池［M］．汪绍楹，校．上海：上海古籍出版社，2007：171．
② 王世舜，王翠叶．尚书·尧典［M］．北京：中华书局，2012：12．
③ ［西汉］司马迁．史记·夏本纪［M］．中华书局，1959：50-51．
④ 王崇焕．中国古代交通［M］．北京：商务印书馆，1996：84．

记载，禹“家于西羌，地曰石纽。石纽，在蜀西川也”[①]。《蜀志》记载：“生禹石纽，今之汶山郡是也。”谯周《蜀本纪》记载：“禹本汶山广柔县人，生于石纽，其地名刳儿坪。”[②]郦道元《水经注》记载：“禹生于蜀之广柔县石纽村。”李锡书《汶志纪略》记载：“（汶川）县十里飞沙关，岭上里许，地平衍，名刳儿坪。有羌民数家，地可种植，相传圣母生禹处。有地数百步，羌民指为禹王庙，又称启圣祠。”[③]元代贾元《涂山禹碑记》记载：“先是帝（大禹）曾大父曰昌意，为黄帝次子，娶蜀山氏生颛顼，颛顼生鲧，鲧生帝（大禹）。帝之娶于蜀，又有自来。又谓蜀涂山肇自人皇，谓蜀君，当涂之国，亦一征也。”[④]如《蜀王本纪》记载：“禹生于石纽，禹母吞珠孕禹，坼副而生禹。”[⑤]综上所言，大禹生于蜀地。因此顾颉刚《论巴蜀与中原的关系》指出：“禹生石纽的故事不是无因而至的，它正是疏导蜀水的大工程的反映。”[⑥]根据历代文献分析，大禹生于蜀地是无疑的。也就是说，夏文化可能源自蜀地。童恩正认为，早在新石器时代四川与中原在文化上就有联系[⑦]。蓝勇由文化的联系进而推论，早在新石器时代四川与中原就有一定的交通路线[⑧]。甚至有专家认为古蜀文化的发展早于中原，夏文化的源头之一便是古蜀文化[⑨]。传说与文献大都说明大禹生于蜀地，是从蜀地开始治水的。

### （二）大禹娶妻于巴地

顾颉刚《论巴蜀与中原的关系》指出，禹“生于蜀而娶于巴”[⑩]。大禹生于蜀地、娶妻于巴地有诸多文献考证过。今天重庆市南岸区有一座涂山寺，而重庆市南岸区政协编有《大禹文化专辑》一书专门研究重庆大禹文化。《华阳国志·巴志》记载大禹事迹较多：“及禹治水命州，巴、蜀以属梁州。禹娶于涂山，辛、壬、癸、甲而去。生子启，呱呱啼，不及视。三过其门而不入室，务在救时。今江州涂山

① 袁珂，周明．中国神话资料萃编［M］．成都：四川省社会科学院出版社，1985：244，247．

② ［东晋］常璩．华阳国志·蜀志（注释）［M］．刘琳，注．成都：巴蜀书社，1984：330-331．

③ 袁珂，周明．中国神话资料萃编［M］．成都：四川省社会科学院出版社，1985：244-245．

④ 南岸区政协．大禹文化专辑［G］．2019：22-23．

⑤ ［西汉］扬雄．扬雄集校注·蜀王本纪［M］．林贞爱，注．成都：四川大学出版社，2001：317．

⑥ 顾颉刚．论巴蜀与中原的关系［M］．成都：四川人民出版社，2019：59．

⑦ 童恩正．古代的巴蜀［M］．成都：四川人民出版社，1979：4．

⑧ 蓝勇．四川古代交通路线史［M］．成都：西南师范大学出版社，1989：1．

⑨ 李炳海．夏楚文化同源于巴蜀考辨［J］．天府新论，1990（6）．

⑩ 顾颉刚．论巴蜀与中原的关系［M］．成都：四川人民出版社，2019：22．

是也，帝禹之庙铭存焉。”[①]《蜀王本纪》记载：“（大禹）于涂山娶妻生子名启。于今涂山有禹庙，亦为其母立庙。”[②]《华阳志》记载：“渝郡，涂山禹后家也。”《东汉郡志》记载：“涂山在巴郡江州。”贾元《涂山禹碑记》记载：“禹为蜀人，生于蜀，娶于蜀，古今人情，不大相远。导江之役，往来必经。过门不顾，为可凭信。”[③]大禹在巴地娶妻，可能是因为大禹所率的父系部落在治水时得到巴地涂山氏母系部落的帮助与支持而与之联姻。大禹生于蜀地，娶妻于巴地，并不排除大禹的部落到其他地方治水并与其他部落联姻的可能。贾元《涂山禹碑记》指出：“《通鉴外纪》云：‘禹娶涂山之女生子启，南巡狩会诸侯于涂山。’如是则娶而生子，生子而后南巡，南巡而后会诸侯。娶则在此，会则在彼，次序昭然。会稽乃致群臣之地，或崩葬之地，故曰禹穴。……况会稽、当涂，在禹时未入中国，禹安得娶于彼哉。”[④]大禹生于蜀，娶妻于巴，在巴地、蜀地治水的基础上，积累了宝贵的治水经验，然后经过三峡，到达长江中下游。虽然大禹治水是一个长期的过程，而非局限于某一个地区，但其治水始发于蜀地，并于巴地积累经验则是无疑的。

### （三）大禹从三峡治水走向全国

大禹娶涂山氏，治好江州段洪水，便来到洪水更为肆掠而地形更为险要的三峡。《水经注·江水》记载：“盖自昔禹凿以通江，郭景纯所谓‘巴东之峡，夏后疏凿者’。”[⑤]传说瞿塘峡是由大禹开凿，而《水经注》记载，大禹之子启派其臣孟涂在巫峡地区为官。大禹于三峡治水时，三峡已经属于大禹所率部族管辖，这也为启直接派官员管辖巴地创造了条件。根据传说，大禹曾在三峡得到巫山神女的帮助。《墉城集仙录》记载：“云华夫人，王母第二十三女，名瑶姬。受炼神、飞化之道，尝东海游，还过巫峡。时大禹理水，驻山下。因与夫人相值，拜而求助，即敕侍女授禹策召鬼神之书，因命其神狂章、虞余、黄魔、大翳、庚辰、童律等，助禹断石疏波，以循其流。禹拜而谢焉。”[⑥]大禹“断石疏波”，成为峡江“凿石安澜”的文化源泉。据传在三峡助禹治水的，一是巫山神女，二是黄

---

① ［东晋］常璩．华阳国志校補图注·巴志［M］．任乃强，校．上海：上海古籍出版社，1987：4．

② ［西汉］扬雄．扬雄集校注·蜀王本纪［M］．林贞爱，注．成都：四川大学出版社，2001：317．

③ 南岸区政协．大禹文化专辑［G］．2019：22．

④ 南岸区政协．大禹文化专辑［G］．2019：23．

⑤ ［北魏］郦道元．水经注校证·江水［M］．陈桥驿，校．北京：中华书局，2007：778．

⑥ 巫山县志编纂委员会．巫山县志（光绪）·寺观志·仙释［G］．1988：346．

牛峡的神牛。

巫山神女帮助大禹治水的故事家喻户晓。宋玉《高唐赋》序言曰：“妾巫山之女也，为高唐之客，闻君游高唐，愿荐枕席。王因幸之。”[①]“巫山云雨”因此成为男女情爱与鱼水之欢的代名词。有学者认为“朝云”“暮雨”是对巫山气象景观的高度总结，非熟稔该地气候特征者不能道也[②]。事实上“巫山云雨”本意应该是水滋润万物、创造万物、孕育生命、诞生文明。光绪《巫山县志·寺观志》记载，巫山神女“因佐禹治水，肖像庙中祀之。是神女实有大功之正神也”[③]。在巫山，人们认为巫山神女“佐禹治水”，是有大功的正神。《山海经·大荒南经》记载：“大荒之中……有云雨之山，有木曰栾。禹攻云雨，有赤石焉生栾，黄本，赤枝，青叶。群帝焉取药。”[④]《高唐赋》中的传说晚于《山海经》，在“云雨之山”，大禹“攻云雨”，寓意就是治水。大禹得神女之助，同他与巴地涂山氏有婚姻关系的情况类似。大禹于三峡治水时得神女的治水神书，表明大禹治水的思想已经成熟，有了成熟的范式和方法。巴地涂山部落与三峡神女部落可能都是母系氏族晚期的部落，都善于治水，而大禹所率领的父系部落从岷山和岷江而来，与之联姻，并得到了这两个善于治水的母系部落的帮助。大禹从蜀地到巴地，在三峡治水并形成成熟的范式和方法，最终走向全国，以疏导为主、围堵结合的方法获得成功。大禹成为治水英雄，是集仁、义、勇、智于一身的结果。后来，大禹统领万邦，最终开创夏朝。是故后世之人笃信善治水者能安邦，而大禹治水安邦是联合诸多部落共同努力的结果，这与父系氏族部落晚期由部落走向部落联盟，最终建立国家的历史轨迹是相吻合的。

## 三、大禹治水的方法

### （一）治水主体的重要性

大禹是治水英雄，但其成功并非他一人之功，而是集父亲鲧和助手益、后稷及各地（如涂山、巫山神女等）部落人们的聪明与智慧，借助疏导为主、围堵结

① 巫山县志编纂委员会. 巫山县志（光绪）·艺文志·高唐赋［G］. 1988：398.

② 林涓，张伟然. 巫山神女：一种文学意象的地理渊源［J］. 文学遗产，2004（2）.

③ 巫山县志编纂委员会. 巫山县志（光绪）·寺观志·仙释［G］. 1988：346.

④ 袁珂. 山海经校译·山海经第一十五·大荒南经［M］. 上海：上海古籍出版社，1985：260.

合的治水方法，全民协作的结果。《国语·周语下》记载："共之从孙四岳佐之，高高下下，疏川导滞，钟水丰物，封崇九山，决汩九川，陂鄣九泽，丰殖九薮，汩越九原，宅居九隩，合通四海。"[①]四岳辅助禹治水成功。《史记·夏本纪》曰："禹乃遂与益、后稷奉帝命，命诸侯百姓兴人徒以傅土。"[②]大禹是治水英雄，广大人民群众也是治水英雄，而群众需要一个好的领导才能有效治水。21 世纪初出土的西周青铜器遂公盨铭文中有"大禹治水""以政为德"等字样。《尚书·洪范》记载，箕子言："我闻在昔鲧堙洪水，汩陈其五行。帝乃震怒，不畀'洪范'九畴，彝伦攸斁。鲧则殛死，禹乃嗣兴，天乃锡禹'洪范'九畴，彝伦攸叙。"[③]禹的父亲鲧苦心治水，想用金、木、水、火、土的材料，想找到"'洪范'九畴"的治水方法，为大禹治水积累了经验。而后"鲧则殛死，禹乃嗣兴，天乃锡禹'洪范'九畴，彝伦攸叙"，说明鲧在死前，已经将治水材料及其探索的治水方法交给禹，禹子承父业，故能成就大业。治水英雄与人民群众是一体的，大禹是领导者，是鲧的继承者，也是广大群众智慧、功绩的集大成者，大禹治水的地位、方法、功绩都具有传承性和全民性。作为治水领袖，大禹集华夏治水之大成，关键在于导江疏河、疏堵结合这一创新的治水方法。

### （二）治水方法的灵活性

大禹治水方法灵活多样。《史记·夏本纪》记载，大禹"薄衣食，致孝于鬼神。卑宫室，致费于沟淢。陆行乘车，水行乘船，泥行乘橇，山行乘檋。左准绳，右规矩，载四时，以开九州，通九道，陂九泽，度九山。令益予众庶稻，可种卑湿。命后稷予众庶难得之食。食少，调有余相给，以均诸侯。禹乃行相地宜所有以贡，及山川之便利"[④]。大禹曰："洪水滔天，浩浩怀山襄陵，下民昏垫。予乘四载，随山刊木，暨益奏庶鲜食。予决九川，距四海，浚畎浍，距川，暨稷播奏庶艰食鲜食，懋迁有无化居。烝民乃粒，万邦作乂。"[⑤]《史记·夏本纪》记载，大禹"命诸侯百姓兴人徒以傅土，行山表木，定高山大川"[⑥]。《孟子·滕文公上》记载，大禹"疏九河，瀹济、漯，而注诸海；决汝、汉，排淮、泗而注之江。然后中国可得而食也"。《孟子》曰："禹掘地而注之海，驱蛇龙而放之菹，水由地

① 陈桐生. 国语·周语下［M］. 北京：中华书局，2013：112.
② ［西汉］司马迁. 史记·夏本纪［M］. 北京：中华书局，1959：51.
③ 王世舜，王翠叶. 尚书·洪范［M］. 北京：中华书局，2012：144.
④ ［西汉］司马迁. 史记·夏本纪［M］. 北京：中华书局，1959：51.
⑤ 袁珂，周明. 中国神话资料萃编［M］. 成都：四川省社会科学院出版社，1985：255.
⑥ ［西汉］司马迁. 史记·夏本纪［M］. 北京：中华书局，1959：51.

中行……然后人得平土而居之。”[1]大禹率领益、后稷及各地诸侯运用疏、瀹、决、导、排、掘、注、驱、凿、折、破、辟、放、平、行、表等方法，经过多年艰苦卓绝的奋斗，终于战胜了经年不息的大洪水。围堵与疏导结合只是治水方法的一种，治水不能只用一种方法。《孟子》指出：“今夫水，搏而跃之，可使过颡，激而行之，可使在山。是岂水之性哉？其势则然也。”[2]水之势为“避高趋下”，故《老子》曰：“江海所以能为百谷王者，以其善下之，故能为百谷王。……以其不争，故天下莫能与之争。”[3]疏导是利用水之势与柔——下流的特性，使之归江河与海，这是总的方针。《孙子兵法·虚实篇》曰：“水之形，避高而趋下。”[4]古谚云：“人往高处走，水往低处流。”水善下，也有容的一面，如《管子·水地》曰：“是以无不满，无不居也。集于天地而藏于万物，产于金石，集于诸生，故曰水神。集于草木，根得其度，华得其数，实得其量。鸟兽得之，形体肥大，羽毛丰茂，文理明著。万物莫不尽其机，反其常者，水之内度适也。”[5]故历代治水在具体操作上更多是利用水有容的一面，先进行围堵，将之归于溪流、江河与湖泊。具体方法包括疏、浚、瀹、决、导、刊（砍）、凿、折、破、辟、排、引、掘、注、驱、放、平、行、表等，表面上看以疏导为主，事实上疏导只是一个总方针。以今天的治水经验看，江河两岸，无不围堵岸堤，使水最后归海。中国乃至世界，治水无不是在围堵的基础上修渠、建坝，之后疏导引流而下，进而用于灌溉、运输、发电等。也就是说，治水方法本无优劣，关键要根据水之势、水之容的具体情况而定，因势、因时、因地、因事、因物治之，或堵疏结合，或刚柔并济，或堵引而下，或疏导而下，或蓄势而下等。治水之法不能违背水之势、下、流、容、和等本性，故以水之势为基，以水之和为本，以水之下为导，以水之流为通，以水之容为大，以水之性为治。总体来说是以之水性为治，而理解、掌握水之势是前提，以水之和为根本，以导为主要手段。如果不了解水之势，违背水之下流的本性，水势蓄积后产生的后果将非常可怕。《老子》曰：“天下莫柔弱于水，而攻坚强者莫之能胜，以其无以易之。故弱之胜强，柔之胜刚，天下莫不知，莫能行。”[6]水之势能“弱之胜强”，也能“柔之胜刚”，为至理名言。

《孟子·告子章句上》记载，告子用水作比喻时道：“性，犹湍水也，决诸

---

① ［北宋］朱熹．四书集注·孟子集注·滕文公章句［M］．长沙：岳麓书社，1987：371，389．

② ［北宋］朱熹．四书集注·孟子集注·告子章句［M］．长沙：岳麓书社，1987：466．

③ 李存山．老子·道经［M］．郑州：中州古籍出版社，2008：132-133．

④ 刘国建，戴庞海．孙子兵法·虚实篇［M］．郑州：中州古籍出版社，2008：40．

⑤ 李山．管子·水地［M］．北京：中华书局，2009：206．

⑥ ［魏］王弼．老子道德经注［M］．楼宇烈，校．北京：中华书局，2011：195．

东方则东流，决诸西方则西流。人性之无分于善不善也，犹水之无分于东西也。”①这一点人们在洪水来临时是深有体会的。大禹综合利用水的诸多特点，因利势导，实现了“导江疏河，变盈流谦”，体现了他的治水大智慧。

### （三）治水材料多样性

1. 五行治水

《尚书·洪范》指出：“五行：一曰水，二曰火，三曰木，四曰金，五曰土。水曰润下，火曰炎上，木曰曲直，金曰从革，土爰稼穑。润下作咸，炎上作苦，曲直作酸，徒革作辛，稼穑作甘。”②这是原始的五行学说，《尚书·洪范》中五行的次序，把水列为五行之首。到了汉代，董仲舒在《春秋繁露》中将之发展为“天有五行：木、火、土、金、水是也。木生火，火生土，土生金、金生水”③，提升到五行相生相克的理论水平。明代方以智则将水火统一起来，认为两者可以转化，其《四行五行说》曰：“周子尊水火在上，次表中土，下乃列金木焉。”方以智提出了水火一体论，其《水患说》指出：“人以水生，以火死。盖以水火交而生，以水火济而养，以水下流、火上炎而死也。”该观点认为，人以水生，以火而死，水火往返即为人生的周期。方以智《水火一体论》又曰：“天一生水，而反成阴润之性。地二生火，而反成阳燥之性。呵气属火，而化属气水。”④

根据传统的五行物质观，对于治水而言，保护五行之首的“水”自不用说。关于“火”，“火”太多则全球变暖，故人们保护水资源必须防止二氧化碳过度排放，防止臭氧消退，以减少或遏制冰川和积雪的融化，防止湿地、沼泽、湖泊消减，减轻沙漠化等。关于“木”，“木”居五行中，处中心位置，有人认为水生木，因为它们首先必须居于有水的环境中，无水则亡，而后可以保护水生态平衡，例如植物尤其森林能够蓄水，使“金”及“土”不易发生大的变化，对于减少水土流失、沙漠化、沙尘等具有积极的作用。关于“金”，其受水、受火、受木，均能化土，也能化水，而以化土为主。其中金化水易使水发生物理与化学变化，今天部分地区水污染十分严重，原因就在于人类对自然界中的矿物过度开采。关于“土”，“土”与治水相关的范畴非常宽泛，如田地、泥沙、淤泥、沙漠、滩涂、沙尘等，往往是治水过程中的难题，又是重要材料，如其容易造成水土流失，同时又可筑堤。

---

① ［北宋］朱熹．四书集注·孟子集注·告子章句上［M］．长沙：岳麓书社，1987：465.

② 李民，王健．尚书译注·洪范［M］．上海：上海古籍出版社，2004：219.

③ ［西汉］董仲舒．春秋繁露·五行对［M］．北京：中华书局，2011：144.

④ 方以智．浮山文集·四行五行说［M］．张永义，校．北京：华夏出版社 2017：217.

治水必须保护森林植被（木），还要注意工矿业废料（金）的抛洒与污染问题，以及气候变暖及沙化（火）等。《荀子·王制》曰：“圣王之制也：草木荣华滋硕之时，则斧斤不入山林，不夭其生，不绝其长也；鼋鼍、鱼鳖、鳅鳣孕别之时，罔罟毒药不入泽，不夭其生，不绝其长也；春耕、夏耘、秋收、冬藏，四者不失时，故五谷不绝，而百姓有余食也；洿池、渊沼、川泽谨其时禁，故鱼鳖优多，而百姓有余用也；斩伐养长不失其时，故山林不童，而百姓有余材也。”①《孟子·梁惠王上》曰：“不违农时，谷不可胜食也；数罟不入洿池，鱼鳖不可胜食也；斧斤以时入山林，树木不可胜用也。”②环境保护是多层面的，对此古人早已意识到。治水得化天地之万象。《尚书·洪范》记载：“我闻在昔，鲧堙洪水，汩陈其五行。”这说明大禹的父亲鲧已经意识到治水不能光治水与土，应将五行治水之法综合考虑，疏导洪水，如此为大禹治水成功打下了良好的基础。也就是说，事实上鲧留给大禹的治水之法，并不仅有息壤及敷土，还有五行治水之法，即综合考虑气候、森林植被、矿产等因素，终成大禹治水之大业。我们今天治水也与五行治水之法类似，涉及与水有关的行业有水电、环保、气象、地质、城建、农业、林业、航运、供水、饮水等。简而言之，治水必须兼顾万物之本源，结合五行之法，治水当治与水相关之万物、水容之万物、容水之万物，并且不可偏废。

2. 息壤治水

古人有“兵来将挡，水来土掩”之说。《山海经·海内经》指出：“洪水滔天，鲧窃帝之息壤以堙洪水，不待帝命。帝令祝融杀鲧于羽郊。鲧复生禹。帝乃命禹卒布土，以定九州。”③《荀子·成相》记载，“禹傅土，平天下”④。《淮南子·时则训》记载，“以息壤堙洪水之州”⑤。这些说明鲧禹父子曾用土（息壤）治水。郭璞注《山海经》指出：“息壤者，言土自长息无限，故可以塞洪水也。”鲁迅在《理水》一文中也指出息壤是“传说中一种能够自己生长，永不耗减的土壤”⑥。显然郭璞和鲁迅所说的土壤是不存在的。息壤是什么土壤呢？对此，尹玲玲《江陵“息壤”与鲧禹治水》作如下解释。

> “息壤”为泥沙淤积而成的沙堤洲滩，“息石”则是用重物压制以防管涌的巨石。石可息壤，既可指所用之石，也可指所息之壤，故而混

① 蒋南华．荀子全译·王制［M］．贵阳：贵州人民出版社，1995：157.
② 杨伯峻．孟子译注［M］．北京：中华书局，2005：5.
③ 袁珂，周明．中国神话资料萃编［M］．成都：四川省社会科学院出版社，1985：239.
④ 蒋南华．荀子全译·成相［M］．贵阳：贵州人民出版社，1995：522.
⑤ 许匡一．淮南子·全译·卷五·时则［M］．贵阳：贵州人民出版社，1993：316.
⑥ 鲁迅．鲁迅全集·理水［M］．北京：人民文学出版社，2005：406.

称并用。[①]

该文是目前所见研究“息壤”最为深入的文章，对研究大禹治水具有重要的启示。根据《荀子·成相》和《史记·夏本纪》记载的“禹傅土”解释，“傅”通“敷”，动词，为分布、附着、使黏、使附着、铺、涂的意思，“傅（敷）土”是动宾结构，意思是大禹及其父亲用某种泥土治水，使洪水慢慢消退，天下平（或平天下）。这是什么神奇的泥土呢？《拾遗记·卷二》记载：“禹尽力沟洫，导川夷岳，黄龙曳尾于前，玄龟负青泥于后。”[②]“禹尽力沟洫，导川夷岳”非常容易理解，是指禹开沟渠导水，使水流向河流，遇到山丘，就将山丘夷平，使河流的水通过。“黄龙曳尾于前，玄龟负青泥于后”看似有些神话传说色彩，但如果理解“黄龙”与“玄龟”为治水过程中负重或载物的工具，就不会迷惑不解了，因为龙、龟为水中之物，人在水上活动，唯有借助于舟船，如此看来“黄龙”可能是在水中挖淤泥或泥沙的船，而“玄龟”为装淤泥或泥沙的船。《史记·夏本纪》记载，禹“陆行乘车，水行乘船，泥行乘橇，山行乘樺”，这可以佐证“黄龙”与“玄龟”都是为治水而特制的用于挖沙泥的船。而“息壤者，言土自长息无限”是指河中的淤泥、泥沙今年取去后，来年又随洪水而来。可见“息壤”就是江河中的青泥。由于当时森林植被多，河中多植被沉积物，故多呈绿青色，这种土相当肥沃，黏性也非常好，可以和泥沙、石头一起筑大堤。

“息壤者，言土自长息无限”是揭开鲧禹父子治水成功及人类河流文明产生、发展至今之奥秘的钥匙，也是解决今天黄河、长江水患不断以及“地上悬河”等问题的关键所在。当前，许多河流由于水土流失严重，河床严重抬高，例如三峡大宁河的巫溪县到荆竹坝段，古人修的栈道孔已经在水位线以下，或被泥沙淹没。三峡山高千米，那里的村庄不至于为水淹没，但是长江、黄河、淮河、海河等处于平原地区的河段则不同，中上游泥沙到来后，人们从其他地方运来泥土筑堤，使河床持续抬高，进而成为“悬河”。那么，从鲧禹父子及其助手的治水实践中，我们能得到什么启示呢？

作为治水英雄，鲧禹父子及其助手将“息壤”用“黄龙”与“玄龟”打捞上船，即《荀子·成相》所说的“禹傅土”，再把泥铺到岸堤上，提高坝基，使水流畅通，这样洪水的危害便消失了。这在《孟子·滕文公章句下》有详细描述：“洚水者，洪水也。使禹治之。禹掘地而注之海，驱蛇龙而放之菹。水由地中行，江、淮、河、汉是也。险阻既远，鸟兽之害人者消，然后人得平土而居之。”[③]大禹将河床中

① 尹玲玲. 江陵“息壤”与鲧禹治水［J］. 历史研究，2019（4）.

② ［东晋］王嘉. 拾遗记·夏禹［M］. ［梁］萧绮録，齐治平，校. 北京：中华书局，1981：37.

③ ［北宋］朱熹. 四书集注·孟子集注·滕文公章句［M］. 长沙：岳麓书社，1987：389.

的泥沙掏空，水便顺利地流入大海，多余的水则分流到近处的湖泊及沼泽湿地里去，这样村庄、田野、城市高于水平面，就不会受洪水的袭扰。大禹对江、淮、河、汉都采取这样的治水方法，洪水终于消失了，人们终于可以在陆地上安全生活了。当然，大禹还兴修水利，并在从江、淮、河、汉中挖出的淤泥上种植庄稼，民得食。《史记·夏本纪》记载：“与益予众庶稻鲜食。以决九川致四海，浚畎浍致之川。与稷予众庶难得之食。”①当时肥料很少，而生生不息的“息壤”正是农田的好肥料。

总之，以大禹为代表的治水英雄掌握了水土运动的规律，第一，将冲走的田土（青泥）从河底捞取上来，使河道保持深度，使水流畅通，降低了水灾的发生概率；第二，一部分淤泥用于筑大堤，堤坝得以年年加固提高，水灾得以减少；第三，一部分淤泥返还给附近田地，使土地保持肥力，发展了农业生产，创造性地发展了水利农业；第四，打捞河底的淤泥，避免淤泥中的水草腐烂发酵而使水质混浊，保持了优良的水质，为生物尤其人类提供了优质的农业与生活、生产用水，保持了生态平衡。如此周而复始、循环轮回，土壤在运动中生生不息，这不正是传说中的“息壤”吗？而这也是人类科学利用水最重要的自然本质——“顺势而流、循环轮回”和“导江疏河，变盈流谦”的体现。

《淮南子·原道训》曰：“天下之物，莫柔弱于水，然而大不可极，深不可测；修极于无穷，远沦于无涯；息耗减益，通于不訾；上天则为雨露，下地则为润泽；万物弗得不生，百事不得不成；……淖溺流遁，错缪相纷，而不可靡散；利贯金石，强济天下；动溶无形之域，而翱翔忽区之上；邅回川谷之间，而滔腾大荒之野；有余不足，与天地取与，授万物而无所前后。是故无所私而无所公，靡滥振荡，与天地鸿洞……与万物始终。是谓至德。”②《老子》曰：“上善若水，水利万物而不争。”③大禹利用水的自然规律为人类服务，这在延续两千多年的都江堰水利工程上得到有力的体现。放眼世界，尼罗河每年6—10月定期泛滥。8月河水上涨到最高位时，淹没两旁大片田野，人们纷纷迁往高处暂住。10月以后，洪水消退，带来了尼罗河肥沃的土壤。在这些肥沃的土壤上，人们栽培棉花、小麦、水稻、椰枣等农作物，在干旱的沙漠地区形成了一条“绿色走廊”。就是在这片土地上，古埃及人民创造出辉煌的文化，这与中国黄河与长江流域非常相似。

① ［西汉］司马迁．史记·夏本纪［M］．北京：中华书局，1959：79.

② 张双棣．淮南子校释·原道［M］．北京：北京大学出版社，1997：73.

③ ［魏］王弼．老子道德经注［M］．楼宇烈，校．北京：中华书局，2011：22.

## 四、大禹治水与“治水安邦”

大禹除治水外，还敬鬼神、建房屋、修沟渠、造舟车、开水陆交通、种稻谷、调剂各地物产等。《史记·夏本纪》记载：“与益予众庶稻鲜食。以决九川致四海，浚畎浍致之川。与稷予众庶难得之食。”《索隐述赞》对大禹治水给予最高赞誉：“尧遭鸿水，黎人阻饥。禹勤沟洫，手足胼胝。言乘四载，动履四时。娶妻有日，过门不私。九土既理，玄圭锡兹。”[①]而《庄子·天下》引用墨子的话曰：“昔者禹之湮洪水，决江河而通四夷九州也，名山（川）三百，支川三千，小者无数。禹亲自操橐耜，而九杂天下之川。腓无胈，胫无毛，沐甚雨，栉疾风，置万国。禹，大圣也，而形劳天下也如此。”[②]大禹功劳巨大，成为中华治水英雄，故在墨子眼里，大禹因大功而为“大圣”。这与大禹治水、爱民是分不开的，如《荀子·君道》曰：“君者，民之原也，原清则流清，原浊则流浊。故有社稷者，而不能爱民，不能利民，而求民之亲爱己，不可得也。”[③]《荀子·王制》提出了著名的“君民舟水”论：“马骇舆，则君子不安舆；庶人骇政，则君子不安位。……庶人安政，然后君子安位。传曰：‘君者，舟也；庶人者，水也。水则载舟，水则覆舟。’”[④]《孟子·梁惠王章句上》曰：“民归之，犹水就下，沛然谁能御之？”[⑤]因此，解决人与水的关系也似《荀子·君道》所讲，人为君，水为民，这样“君者，民之原也，原清则流清，原浊则流浊。故有社稷者，而不能爱水，不能利水，而求民之亲爱己，不可得也”[⑥]。孟子借水警示统治者，只有施仁政于民众，以人民的利益为上（尚），百姓才会“犹水就下”一样望仁德而归附。《管子·水地》指出：“水者何也？万物之本原也，诸生之宗室也，美、恶、贤、不肖、愚、俊之所产也。”[⑦]大禹治水，爱民、利民的壮举为其开创夏朝奠定了基础。禹因此赢得世人的拥戴，建立了我国第一个王朝——夏，而记载大禹事迹的《禹贡》亦被列为儒家经典。

《禹贡》记载，大禹统一天下有“九州攸同，四隩既宅，九山刊旅，九川涤源，

① ［西汉］司马迁．史记·夏本纪［M］．北京：中华书局，1959：79，90．

② 方勇．庄子·天下［M］．北京：中华书局，2010：572．

③ 蒋南华．荀子全译·君道［M］．贵阳：贵州人民出版社，1995：248．

④ 蒋南华．荀子全译·王制［M］．贵阳：贵州人民出版社，1995：143．

⑤ ［北宋］朱熹．四书集注·孟子集注·梁惠王章句［M］．长沙：岳麓书社，1987：298．

⑥ 蒋南华．荀子全译·君道［M］．贵阳：贵州人民出版社，1995：248．

⑦ 黎翔凤，梁运华．管子校注·水地第三十九［M］．北京：中华书局，2004：831．

九泽既陂，四海会同。六府孔修。庶土交正，厎慎财赋，咸则三壤成赋。中邦锡土姓。祗台德先，不距朕行。……东渐于海，西被于流沙，朔南暨声教，讫于四海。禹锡玄圭，告厥成功"[①]。《史记·五帝本纪》记载："唯禹之功为大，披九山，通九泽，决九河，定九州，各以其职来贡，不失厥宜。"[②]《淮南子·修务训》曰："禹沐浴淫雨，栉扶风，决江疏河，凿龙门，辟伊阙，修彭蠡之防，乘四载，随山刊木，平治水土，定千八百国。"[③]《华阳国志·巴志》记载："会诸侯于会稽，执玉帛者万国，巴蜀往焉。"[④]"巴蜀往焉"，其交通必有赖于长江，途经三峡而达会稽，通过长江水路交通、巴蜀、吴楚畅通无阻。而禹"会诸侯于会稽，执玉帛者万国"，则表明大禹已经是诸侯之主，诸侯听从大禹号令。"平治水土，定千八百国"则可能是指大禹征服了数百个小方国，也就是说，夏朝的建立与大禹组织治水有关。大禹以治水为手段，统一全国各地，又分全国为九州，各地朝贡，奠定了一个统一王朝的基础，建立了安邦立国的功绩，以至"率土之滨，莫非王土，率土之臣，莫非王臣"[⑤]。中国由此进入了第一个王朝——夏朝，大禹则为开国之君，其之所以能开国，除了拥有水之四德——仁、义、勇、智的品格外，还能理解水与民乃"万物之本原也，诸生之宗室也"，水与民有美、恶、贤、不肖、愚等特性，而为君者必因势利导，使水和民善下、有容。故历代统治者以治水安邦为统治之国策，据水与民的关系得出"水能载舟，亦能覆舟"的至理名言。这一名言体现了治水、牧民的大智慧，而得水之仁、水之义者，必为拥有水之大智、大勇者。

## 五、大禹庙及其神话与三峡工程

笔者认为大禹生于蜀地，从蜀地治水到巴地治水，娶涂山氏，生子启，如今重庆有涂山寺。大禹沿着三峡治水，宜昌有两处与大禹相关的大禹庙。《蜀王本纪》记载："禹生于石纽，禹母吞珠孕禹，坼副而生禹。于涂山娶妻生子名启。

① 王世舜，王翠叶．尚书·夏书·禹贡［M］．北京：中华书局，2012：87-91．
② ［西汉］司马迁．史记·五帝本纪［M］．北京：中华书局，1959：43．
③ 许匡一．淮南子全译·修务［M］．贵阳：贵州人民出版社，1993：1132．
④ ［东晋］常璩．华阳国志·巴志［M］．刘琳，注．成都：巴蜀书社，1984：21．
⑤ 关贤柱．吕氏春秋全译·孝行览第二·慎人［M］．贵阳：贵州人民出版社，1997：451．

于今涂山有禹庙，亦为其母立庙。”[①]三峡上游有大禹庙，下游也有大禹庙。神奇的三峡大坝，就矗立在昔日纪念大禹治水的三峡峡谷旁的黄陵庙前。葛洲坝建设地西坝南端建有大禹庙（即黄陵庙），西坝为江心洲，而西坝庙嘴“系西坝南端凸向大江的部分。因这里原建有黄陵庙，故名”[②]。西坝黄陵庙在《东湖县志》《宜昌县志》中均有记载，其和今天三峡大坝附近的黄陵庙成为三峡治水文化的象征。可见在中国，尤其是在湖北人、四川人、重庆人眼里，大禹是驱蛟龙、斩孽龙、湮洪水的神。《孟子·滕文公章句下》曰：“洚水者，洪水也。使禹治之。禹掘地而注之海，驱蛇（蛟）龙而放之菹，水由地中行，江、淮、河、汉是也。险阻既远，鸟兽之害人者消，然后人得平土而居之。”[③]大禹成为长江流域治水文化的符号，在三峡地区获得的祀奉尤其多，每一个县（镇）都有禹王庙，甚至部分乡村都供奉大禹。如咸丰龙坪：“传说龙坪境内自古多龙。……为了镇住孽龙，清道光年间，李启成、龚德新等人募款修建禹王庙。禹王庙修起后，孽龙大叫三日而去。龙坪由此得名。”[④]巫溪禹王庙：“一庙供奉夏禹王得名。”巫溪中梁乡禹王庙：“以早年一庙供奉夏禹王得名。”[⑤]长阳禹王庙：“以村内从前有禹王庙得名。”[⑥]巴东九龙观：“相传，大禹治水时曾从这里路过，觉察到半山腰有活宝（九条龙），后来以龚志刚为首在此山上建庙宇，取名‘九龙观’。”[⑦]宜昌三官庙：“此地在清朝时，人们为纪念尧舜禹三王而修有一庙，故名三官庙。”[⑧]封建统治者自称天子，穿龙袍，事实上民间以大禹为龙，就是因大禹善于治水，而中华民族以龙为司水之神，拥有仁、义、勇、智——水之四德的统治者方能以“龙”居高位，否则似水之民必降洪水而诛之。柳宗元《兴中江运记》记载：“昔之为国者，惟水事为重。故有障大泽，勤其官而受封国者矣。西门遗利，史起兴叹。白圭壑邻，孟子不与。”[⑨]大禹治水而得国，西门豹治水而丹青有载。

自古以来，治水安国平天下。万里长江第一坝——葛洲坝和三峡工程所在地都是大禹治水圣迹所在地。早在民国时期，葛洲坝和黄陵庙便被选为三峡的地址，

① ［西汉］扬雄．扬雄集校注·蜀王本纪［M］．林贞爱，注．成都：四川大学出版社，2001：317．

② 湖北省宜昌市地名委员会．宜昌市地名志［G］．1984：62．

③ ［宋］朱熹．四书集注·孟子集注·滕文公章句［M］．长沙：岳麓书社，1987：389．

④ 咸丰县地名志办公室．湖北省咸丰县地名志［G］．1984：125．

⑤ 巫溪县地名领导小组．四川省巫溪县地名录［G］．1982：176，335．

⑥ 湖北省长阳县地名领导小组．长阳县地名志［G］．1982：48．

⑦ 湖北省巴东县地名领导小组．湖北省巴东县地名志［G］．1983：410．

⑧ 湖北省宜昌市地名委员会．湖北省宜昌市地名志［G］．1984：73．

⑨ 宋涛．柳宗元文集［M］．沈阳：辽海出版社，2013：203．

据史料记载，"发电厂须有适宜之进水池及泄水沟，此地均可布置。故相度形势，以距离宜昌相近之葛洲坝与黄陵庙两处为水力发电之地点，较为适当。有花岗岩地峦多处，皆有用作滚水坝之可能。此次初勘所选地点在黄陵庙附近，以与葛洲坝计划互相参证"①。诸葛亮《黄陵庙记》记载，"禹开江治水，九载而功成，信不诬也。惜乎庙貌废去，使人太息。神有功助禹开江，不事凿斧，顺济舟航，当庙食兹土。仆复而兴之，再建其庙貌，目之曰'黄牛庙'，以显神功"②。大禹数千年前的"神功"和今天的三峡水利工程之间，有着无形的联系。扬雄《蜀都赋》指出，蜀都之地"禹治其江"，成就蜀地"沃野千里"③。在巴蜀人眼里，大禹早于李冰使四川成为"沃野千里"之地。

大禹治水精神是中华民族勤劳、聪慧、不畏艰难等品质的象征，大禹治水也是华夏水利文化的标志性符号。大禹治水时在三峡地区留下了夔门、黄牛峡、授书台、斩龙台、巫山十二峰等地名与传说，这些地名、传说寄托了中国人希望治理长江水患的亘古梦想。而三峡工程将历史传说变为事实，是科技和人文共融的历史丰碑，体现了华夏五千年治水文化的精神与智慧，是大禹治水安邦精神和历史的重演。三峡工程更是中华民族治水文化中治水防洪、改造自然之主观能动性和创造力的最高体现，是中华民族"天行健，君子以自强不息"精神的最佳诠释。通过三峡工程建设和三峡工程文化构建，三峡工程正逐渐成为大禹治水、民族文化与精神的象征。毛泽东《水调歌头·游泳》曰："更立西江石壁，截断巫山云雨，高峡出平湖。神女应无恙，当惊世界殊。"这气势磅礴的句子，表达了中国人修建三峡工程的远大理想和改造自然的豪情壮志。

葛洲坝（西坝）和中堡岛拥有深厚的历史文化底蕴，加之得天独厚的地理位置和地质条件，故被外国专家称为"上帝对中国的恩赐"。对此孙中山在于1924年发表的演讲中阐述得淋漓尽致："又像扬子江上游夔峡的水力，更是很大。有人考察由宜昌到万县一带的水力，可以发生三千余万匹马力的电力，像这样大的电力，比现在各国所发生的电力都要大得多；不但是可以供给全国火车、电车和各种工厂之用，并且可以用来制造大宗的肥料。"④孙中山在《建国方略之二·实业计划》中指出："此宜昌以上迄于江源一部分河流，两岸岩石束江，使窄且深，平均深有六寻，最深有至三十寻者。急流与滩石，沿流皆是。改良此上游一段，当以水闸堰其水，使舟得溯流以行，而又可资其水力。其滩石应行爆开除去。

① 宋希尚．测勘扬子江上游水力发电之概况［J］．扬子江季刊，1933（1）．

② 黎小龙．三峡通志校注·黄陵庙记［M］．重庆：重庆出版社，2014：110．

③ ［西汉］扬雄．扬雄集校注·蜀都赋［M］．林贞爱，注．成都：四川大学出版社，2001：1．

④ 孙中山．孙中山全集·第九卷［M］．北京：中华书局，1986：402．

于是水深十尺之航路，下起汉口，上达重庆，可得而致。”[①]在今天看来，“上帝对中国的恩赐”源于大禹治水精神和中华民族精神。今天的治水成果，相信几千年前的大禹也会惊叹。我们要继承大禹“三过家门而不入”的奋斗精神，更要秉持仁、义、勇、智——水之四德。

总之，人类治水、用水使水有益的功能得到发挥，从而利用水之柔、容、和、刚、善等美的一面，而避免、规避、减少水之淫、滥、涝、污、湮、浑等恶的一面。这也是水利和水文化的主体。大禹治水的神话传说是中华治水文化的结晶，是人类充分理解水之仁、义、勇、智四德的结果，其为今天的水利事业提供了丰富的经验和教训。长江第一坝——葛洲坝工程所在的西坝有供奉大禹神的黄陵庙，三峡工程所在的三斗坪也有供奉大禹神的黄陵庙。这些都是祖先留给中华民族的优秀遗产，我们要继承和发扬大禹治水的精神，而其利用水之势，因势利导，堵疏结合，五行并用，则是我们发扬和光大的要旨所在。

① 孙中山. 建国方略［M］. 北京：华夏出版社，2002：176.

# 第十章 孙中山"水闸堰水"与"中国梦"思想研究

孙中山在《上李鸿章书》中提出，治国富强须借助于人、地、物、货——实业救国四法，并谈到电作为新生事物在工农业生产中的巨大作用。辛亥革命后，孙中山在《建国方略》中阐述了"水闸堰水"发展电力、建设闸坝为国家建设服务的构想。后来孙中山在阐述"民生主义"思想时又对中国珠江、黄河，尤其是长江建设闸坝的作用作了分析和展望。孙中山认为电能是"器"中之最能者，是可以"生五谷，长万物"之物，从中华民族开发水电、发展水运的角度看，孙中山"电化万物"和"水闸堰水"的思想有一个发展和成熟的过程，至今影响着中华民族的经济、文化和生活。

## 一、"电化万物"思想

清朝末年，中华民族处于风雨飘摇之中，1894年6月，时年28岁的孙中山撰写《上李鸿章书》上书清政府洋务派领袖李鸿章，洋洋洒洒八千言谈富强之大经、治国之大本，他运用其游历西方国家获得的丰富见识，对富强治国之道给予详细阐述，然后将电能作为实业救国的重要方面进行介绍。时为后生的孙中山首先将自己介绍给李鸿章，最后结尾时对李鸿章寄予祈望。孙中山在《上李鸿章书》一文中作如下阐述。

宫太傅爵中堂钧座：

敬禀者：窃文籍隶粤东，世居香邑，曾于香港考授英国医士。幼尝游学外洋，于泰西之语言文字，政治礼俗，与夫天算地舆之学，格物化学之理，皆略有所窥；而尤留心于其富国强兵之道，化民成俗之规……草野小民，生逢盛世，惟有逖听欢呼、闻风鼓舞而已，夫复何所指陈？然而犹有所言者，正欲于乘可为之时，以竭其愚夫之千虑，仰赞高深于万一也。①

伏维我中堂佐治以来，无利不兴，无弊不革，艰巨险阻尤所不辞。如筹海军、铁路之难尚毅然而成之，况于农桑之大政，为生民命脉之所关，且无行之之难，又有行之之人，岂尚有不为者乎？用敢不辞冒昧，侃侃而谈，为生民请命，伏祈采择施行，天下幸甚。

肃此具禀，恭叩钧绥。伏维垂鉴。文谨禀②

文中可见，孙中山青年时期的阅历——游学、学医、学外语、学西方政治和科学等，是他得以了解西方国家、提出富强治国之道的基础。他的这些经历也是其后来写出影响跨域时空的《建国方略》和《三民主义》的重要前提。接下来孙中山便直入主题，提出了富强治国的四个方面。

窃尝深维欧洲富强之本，不尽在于船坚炮利，垒固兵强，而在于人能尽其才，地能尽其利，物能尽其用，货能畅其流——此四事者，富强之大经，治国之大本也。我国家欲恢扩宏图，勤求远略，仿行西法以筹自强，而不急于此四者，徒惟坚船利炮之是务，是舍本而图末也。

孙中山提出了富强、治国之四法：人、地、物、货。直至今日，任何国家和民族，抓住了人、地、物、货四个方面，国必兴，民必富。更为可贵的是，孙中山的思想超越了洋务派只学“坚船利炮”的狭隘思想，改为本末兼学，本末相长，人、地、物、货四者相助。当然人才在四者之中最为紧要，“所谓人能尽其才者，在教养有道，鼓励有方，任使得法也”。此时孙中山说到人才，其实借用了古代“士农工商”的概念，他在《上李鸿章书》中对士、农、工、商作如下阐述。

若其他，文学渊博者为士师，农学熟悉者为农长，工程达练者为监工，商情谙习者为商董，皆就少年所学而任其职。总之，凡学堂课此一业，则国家有此一官，幼而学者即壮之所行，其学而优者则能仕。

孙中山口中的“士农工商”与传统的“士农工商”是有本质差别的，尤其是“工”，为“工程练达者”，这实际上是西方科学界定义的工程技术人员，而非传统的小手工业者或工场手工业者，是机器化生产下的“工”。这也是孙中山能

① 孙中山．孙中山全集·第一卷［M］．北京：中华书局，1981：8.

② 孙中山．孙中山全集·第一卷［M］．北京：中华书局，1981：18.

够较早、系统地论述西方工科技术，提出利用电能而培养人才的理论基础。在总结人才的作用时，孙中山在《上李鸿章书》中指出：“故教养有道，则天无枉生之才；鼓励以方，则野无郁抑之士；任使得法，则朝无幸进之徒。斯三者不失其序，人能尽其才矣；人既尽其才，则百事俱举；百事举矣，则富强不足谋也。”[①]在孙中山眼里，富强、治国之本在于人才。孙中山的思想虽有传统思想的形式，但内容已经完全不一样，因为他认为，除了传统科举人才外，被其重新阐释的“士农工商”也是人才，且其中的“工”是懂工程者，为建设大工程的必需人才。可见在孙中山的思想体系中，体现出的已经是现代工业体系中的人才观。对此，孙中山《上李鸿章书》作如下阐述。

> 所谓地能尽其利者，在农政有官，农务有学，耕耨有器也。
>
> 夫地利者，生民之命脉。……农民只知恒守古法，不思变通，垦荒不力，水利不修，遂致劳多而获少，民食日艰。水道河渠，昔之所以利农田者，今转而为农田之害矣。如北之黄河固无论矣，即如广东之东、西、北三江，于古未尝有患，今则为患年甚一年；推之他省，亦比比如是。此由于无专责之农官以理之，农民虽患之而无如何，欲修之而力不逮，不得不付之于茫茫之定数而已。年中失时伤稼，通国计之，其数不知几千亿兆，此其耗于水者固如此其多矣。

孙中山指出，要在农业生产中运用水利，要将河流泛滥之害变为利，否则全国上下河水东流，白白浪费几千亿兆的电力。孙中山为此十分惋惜，故其“地”除了土地外，还包括河流。孙中山《上李鸿章书》指出了兴修水利的好处。

> 泰西国家深明致富之大源，在于无遗地利，无失农时，故特设专官经略其事，凡有利于农田者无不兴，有害于农田者无不除。如印度之恒河，美国之密士，其昔泛滥之患亦不亚于黄河，而卒能平治之者，人事未始不可以补天工也。有国家者，可不急设农官以劝其民哉！
>
> 水患平矣，水利兴矣，荒土辟矣，而犹不能谓之地无遗利而生民养民之事备也，盖人民则日有加多，而土地不能以日广也。倘不日求进益，日出新法，则荒土既垦之后，人民之溢于地者，不将又有饥馑之患乎？是在急兴农学，讲求树畜，速其长植，倍其繁衍，以弥此憾也。顾天生人为万物之灵，故备万物为之用，而万物固无穷也，在人之灵能取之用之而已。[②]

在孙中山实业救国的理念中，“地”必须有水利才能发挥作用，而在此过程

① 孙中山．孙中山全集·第一卷［M］．北京：中华书局，1981：8-10.

② 孙中山．孙中山全集·第一卷［M］．北京：中华书局，1981：10-11.

中须发挥人的主观能动性。虽然“地”不能无限扩大，但是作为万物之灵，人的主观能动性是无限的，可以弥补“地”之有限。而要发挥人的主观能动性必须运用农学、植物学、动物学、地学（地理学）、化学、格物学（物理学），孙中山所处的时代正从蒸汽时代向电气时代过渡，故格物学之电学（力）是发挥“地”之作用的前提。对此，孙中山《上李鸿章书》作如下总结。

> 倘若明其理法，则能反硗土为沃壤，化瘠土为良田，此农家之地学、化学也。别种类之生机，分结实之厚薄，察草木之性质，明六畜之生理，则繁衍可期而人事得操其权，此农家之植物学、动物学也。日光能助物之生长，电力能速物之成熟，此农家之格物学也。①

有了新兴的学科和方法，还需要使用相应的机器设备。在孙中山眼里，地、人、器三者结合才能发挥最大效能，可见他对地、人、器的理解是超越时代的。后来，孙中山在《三民主义·民生主义》一文中，仍然非常重视机器的作用，其中第三讲讲到增加生产的方法，“第一个方法就是机器问题”。

> 中国几千年来耕田都是用人工，没有用过机器。如果用机器来耕田，生产上至少可以加多一倍，费用可减轻十倍或百倍。向来用人工生产，可以养四万万人，若是用机器生产，便可以养八万万人。所以我们对于粮食生产的方法，若用机器来代人工，则中国现在有许多荒田不能耕种，因为地势太高、没有水灌溉，用机器抽水，把低地的水抽到高地，高地有水灌溉，便可以开辟来耕种。已开辟的良田，因为没有旱灾，更可以加多生产。那些向来不能耕种的荒地，既是都能够耕种，粮食的生产自然大大增加了。现在许多耕田抽水的机器，都是靠外国输运进来的，如果大家都用机器，需要增加，更要我们自己可以制造机器，挽回外溢的利权。②

地力的发挥离不开人的智慧，而启迪人的智慧必须学习相关知识，故设农学和农官。土地上有进行种植等生产活动的人，即管理之人、启迪教育之人、懂技术之人，这三种人才兼备，就是运用机器发挥地利的时候。孙中山《上李鸿章书》重点阐述了机器的功用，为后来提出“必尽弃其煤机而用电力”埋下了伏笔。

> 农官既设，农学既兴，则非有巧机无以节其劳，非有灵器无以速其事，此农器宜讲求也。自古深耕易耨，皆借牛马之劳，乃近世制器日精，多以器代牛马之用，以其费力少而成功多也。如犁田，则一器能作数百牛马之工；起水，则一器能溉千顷之稻；收获，则一器能当数百人之刈。

① 孙中山．孙中山全集·第一卷［M］．北京：中华书局，1981：11.

② 孙中山．孙中山全集·第九卷［M］．北京：中华书局，1986：400.

他如凿井浚河，非机无以济其事；垦荒伐木，有器易以收其功。机器之于农，其用亦大矣哉。故泰西创器之家，日竭灵思，孜孜不已，则异日农器之精，当又有过于此时者矣。我中国宜购其器而仿制之。

故农政有官则百姓劝（勤），农务有学则树畜精，耕耨有器则人力省，此三者，我国所当仿行以收其地利者也。

所谓物能尽其用者，在穷理日精，机器日巧，不作无益以害有益也。

孙中山所处的时代，农业和工业为两大基础产业，当时中国蒸汽机尚且使用得少，而孙中山已经具有超前意识，提出了电力即将取代蒸汽的大胆预测。孙中山认为“格致为生民根本之务”，《上李鸿章书》是这样阐述电的产生原理的。

泰西之儒以格致为生民根本之务，舍此则无以兴物利民，由是孜孜然日以穷理致用为事……格致之学明，则电风水火皆为我用。以风动轮而代人工，以水冲机而省煤力，压力相吸而升水，电性相感而生光，此犹其小焉者也。至于水作汽以运舟车，虽万马所不能及，风潮所不能当；电气传邮，顷刻万里，此其用为何如哉！然而物之用更有不止于此者，在人能穷求其理，理愈明而用愈广。

如电，无形无质，似物非物，其气付于万物之中，运乎六合之内；其为用较万物为最广而又最灵，可以作烛，可以传邮，可以运机，可以毓物，可以开矿。顾作烛、传邮已大行于宇内，而运机之用近始知之，将来必尽弃其煤机而用电力也。毓物开矿之功，尚未大明，将来亦必有智者究其理，则生五谷，长万物，取五金，不待天工而由人事也。然而取电必资乎力，而发力必借于煤，近又有人想出新法，用瀑布之水力以生电，以器蓄之，可待不时之用，可供随地之需，此又取之无禁，用之不竭者也。①

孙中山认为电“为用较万物为最广而又最灵”，除了照明、动力、毓物、开矿等，未来还“有智者究其理，则生五谷，长万物，取五金，不待天工而由人事也”，将电力的作用和功能提高到无与伦比的地位。孙中山认为，煤炭发电和水力发电中，水力发电为新法，自然会在未来大行其道。当然，使用各种机器的目的是使国家富强，对此孙中山《上李鸿章书》描述如下。

机器巧，则百艺兴，制作盛，上而军国要需，下而民生日用，皆能日就精良而省财力，故作人力所不作之工，成人事所不成之物。如五金之矿，有机器以开，则碎坚石如齑粉，透深井以吸泉，得以辟天地之宝藏矣。……谋富国者，可不讲求机器之用欤？

在总结人、地及其关系以及机器后，孙中山接着论及“物”，《上李鸿章书》

① 孙中山. 孙中山全集·第一卷［M］. 北京：中华书局，1981：11-12.

论述如下。

> 夫物也者，有天生之物，有地产之物，有人成之物。天生之物如光、热、电者，各国之所共，在穷理之浅深以为取用之多少。地产者如五金、百谷，各国所自有，在能善取而善用之也。人成之物，则系于机器之灵笨与人力之勤惰。故穷理日精则物用呈，机器日巧则成物多，不作无益则物力节，是亦开财源节财流之一大端也。①

孙中山的“物”论，后来演化成“民生主义”的重要内容，《三民主义·民生主义》讲到，“现在我们讲民生主义，就是要四万万人都有饭吃……中国的穷人常有一句俗话说：‘天天开门七件事，柴米油盐酱醋茶。’可见吃饭是有问题的”。孙中山理解的“吃饭”其实超越了“食物”，是一种广域的物质观，其指出“第一种是吃（呼吸）空气；第二种吃（喝）水；第三种是吃动物，就是吃肉；第四种是吃植物，就是五谷果蔬。这个风、水、动、植，就是人类的四种重要粮食。……风、水、动、植这四种物质，都是人类养生的材料……因为取之不尽，用之不竭，是天给人类，不另烦人力，所谓是一种天赐”②。在孙中山眼里，“天生之物”包括自然中的光、热、电，“人成之物”则是指利用机器制造的光、热、电等。民以食为天，电确实能“生五谷，长万物”，正如孙中山讲粮食问题时指出，电能制造肥料。这就是电“生五谷，长万物”最重要的表现之一。这种思想成为孙中山之后提出在中国各流域建设水坝和电站的理论基础。《三民主义·民生主义》第三讲中讲到增加生产的方法，“第一个方法就是机器问题”，而第二个是电。

> 制造肥料的原料，中国到处都有，像智利硝那一种原料，中国老早便用来造火药。世界向来所用的肥料，都是南美洲智利国所产；近来科学发达，发明了一种新方法，到处可以用电来造硝，所以现在各国便不靠智利运进来的天然硝，多是用电去制造人工硝。这种人工硝和天然硝的功用相同，而且成本又极便宜，所以各国便乐于用这种肥料。但是电又是用什么造成的呢？普通价钱极贵的电，都是用蒸汽力造成的；至于近来极便宜的电，完全是用水力造成的。近来外国利用瀑布和河滩的水力来运动发电机，发生很大的电力，再用电力来制造人工硝。瀑布和河滩的天然力是不用费钱的，所以发生电力的价钱是很便宜。电力既然是很便宜，所以由此制造出来的人工硝也是很便宜。③

当时大多数中国人对电十分陌生，而孙中山对其有精辟的理解并为之宣传，

① 孙中山．孙中山全集·第一卷［M］．北京：中华书局，1981：12-13.

② 孙中山．孙中山全集·第九卷［M］．北京：中华书局，1986：397-398.

③ 孙中山．孙中山全集·第九卷［M］．北京：中华书局，1986：401.

甚至有一种偏爱，是因为蒸汽电贵，水力电便宜。由于电能够便宜地“生五谷，长万物”，因此它自然成为孙中山解决民生问题、实现实业救国最常用的手段。从某种角度说，《上李鸿章书》提出的人、地、物、货四个富强治国之法，成为“三民主义”，尤其是“民生主义”的源头。《上李鸿章书》接着论述了“货”。

所谓货能畅其流者，在关卡之无阻难，保商之有善法，多轮船铁道之载运也。

夫百货者，成之农工而运于商旅，以此地之赢余济彼方之不足，其功亦不亚于生物成物也。……此其百货畅流，商贾云集，财源日裕，国势日强也。

……夫商务之能兴，又全恃舟车之利便。故西人于水，则轮船无所不通，五洋四海恍若户庭，万国九洲俨同阛阓。辟穷荒之绝岛以立商廛，求上国之名都以为租界，集殊方之货宝（实），聚列国之商氓。此通商之埠所以贸易繁兴、财货山积者，有轮船为之运载也。于陆，则铁道纵横，四通八达，凡轮船所不至，有轮车以济之。其利较轮船为尤溥，以无波涛之险，无礁石之虞。数十年来，泰西各国虽山僻之区亦行铁轨，故其货物能转输利便，运接灵速；遇一方困乏，四境济之，虽有荒旱之灾，而无饥馑之患。故凡有铁路之邦，则全国四通八达，流行无滞；无铁路之国，动辄掣肘，比之瘫痪不仁。地球各邦今已视铁路为命脉矣，岂特便商贾之载运而已哉？①

孙中山论及“货”的关键在于流动，流动的关键在于交通，而现代的轮船和铁路则是货物畅通的基础。当时轮船和火车还是以蒸汽机为主，今天距离孙中山写《上李鸿章书》已经过去百年，蒸汽机几乎都进了博物馆。一百年前在孙中山的眼里，这些轮船和铁路是以电力作为动力的，电能“运机”，“生五谷，长万物”。轮船和火车由蒸汽时代向电气时代过渡需要“水”，因为水能发电，水能载舟。对此孙中山《三民主义·民生主义》描述如下。

这种水运是很利便的，如果加多近来的大轮船和电船，自然更加利便。不过近来对于这条运河都是不大理会。我们要解决将来的吃饭问题，可以运输粮食，便要恢复运河制度。已经有了的运河，便要修理；没有开辟运河的地方，更要推广去开辟。在海上运输，更是要用大轮船，因为水运是世界上运输最便宜的方法。其次便宜的方法就是铁路。②

发展水路和铁路在孙中山的民生思想中占有重要地位。清末时期，西方帝国

① 孙中山. 孙中山全集·第一卷［M］. 北京：中华书局，1981：13-14.

② 孙中山. 孙中山全集·第九卷［M］. 北京：中华书局，1986：405.

主义以修铁路控制中国，为维护国家主权，全国各地民间筹资，商办修建铁路。中国各地“咸请自修干支等路，悉如所请。至是建造铁路之说，风行全国，自朝廷以逮士庶，咸以铁路为当务之急”①。孙中山是顺应这个时代潮流的。《上李鸿章书》中的民生理论只是一个雏形，其实早在1894年，孙中山就重视电的作用，将电作为发挥人的力量、挖掘地利之巧、开辟物之宝藏、运转货物之速最重要的“器”，而这些思想为孙中山提出建设三峡工程奠定了理论基础。《上李鸿章书》一文为孙中山实业救国思想的集大成者，是其后来写成《建国方略》的预演和前篇。在孙中山实业救国的思想体系中，《上李鸿章书》的认识还不是十分完善，但它体现了孙中山最初、最重要的救国思想，孙中山忧国忧民的赤子之心跃然纸上。中国的水利事业，尤其是关于水力发电的思想，是由《上李鸿章书》最早提出的，体现了从该文中的电之“器”到《建国方略》再到《三民主义·民生主义》开发三峡水力的演变过程。

1869年9月29日世界上诞生了第一台水力发电机，1889年巴黎世界博览会上第一次展出水力发电机是如何利用水能发电的，数年后英国商人狄斯·罗和魏特迈等人在上海开办电光公司，安装12千瓦的火力发电机一台并发电。这是在中国国土上第一次出现真正现代意义上的电力。就在孙中山写就《上李鸿章书》之时，中国事实上还没有一座水电站。在云南昆明市郊滇池出口螳螂川，至今还有一块残碑记载着一句话：“宣统二年七月兴工，民国元年壬子四月开灯。”即1910年农历七月开工，1912年农历四月开始发电。这就是我国最早兴建的水电站——石龙坝水电站，其最初装机容量仅为480千瓦。曾有人认为，1902年建成的汉口既济水电厂，1906年建成的武昌水电厂和1908年建成的上海闸北水电厂都是水电公司，是比石龙坝水电站更早的水电站，其实它们并不是水电站，而是因同时经营自来水和火电厂而得名②。也就是说，孙中山上书谈实业救国、电能“运机”和“生五谷，长万物”时，中国的电业寥若晨星，而水电站还得再等十五年才真正诞生。爱迪生发明了电灯，对人类作出了巨大贡献。这对于贫穷落后的中国而言，只是一个遥远的梦。而孙中山的梦要等一百年后才能实现，准确地说到1994年12月14日国务院总理李鹏在宜昌中堡岛庄严宣告三峡工程正式开工的时候，孙中山的梦才真正开始实施。从某种意义上讲，从1894年6月到1994年12月历经整整一个世纪，这个梦终于由设想变成现实。回顾已经过去的一个世纪，孙中山的思想如同黑暗中的一盏启明灯，虽小，但穿越时空，永放光芒。由于时代的局限，《上李鸿章书》没有被采纳，孙中山便转而走上革命道路，推翻清政府，

---

① 赵尔巽．清史稿·交通一［M］．北京：中华书局，1977：4436-4437．

② 纪华．我国第一座水电站——石龙坝水电站［J］．中国水利，1984（1）．

以求治国新方。虽然如此，但他运用人、地、物、货四法实业救国，希望兴办实业、修建铁路，尤其修建水电站以发电，让电“生五谷，长万物”的思想一直没有改变。孙中山的这个梦想，一直是中华民族追寻的梦想。

## 二、“水闸堰水”思想

孙中山撰写的《建国方略》，从心理建设、物质建设、社会建设三个方面完整地阐述了实现中国现代化的伟大理想和实施方案。《建国方略》的伟大构想，是中国现代化建设的宝贵思想财富，对于今天中国和平发展和全面建设小康社会仍具有重要的现实启迪意义[①]。在笔者看来，《建国方略》是对1894年《上李鸿章书》思想的系统阐发和发展，两者一脉相承。《上李鸿章书》根据对电的认识，提出电能“生五谷，长万物”的思想，《建国方略》则根据中国大河流域，尤其是长江流域和珠江流域的具体情况，对坝址加以预设。今天，孙中山选择的坝址都建设了多座大坝，这些大坝对如今中国的经济建设发挥了巨大作用。

1912年，孙中山为求南北统一，毅然辞去中华民国临时大总统职务，以伟大革命家的胆识，追求其年轻时代实业救国的梦想，研究中国大地上的人、地、物、货，思考富强、治国之道。孙中山《在北京迎宾馆答礼会的演讲》指出：“今日为钢铁世界，欲立国于地球之上，非讲求制造不可。……惟我国以卖路、卖矿皆为世所诟病……即如主张十年修二十万里之铁路，势不能不用外资，即开放主义。”[②]孙中山提出的理想——完成二十万里铁路，皆因电能“生五谷，长万物”，故开发电能至关重要。孙中山撰写《上李鸿章书》时，对电的认识尚有局限，《上李鸿章书》的重点也不是谈“电”，而是向李鸿章展示治国方略。撰写《建国方略》时，孙中山对电的理解已经有所提高，继承了《上李鸿章书》中的思想。《建国方略·七事为证》开篇曾作如下描述。

> 前三章所引以为“知难行局”之证者，其一为饮食，则人类全部行之者；其二为用钱，则人类之文明部分行之者；其三为作文，则文明部分中之士人行之者。此三事也，人类之行之不为不久矣。不为不习矣，然考其实，则只能行之，而不能知之。而间有好学深思之士，专从事于研求其理者，每毕生穷年累月，亦有所不能知。是则行之非艰，而知之实艰，以此三事

① 张癸．孙中山建国方略与中国现代化［J］．上海市社会主义学院学报，2011（5）．

② 孙中山．孙中山全集·在北京迎宾馆答礼会的演讲［M］．北京：中华书局，1982：449.

证之，已成为铁案不移矣。或曰："此三事则然矣，而其他之事未必将然也。"今更举建屋、造船、筑城、开河、电学、化学、进化等字为证，以观其然否。[①]

《建国方略·七事为证》指出，对饮食、用钱、作文，即使一生"研求其理者，每毕生穷年累月，亦有所不能知"。孙中山也是穷其一生在思考这些问题，他对"电学"的思考可追溯到《上李鸿章书》。《建国方略·七事为证》对"电学"理论阐述如下。

往昔电学不明之时，人类视雷电为神明而敬拜之者，今则视之若牛马而役使之矣。今日人类之文明已进于电气时代矣，从此人之于电，将有不可须臾离者矣。观于通都大邑之地，其用电之事以日加增，点灯也用电，行路也用电，讲话也用电，传信也用电，作工也用电，治病也用电，炊爨也用电，御寒也用电。以后电学更明，则用电之事更多矣。

以今日而论，世界用电之人已不为少，然能知电者有几人乎？每遇新创制一电机，则举世从而用之，如最近之大发明为无线电报，不数年则已风行全世。然当研究之时代，费百十年之工夫，竭无数学者之才智，各贡一知，而后得成全此无线电之知识。及其知识真确，学理充满，而乃本之以制器，则无所难矣。器成而以之施用，则更无难矣。是今日用无线电以通信者，人人能之也。而司无线电之机生，以应人之通信者，亦不费苦学而能也。至于制无线电机之工匠，亦不过按图配置，无所难也。其最难能可贵者，则为研求无线电知识之人。学识之难关一过，则其他之进行有如反掌矣。

以用电一事观之，人类毫无电学知识之时，已能用磁针而制罗经，为航海指南之用；而及其电学知识一发达，则本此知识而制出奇奇怪怪层出不穷之电机，以为世界百业之用。此"行之非艰，知之惟艰"，电学可为铁证者八也。[②]

《建国方略》体现了孙中山对电业的偏爱，指出电机为"世界百业之用"。孙中山同时指出，用电的人越来越多，但"能知电者有几人乎"。所以孙中山又运用《上李鸿章书》中人、地、物、货的理念，指出"其最难能可贵者，则为研求无线电知识之人"，掌握用电之"人"为最要。然后孙中山探讨了我国诸多大江大河流域哪些地方适合建坝，其中人们最关注的是涉及三峡的部分。事实上孙中山重点谈的还是交通问题，如《上李鸿章书》谈到"货"的流通问题，故《建国方略之二·实业计划》描述如下。

---

① 孙中山．建国方略［M］．北京：中华书局，2011：30.

② 孙中山．建国方略［M］．北京：中华书局，2011：36-37.

自汉口至宜昌一段，吾亦括之入于“长江上游”一语之中。因在汉口为航洋船之终点，而内河航运则自兹始，故说长江上游之改良，吾将发轫于汉口。现在以浅水船航行长江上游，可抵嘉定，此地离汉口约一千一百英里。如使改良更进，则浅水船可以直抵四川首府之成都。斯乃中华西部最富之平原之中心，在岷江之上游，离嘉定仅约六十英里耳。[①]

由此可见，孙中山将汉口以上流域均划为长江上游，与今日划分长江中上游的标准有所差异。孙中山所谓的“发轫于汉口”立足点是汉口到宜昌段，由于长江上游过度垦殖，水土流失严重，因此该段航道淤塞，影响到长江中上游的航运。魏源《湖广水利论》指出：“今则承平二百载，土满人满，湖北、湖南、江南各省，沿江、沿汉、沿湖，向日受水之地。”而“湖广无业之民，多迁黔、粤、川、陕交界，刀耕火种，虽蚕丛峻岭，老林邃谷，无土不垦，无门不辟，于是山地无遗利；平地无遗利，则不受水，水必与人争地”。上游百姓与山争地，下游百姓必然与水争地。与山争地的结果是“山无余利，则凡箐谷之中，浮沙壅泥，败叶陈根，历年壅积者，至是皆铲掘疏浮，随大雨倾泻而下，由山入溪，由溪达汉、达江，由江、汉达湖，水去沙不去，遂为洲渚”，与水争地的结果是“下游之湖面江面日狭一日，而上游之沙涨日甚一日，夏涨安得不怒”[②]。故孙中山撰写《改良扬子江现存水路及运河》，重点讨论交通问题。长江自古为中华民族的黄金水道，故《建国方略》提出，改善长江至关重要，而汉口至宜昌段只需要改良航道，建设河堤束水，改湾道，除沙洲。后来，孙中山在《三民主义·民生主义》中提出改善航道、避免水灾的方法。

完全治标方法，除了筑高堤之外，还要把河道和海口一带浚深……河水便容易流通，有了大水的时候，便不至泛滥到各地，河道又深，水灾便可以减少。所以浚深河道和筑高堤岸两种工程要同时办理，才是完全治标方法。

孙中山认为“浚深河道和筑高堤岸”是治标的方法。他又提出，改善航运，尤其减少水灾的方法是“种植森林”，通过保护生态环境治理水灾。《三民主义·民生主义》分析了森林的防灾作用。

至于防水灾的治本方法是怎么样呢？近来的水灾为什么是一年多过一年呢？古时的水灾为什么是很少呢？这个原因，就是由于古代有很多森林，现在人民采伐木料过多，采伐之后又不行补种，所以森林便很少，许多山岭都是童山，一遇了大雨，山上没有森林来吸收雨水和阻止雨水，山上的

① 孙中山. 建国方略［M］. 北京：中华书局，2011：141.

② 中华书局编辑部. 魏源集·湖广水利论［M］. 北京：中华书局，1976：388-390.

水便马上流到河里去，河水便马上涨起来，即成水灾。所以要防水灾，种植森林是很有关系的，多种森林便是防水灾的治本方法。有了森林，遇到大雨时候，林木的枝叶可以吸收空中的水，林木的根株可以吸收地下的水；如果有极隆密的森林，便可以吸收很大量的水，这些大水都是由森林蓄积起来，然后慢慢流到河中。不是马上直接流到河中，便不至于成灾。所以防水灾的治本方法，还是森林。所以对于吃饭问题，要能够防水灾，便先要造森林，有了森林便可以免去全国的水祸。我们讲到了种植全国森林的问题，归到结果，还是要靠国家来经营；要国家来经营，这个问题才容易成功。[①]

除了讨论森林的防灾作用，孙中山还提出了让国家经营森林的设想。至今，孙中山的森林防灾思想都是有极大现实意义的。关于"浚深河道和筑高堤岸"的思想，新中国成立后，实施改造荆江航运、建荆江大堤等治标工程，直到21世纪实施退耕还林还草，才真正从国家层面实践了孙中山的计划。关于航道改造，孙中山在《建国方略之二·实业计划》的《改良扬子江现存水路及运河·庚·长江上游》中论述如下。

洞庭之北、长江屈曲之部，自荆河口起以至石首一节，吾意当加闭塞。由石首开新道通洞庭湖，再由岳州水道归入本流。此所以使河身径直，亦缩短航程不少。自石首以至宜昌中间有泛滥处，当以木石为堤约束之；其河岸有突出点数处，须行削去，而后河形之曲折可更缓也。[②]

关于今天汉口到宜昌段的航道改造，孙中山也具有预见性。当时，航道立足于航行大轮船，改造汉口到宜昌段的航道相对较为容易，而整个长江上游的航道多峡谷险峻，滩多水急，礁石密布，危险难行。三峡航道是长江"最奇险者……凡此三峡，峭壁插天，悬崖千仞，并无山径可通，蜀道之难于斯为最"[③]。历代对长江三峡进行治理，均治标不治本，治理后交通条件依然十分恶劣。孙中山认为，在三峡口建设大坝，峡谷险滩便消失了，天堑自然变通途。对此，《建国方略之二·实业计划》的《改良扬子江现存水路及运河·庚·长江上游》一文论述如下。

自宜昌而上，入峡行，约一百英里而达四川之低地，即地学家所谓红盆地也。此宜昌以上迄于江源一部分河流，两岸岩石束江，使窄且深，平均深有六寻，最深有至三十寻者。急流与滩石，沿流皆是。

改良此上游一段，当以水闸堰其水，使舟得溯流以行，而又可资其

① 孙中山．孙中山全集·第九卷［M］．北京：中华书局，1986：407-408.

② 孙中山．建国方略［M］．北京：中华书局，2011：141-142.

③ 巫山县志编纂委员会．巫山县志（光绪）·水利志［G］．1988：65-66.

水力。其滩石应行爆开除去。于是水深十尺之航路，下起汉口，上达重庆，可得而致。[①]

孙中山指出，改善峡谷险滩航运的方法是“以水闸堰其水，使舟得溯流以行”，即建设水坝，抬高水位，炸掉礁石或让险滩礁石沉没于水底，使现代的机动大轮船得以到达上游重庆。对电十分偏爱的孙中山同时指出，除了航运外，建设巨大水闸（水坝）后“又可资其水力”，为国家提供源源不断的电力能源。早在《上李鸿章书》一文中，孙中山便极其重视交通的重要性，人、地、物、货中的“货”必有赖于交通，它们是一个相互关联、彼此统一的整体。在孙中山的宏伟蓝图中，改善长江航运，尤其是改善三峡航运的作用是十分巨大的，其对商品流通具有巨大的鼓舞和推动作用。孙中山在《改良扬子江现存水路及运河・庚・长江上游》中谈到，建水闸后的长江航道“水深十尺之航路，下起汉口，上达重庆，可得而致”。因此在孙中山的航运宏图中，改善三峡航运是关键，建水闸后便能改善整个长江三峡的航运，长江航运通达了，整个中国的水路交通也就通达了，正如《管子・度地》曰：“山川涸落，天气下，地气上，万物交通。”[②]《建国方略之二・实业计划》的《改良扬子江现存水路及运河・庚・长江上游》对水路交通总结如下。

内地直通水路运输，可自重庆北走直达北京，南走直至广东，乃至全国通航之港无不可达。由此之道，则在中华西部商业中心，运输之费当可减至百分之十也。其所以益人民者何等巨大，而其鼓舞商业何等有力耶！[③]

孙中山认为，在三峡建水闸，全国各地上至北京，下至广东，无所不通，无所不达，可真正实现《礼记・乐记》所谓的“周道四达，礼乐交通”[④]。可见，孙中山非常看重三峡交通瓶颈对中国交通和商贸的影响。百年过去，如今三峡工程和葛洲坝工程在航运和经济方面发挥巨大效益，孙中山“水闸堰水，资其水力”的宏伟蓝图功不可没。孙中山指出，“内地直通水路运输，可自重庆北走直达北京，南走直至广东，乃至全国通航之港无不可达”，“无不可达”的方法并不局限于在三峡建坝、束水、通航，疏浚也是一个重要举措。其实孙中山的铁路、水路交通的宏伟蓝图是非常系统的，且相呼应。谈到建坝，谈到“水闸堰水”，今天人们只注意到三峡大坝，事实上在孙中山的交通体系中，还有多处涉及建坝以改善交通的论述，如《建国方略之二・实业计划》的《改良扬子江现存水路及运河・

① 孙中山．建国方略［M］．北京：中华书局，2011：142.

② 黎翔凤，梁运华．管子校注・度地第五十七［M］．北京：中华书局，2004：1062.

③ 孙中山．建国方略［M］．北京：中华书局，2011：142.

④ ［唐］孔颖达．礼记正义・乐记［M］．北京：北京大学出版社，2000：1327.

己·洞庭系统》有如下阐述。

其源远在广西之东北隅，有一运河在桂林附近，与西江系统相联络。沅江通布湖南西部，而上流则跨在贵州省之东。两江均可改良，以供大河船舶航行。其湘江、西江分水界上之运河，更须改造。于此运河及湘江、西江各节，均须设新式水闸，如是则吃水十尺之巨舶，可以自由来往于长江、西江之间。洞庭湖则须照鄱阳湖例，疏为深水道，而依自然之力，以填筑其浅地为田。

《建国方略之二·实业计划》又谈到灵渠（兴安运河）并阐述如下。

现在西江之航行，较大之航河汽船可至距广州二百二十英里之梧州，而较小之汽船则可达距广州五百里之南宁，无间冬夏。至于小船，则可通航于各支流，西至云南边界，北至贵州边界，东北则以兴安运河通于湖南以及长江流域。[①]

在孙中山的水路航运体系中，全国水路都可通达，首先各河流的出海口与海路连通，其次海河（永定河）、黄河、淮河、钱塘江连通，最后长江支流湘江、珠江主流西江等连通，即中国大江大河无不连通。孙中山还提出“湘江、西江分水界上之运河，更须改造”，和三峡建水闸、水坝一样，改造的目的也是改善珠江和长江的航运，且建的是新式水闸，正如孙中山所说，“于此运河及湘江、西江各节，均须设新式水闸，如是则吃水十尺之巨舶，可以自由来往于长江、西江之间”。新式水闸在今天数量不少，如赣江万安船（水）闸、三峡五级船（水）闸以及葛洲坝一号、二号、三号船闸，等等，孙中山如果看到这些新式船闸，恐怕也会惊叹今人之成就。

船只通过灵渠的情形大致是，“渠内置斗门三十有六，每舟入一斗门，则复闸之，俟水积而舟以渐进，故能循崖而上，建瓴而下，以通南北之舟楫”[②]。即利用连通器的原理先将陡杠（面杠、底杠、小杠）插入陡门的边墙与底坎，再将竹箔逆水置杠上，进而改变两个（亦有数个之说）陡门间的渠段水位，使其高度相等再将杠抽去，从而让船舶逐陡而上（下）。1986 年 11 月，世界大坝委员会专家到灵渠考察，称赞“灵渠是世界古代水利建筑的明珠，陡门是世界船闸之父”。孙中山《建国方略之二·实业计划》对灵渠（兴安运河）的改造论述如下。

西江之北支由梧州起溯流至桂林以上，桂江较小较浅，而沿江水流又较速，故其改良比之其他水路更觉困难。然而，此实南方水路规划中极有利益之案。因此江不特足供此富饶地区运输之目的而已也，又以供

① 孙中山．建国方略［M］．北京：中华书局，2011：141，154．

② ［南宋］周去非．岭外代答［M］．杨武泉，校．北京：中华书局，1999：27．

扬子江流域与西江流域载货来往孔道之用。此项改良应自梧州分歧点起，以迄桂林，由此再溯流至兴安运河，顺流至湘江，因之以达长江。于此当建多数之堰及水闸，使船得升至分水界之运河；他方又须建多数之堰闸，以便其降下。此建堰闸所须之费，非经详细调查，不能为预算也。然而吾有所确信者，则此计划为不亏本之计划也。①

孙中山谈论中国古代灵渠之改造，希冀长江和珠江相连，可知其对中国古代水利十分谙熟。他指出，改造漓江与湘江相连的灵渠（兴安运河）“比之其他水路更觉困难”，但灵渠数千年来为长江与珠江交通之“孔道”，不得不连通，并且须以新式船闸连通。灵渠在建水闸后，“以供扬子江流域与西江流域载货来往孔道之用”，孙中山认为，“有所确信者，则此计划为不亏本之计划也”。这再次体现了孙中山对于“货”的看法，即交通通达为上，建新式水闸，使长江和珠江连成一体，是“南方水路规划中极有利益之案”。

孙中山诸多关于长江航运交通的计划都是在新中国成立后实施的，汉水改造就是其中之一，这也是孙中山“水闸堰水，资其水力”的梦想在长江最大支流汉江的梦圆工程，即汉江丹江口水利枢纽工程和安康水利枢纽工程。当年，孙中山在《建国方略之二・实业计划》中提出的规划如下。

此水以小舟溯其正流，可达陕西东（西）南隅之汉中；又循其旁流可达河南西南隅之南阳及赊旗店。此可航之水流，支配甚大之分水区域：自襄阳以上，皆为山国；其下以至沙洋，则为广大开豁之谷地；由沙洋以降，则流注湖北沼地之间，以达于江。

改良此水，应在襄阳上游设水闸。此一面可以利用水力，一面又使巨船可以通航于现在惟通小舟之处也。襄阳以下河身广而浅，须用木桩或叠石作为初级河堤，以约束其水道，又以自然水力填筑两岸洼地也。及至沼地一节，须将河身改直浚深。其在沙市，须新开一运河沟通江汉，使由汉口赴沙市以上各地得一捷径。此运河经过沼地之际，对于沿岸各湖，均任其通流，所以使洪水季节挟泥之水溢入渚湖，益速其填塞也。②

改造汉江，设水闸（坝）的目的和作用是“一面可以利用水力，一面又使巨船可以通航”。当然，考虑到汉江时常洪水泛滥，改良汉江和长江一样，除在上游建坝外，中下游也需要修堤“约束其水道”。今天，无论是建丹江口水坝还是建汉江河堤都实现了，南水北调中线工程也已完工。孙中山更为伟大的地方是，他提出“其在沙市，须新开一运河沟通江汉，使由汉口赴沙市以上各地得一捷径”

① 孙中山．建国方略［M］．北京：中华书局，2011：157．

② 孙中山．建国方略［M］．北京：中华书局，2011：140-141．

的设想。今天，引江济汉工程也已顺利完工。徐建平《孙中山与华北水务问题研究》一文指出，孙中山将发展华北水利事业作为实业计划的重要内容，并且将其作为民生主义思想的有机组成部分。其中“引江济河”的设想奠定了当今“南水北调”的蓝图[①]。也就是说，今天南水北调中线工程和引江济汉工程在某种意义上讲，都是孙中山伟大设想的成果，今人不得不感叹他超凡的预见。

## 三、“水电兴国”思想

从《上李鸿章书》到《建国方略》，孙中山对水利工程和电力兴国十分重视，如《建国方略》提出，在长江、珠江、汉江各流域建设水闸（坝），建设水闸的目的是富强。孙中山《三民主义·民生主义》提出了发展生产的七种方法。

> 我们对于农业生产，除了上说之农民解放问题以外，还有七个增加生产的方法在研究：第一是机器问题，第二是肥料问题，第三是换种问题，第四是除害问题，第五是制造问题，第六是运送问题，第七是防灾问题。

孙中山所说的“农民解放问题”就是其提出的“扶助农工”问题，即令人民思想解放，让农民变工人。孙中山七个增加生产的方法，除了第三个“换种”外，其他均涉及电力。孙中山还提出在河流和河滩建闸坝，作用主要在于改善水运交通，使全国的物质流动起来，其次是发电，发电后就能制造肥料、供城市和电机（工业）用电。《三民主义·民生主义》在讨论广东和广西的水力时有如下阐述。

> 这种瀑布和河滩，在中国是很多的。像西江到梧州以上，便有许多河滩。将近南宁的地方有一个伏波滩，这个滩的水力是非常之大，对于往来船只是很阻碍危险的；如果把滩水蓄起来，发生电力，另外开一条航路给船舶往来，岂不是两全其利吗？照那个滩的水力计算，有人说可以发生一百万匹马力的电。其他像广西的抚河、红河也有很多河滩，也可以利用来发生电力。再像广东北部之翁江，据工程师的测量说，可以发生数万匹马力的电力，用这个电力来供给广州各城市的电灯和各工厂中的电机之用，甚至于把粤汉铁路照外国最新的方法完全电化，都可以足用。[②]

孙中山对广东和广西各流域是比较熟悉的，而在其水电计划中，三峡是最具

① 徐建平．孙中山与华北水务问题研究［J］．河北师范大学学报，2011（5）．

② 孙中山．孙中山全集·第九卷［M］．北京：中华书局，1986：400-402．

有诱惑力的。对此《三民主义·民生主义》论述如下。

> 又像扬子江上游夔峡的水力，更是很大。有人考察由宜昌到万县一带的水力，可以发生三千余万匹马力的电力，像这样大的电力，比现在各国所发生的电力都要大得多；不但是可以供给全国火车、电车和各种工厂之用，并且可以用来制造大宗的肥料。

在孙中山的宏伟蓝图中，三峡电站将是世界上最大的水电站，在电气化时代，可供给铁路交通和工业生产，为农业生产肥料，如此中国之振兴可期，中国实现工业化可期。孙中山的建坝设想涉及珠江、长江和黄河。《三民主义·民生主义》指出，“又像黄河的龙门，也可以发生几千万匹马力的电力。由此可见，中国的天然富源是很大的”。孙中山简单提及黄河的龙门“也可以发生几千万匹马力的电力”，黄河与珠江、长江等流域一样，蕴藏的水利资源都是中国的“天然富源”。开发了这些“天然富源”，民生目标就能容易实现。三峡工程体现了孙中山开阔的视野和浪漫主义情怀，他热情洋溢地计算、分析了长江和黄河等流域的电力。

> 如果把扬子江和黄河的水力，用新方法来发生电力，大约可以发生一万万匹马力。一匹马力是等于八个强壮人的力，有一万万匹马力便是有八万万人的力。一个人力的工作，照现在各国普通的规定，每天是八点钟。如果用人力做工多过了八点钟，便于工人的卫生有碍，生产也因之减少。这个理由，在前一回已经是讲过了。用人力做工，每天不过八点钟，但是马力做工，每天可以做足二十四点钟。照这样计算，一匹马力的工作，在一日夜之中便可等于二十四个人的工作。如果能够利用扬子江和黄河的水力发生一万万匹马力的电力，那便是有二十四万万个工人来做工，到了那个时候，无论是行驶火车汽车、制造肥料和种种工厂的工作，都可以供给。①

孙中山认为，与夔峡（三峡）相比，长江和黄河的水电，其落脚点在于农业的肥料和工业、交通的电气化。孙中山生动形象地描绘了民生主义的美好未来。孙中山认为，中国河流蕴藏的“天然富源”不仅属于“地”和“物”的范畴，也可纳入“器”的范畴。有了电力，就有了生产的“器”，人、地、物、货在“器”的作用下，彼此就可以转化。以电气化生产取代人力，中国一定能由贫变富。对此《三民主义·民生主义》总结如下。

> 韩愈说，“工之家一，而用器之家六”，国家便一天穷一天。中国四万万人到底有多少人做工呢？中国年轻的小孩和老年的人固然是不做工，就是许多少年强壮的人，像收田租的地主，也是靠别人做工来养他们。

① 孙中山．孙中山全集·第九卷［M］．北京：中华书局，1986：402．

所以中国人大多数都是不做工，都是分利，不是生利，所以中国便很穷。如果能够利用扬子江和黄河的水力发生一万万匹马力，有了一万万匹马力，就是有二十四万万个人力，拿这么大的电力来替我们做工，那便有很大的生产，中国一定是可以变贫为富的。所以对于农业生产，要能够改良人工，利用机器，更用电力来制造肥料，农业生产自然是可以增加。①

从《上李鸿章书》到《建国方略》再到《三民主义·民生主义》，孙中山将“人、地、物、货”的思想加以继承和发挥，而电作为“生五谷，长万物”之“器”，能为国家和民族富强作出贡献，能使国家由贫变富。“电化万物”，就需要“水闸堰水”。孙中山思想的演变，既蕴含了儒家思想中“人、地、物、货”和“士农工商”的传统观念，又运用西方自然科学对传统的治国思想予以扬弃和发展。“电化万物”和“水闸堰水”的思想是孙中山民生主义的重要组成部分，其发展演变是从《上李鸿章书》开始的，再到《建国方略》，然后是《三民主义·民生主义》。孙中山的水利思想具有重要的启示意义，一个民族需要梦想，而孙中山作为有梦想之人，屡战屡败，屡败屡战，其锲而不舍的精神正是中华民族在20世纪得以独立，在21世纪取得包括水电在内的辉煌成绩的力量源泉。

孙中山的许多思想，尤其水利水电思想对20世纪以至21世纪的中国经济建设具有重要的指导意义。中国如今成为世界上水电最发达的国家之一，正是孙中山“水闸堰其水……资其水力”思想实践的结果。

## 四、民国水利“中国梦”

21世纪已过去20多年，中国水电已经是世界第一，孙中山的水电之梦已经实现。从1894年《上李鸿章书》中“电化万物”思想算起，至今已有120多年，从《建国方略》“水闸堰其水……资其水力”思想算起，至今已有100多年。毛泽东《水调歌头·游泳》曰：“更立西江石壁，截断巫山云雨，高峡出平湖。神女应无恙，当惊世界殊。”其中“截断巫山云雨，高峡出平湖”便是指修建三峡工程，截断长江。

孙中山的水电之梦可谓深入人心。在毛泽东于1934年提出在根据地搞水利建设的同时，中国知识界正在开展一场畅想未来的活动。诸多学者将中国的水利尤其是水电发展当做梦想的重要组成部分。1933年，《东方杂志》做了一个文化

① 孙中山．孙中山全集·第九卷［M］．北京：中华书局，1986：402-403．

人的“新年的梦想”的活动，1998年，学者刘仰东将这些梦想编辑成书——《梦想的中国》。《东方杂志》开展的这个主题为“梦想的中国”“梦想的个人生活”和“个人计划”的征文活动，应征者囊括了当时社会各界的风云人物，包括政治界人士、社会活动人士和军事界人士……20世纪30年代中国人“梦想”和设计的未来中国，哪些已成现实？哪些已被社会抛弃？哪些仍是“梦想”？他们具有怎样的预见性和想象力？刘仰东在该书《编辑缘起》的最后写道：“很多人在憧憬21世纪的中国，很多人在总结和回顾20世纪的中国。那么，无论20世纪、19世纪、18世纪，也无论21世纪、22世纪、23世纪。作为中国人，永远不会失去一个我们始终怀有的梦想，这就是——‘中国梦’。”①

当时社会各界都谈到水利建设，尤其是水电建设，这是时代的呼唤，是孙中山《建国方略》等思想影响的结果。在《梦想的中国》一书中，武思茂（著译家）所梦想的中国——

> 政府复运用全国财力人力，使全国电气化，使任何偏僻的地方的工业及农业，均能以电气为原动力。各生产部门的开动，是以人民的需要为前提，而不是以盲目的投机的营利为前提。②

罗叔和（上海文库编辑）所梦想的中国——

> 今后我想该把长江上游和黄河上流的急流都化作电气的原动力，发百万基罗瓦特以上的电力，都市固然必需电化，农村更要电气化。多灾多害的黄河匪持能够行驶船只，而且可供灌溉，扬子江和珠江的水利更不用讲完全掌握在我们手里。农村为化作我们的乐园，农村都市化，都市农村化。
>
> 文化方面再不像现时这样子为一部分人所独占，是大众化、普遍化，各个人都有专门的智识，享受他所要的一切。③

在建党一百周年之际，罗叔和的梦想已被中国共产党领导的中国人民实现了。

钱啸秋（法政学院教授）所梦想的中国——

> 未来的预期，曾诱惑我做过三次梦。……第二次，似乎是在扬子江轮船上，这轮船仿佛是本国制造，在不久以前举行“下水礼”。……由汉口溯江而上，约莫已过宜昌，那里有一个人口近30万的新工业中心。

① 刘仰东．梦想的中国：30年代知识界对未来的展望［M］．北京：西苑出版社，1998：1-8.

② 刘仰东．梦想的中国：30年代知识界对未来的展望［M］．北京：西苑出版社，1998：70.

③ 刘仰东．梦想的中国：30年代知识界对未来的展望［M］．北京：西苑出版社，1998：73.

迫近江岸时，见陆上光辉灿烂的空中，有电光映出这样一个似算式非算式的洋字，其文为S＋E＝C，我看了莫名其妙。登陆后，看见路旁的大围墙上写有“新中华水电站世界第一”等字……

这三次梦痕，虽说半成陈迹，可是模糊的印象还留在脑海之中，特趁《东方杂志》求答案的机会笔录出来。在风雨如晦的时候，旧梦重温，亦含快意，但不知与我同梦者有多少人？

从革命根据地的毛泽东重视水利到大城市的武思茂、罗叔和、钱啸秋之梦想，俨然可见孙中山的梦想正是那个时代的梦想。20世纪初，中国人民是“做梦者”，20世纪末至21世纪初，在中国共产党的领导下，中国人民是“圆梦者”。孙中山一生的目标，无论是《上李鸿章书》还是《建国方略》和《三民主义》，以至革命行动，都是希望国强民富，在其诸多梦想中，交通方面有打通中华东西动脉的川汉铁路以及火车进西藏；水电方面有建设世界上最大的大坝——三峡水利工程，使中国成为世界上第一富强之国。钱啸秋教授梦游宜昌，梦想宜昌成为“新中华水电站世界第一”，这是中华民族的水电富国之梦。郑晓沧（浙江大学教授）梦想的则是铁路强国之梦，“完成了‘建设统一’的理想，把各条重要铁道，尤其是川汉，早日完成。从文化上看去，一条铁路，便是一个民众大学”[①]。今天，无论是电力还是铁路，我们都实现了孙中山的梦想，面对成就，重温《上李鸿章书》《建国方略》和《三民主义》的宏伟蓝图，中华民族将更加珍惜今日的成就。孙中山去世前一日（1925年3月11日），他在《国事遗嘱》上签字写道——

余致力国民革命凡四十年，其目的在求中国之自由平等。积四十年之经验，深知欲达到此目的，必须唤起民众及联合世界上以平等待我之民族，共同奋斗。

现在革命尚未成功。凡我同志，务须依照余所著《建国方略》《建国大纲》《三民主义》及《第一次全国代表大会宣言》，继续努力，以求贯彻。最近主张开国民会议及废除不平等条约，尤须于最短期间促其实现。是所至嘱！

中华民国十四年二月二十四日。

孙文，三月十一日补签。[②]

对于21世纪的中国水电人而言，“革命尚未成功，同志仍须努力”；对于中华民族而言，孙中山的《建国方略》《建国大纲》《三民主义》等富强救国思想，

---

① 刘仰东．梦想的中国：30年代知识界对未来的展望［M］．北京：西苑出版社，1998：85，90-92．

② 孙中山．孙中山全集·第十一卷［M］．北京：中华书局，1986：639-640．

是一套完善的、系统的，事实上具有指导意义的国家建设纲领，其中部分直到今天仍然没有完全实现，我们当“继续努力，以求贯彻”。

戴应观梦想的中国是完成孙中山的夙愿，“过去一年交通方面，在铁路完成了从前孙中山先生《建国方略》所规定铁路系统的最后一部分。在汽车路……的560县治间的公路网也完成了。在航海，全国共有万顿（吨）以上公私外洋航行船达3965艘”。俞觉梦想的中国是孙中山所构想的中国，“这大中华古国大概在1000多年前，曾经被东邻的小日本欺侮得几乎灭亡，但正当这个存亡关头，一般国民，忽然都深深地觉悟了，牺牲奋斗，真正实行了革命伟人孙中山先生的‘三民’主义，不但挽救了危亡的中华，而且不久德感四方，各国来归，实现了中山先生的大同世界”[①]。

早1933年的小学课本中，就纳入了孙中山的治江思想，其中课文中“在上游宜昌以上主张以水闸堰水，并把急流中的滩石爆开除去，可使船溯流而行，又得利用水力，振兴实业”的话语可谓孙中山《实业计划》的翻版[②]。可见孙中山的水利思想确实深入人心。今天从水电的角度看孙中山《建国方略》《三民主义》和《国事遗嘱》，我们坚信，实现中华民族伟大复兴，是中华民族最伟大的梦想，中国人民还须“不忘初心，方得始终”。

## 五、“大国重器”与“中国梦”

三峡工程曾是民国时期中国人民的“中国梦”，新中国的水电建设者则是“中国梦”成真的见证者和实践者。潘家铮院士指出，中国的水利水电建设，它的规模和速度，目前处于没有前例的地位，从历史上看史无前例，从世界上看史无前例[③]。例如，2004年中国水电总装机容量突破1亿千瓦，稳居世界第一。三峡大坝于2009年基本完工，成为中国水利第一个里程碑，也是世界水利开发高潮的标准性工程。中国无疑将成为世界头号水电大国和水电技术强国。中国的水电勘测、设计、施工、运行、管理、制造、更新改造等都将跃居国际领先水平，为国

① 刘仰东．梦想的中国：30年代知识界对未来的展望［M］．北京：西苑出版社，1998：35，60．

② 李泽玲．80年前小学教材现身阐述孙中山治理长江方案［J］．武汉晨报，2013（10）．

③ 韩磊．潘家铮：人文视角下的中国水电［J］．中国三峡建设，2007（4）．

家的经济发展和民族振兴大业作出重大贡献，这是不可阻挡的历史潮流[①]。一百年前石龙坝水电站两台240千瓦的发电机点亮了昆明城内的灯光，中国水力发电由此发端；一百年后的今天，随着澜沧江上的小湾水电站4号机组并网发电，标志着中国水电装机突破2亿千瓦，水力发电装机容量雄踞世界第一[②]。《人民日报》于2013年年初刊登的《我国可再生能源的发电装机规模跃居世界第一》一文指出，截至2012年10月底，全国6000千瓦以上水电厂的装机容量已达20632万千瓦，同比增长6.9%；全国并网风电装机达到5589万千瓦，同比增长33.9%。继20世纪初我国水电装机规模超过美国跃居世界第一后，2012年我国风电装机也超过美国，升至全球榜首。在以水电、风电为主的可再生能源领域，我国发电装机规模雄踞世界第一。三峡工程建设完工只是实现这个梦想的一个阶梯。梦不是做出来的，而是干出来的，在干的过程中不能怕困难。

1980年，邓小平视察葛洲坝工地时说，"三峡工程作用很大"。他认为，应该很好地研究三峡工程的问题，轻率否定不好。1992年4月3日，全国第七届人大五次会议表决通过《关于兴建长江三峡工程的决议》。三峡工程坝址选在宜昌三斗坪，设计规模为坝高185米，蓄水位175米，装机容量1300万千瓦，年均发电约850亿千瓦时，具有发电、防洪、通航等综合效益[③]。2009年，三峡工程基本完工，达到175米蓄水要求，防洪效益明显，孙中山的梦想——"水闸堰水"转化为"电化万物"的清洁能源——终于实现了。

2016年，电视纪录片《惊天工程：三峡工程》评价三峡工程是水利工程的"至尊"，是"无可匹敌"的世界第一水利工程。2018年4月24日下午，习近平总书记来到三峡大坝，了解三峡工程建设、发电、水利、通航、生态保护等方面的情况，随后前往通航船闸、升船机和左岸发电厂实地调研。习近平总书记指出，真正的"大国重器"，一定要掌握在自己手里。核心技术、关键技术，化缘是化不来的，要靠自己拼搏。14亿中国人民要齐心合力、砥砺奋斗共圆"中国梦"！习近平总书记视察三峡工程后评价三峡工程是"一个标志，三个典范"[④]。

> 一个标志：三峡工程的成功建成和运转，使多少代中国人开发和利用三峡资源的梦想变为现实，成为改革开放以来我国发展的重要标志。
>
> 三个典范：这是我国社会主义制度能够集中力量办大事优越性的典

① 佚名. 从水电大国到水电强国——历史给我们的机遇只有一次［J］. 中国三峡建设，2005（2）：34-35.

② 张子卓，李犁. 云南，见证中国水电百年历程［N］. 云南日报，2010-08-30.

③ 中国人民政治协商会议宜昌市委员会学习文史委员会. 宜昌五十年回眸·建国五十年宜昌大事纪略［G］. 1999：312，341.

④ 黎明，谢泽. 回首三峡工程建设路［J］. 中国三峡，2019（3）：174-175.

范，是中国人民富于智慧和创造性的典范，是中华民族日益走向繁荣强盛的典范。

今天，作为世界水利工程的“至尊”，作为我国水利工程的“大国重器”，三峡工程圆了以孙中山为代表的中国人民的“中国梦”。在中国共产党的领导下，成功建设三峡工程这一“大国重器”，要献给中华民族伟大的先行者和“水闸堰水”的梦想者孙中山，同时献给怀抱“中国梦”的先贤们，也献给“圆梦者”，更要献给伟大的祖国母亲，还要献给未来中华民族的追梦者。只要中华民族有梦，中华民族的伟大复兴就一定能实现。在中国共产党成立一百周年之际，有中国共产党的坚强领导，中华民族伟大复兴的“中国梦”一定能够实现。

# 下篇

# 问卷调查篇

# 第十一章 云南高中生水利“中国梦”问卷调查分析

## 一、问卷调查背景介绍

在中国追逐“中国梦”的过程中，“云南梦”成为“中国梦”五彩缤纷的一环。云南水力资源排在全国前三位，早在清末民初（1912 年），云南昆明民间便自发建设了中国第一座水电站——石龙坝水电站，成为中国人实现“水电梦”的“星星之火”。一百多年过去了，在中国西南进行水电开发，云南是重点开发地区，云南水电开发也成为中国“水电梦”的历史延续。云南是中国少数民族最多的省份，民族众多，民族文化丰富。2019 年，笔者选取云南 180 名少数民族高中生和 170 名汉族高中生进行水利“中国梦”问卷调查并分析。这 350 名高中生中，10 名为 17 岁及以上，340 名为 15 ～ 16 岁；210 名女生，140 名男生。

## 二、对云南水利整体情况的了解

高中生是正在成长的一代，对许多事物还处于了解过程中。例如，当问及 350 名高中生是否了解“世界水电在中国，中国水电在西南，西南水电在金沙”时，180 名云南少数民族高中生有 60 人知道，100 人不知道，20 人选择不回答（这 20 人其实等于不知道）；170 名云南汉族高中生有 56 人知道，109 人不知道。350 名高中生，只有 116 人知道，所占的比例仅为 33.1%，就整体而言，可以说对中国水利的整体情况不大了解。但是，他们对三峡工程的了解超过 95%，接近 96%。在全国进行的随机问卷调查中，一共有 586 位受访者，其中 562 人知道三峡工程，占 95.9%，不知道的仅占 4.1%①。由此可知，云南高中生对三峡工程的了解程度与全国民众的水平相差无几，普通民众和云南高中生对三峡工程的了解程度是一致的。在日本、美国和法国进行的 328 份有效问卷中，三国民众中有 56.4% 的人知道三峡工程②。我国云南高中生相比美、法、日三国普通民众，对三峡工程的了解程度高出近 40 个百分点。这要归功于三峡工程的“世界第一”效益和媒体宣传，还有高中课本对三峡工程的介绍。

另外，350 名高中生中有 59 人实地参观过三峡工程，参观率达到 16.9%，远远高于国外的 3.4%，但低于全国成人的 50%③。这显然是高中生年龄、阅历和所处的学习阶段所致。另外可能的原因是，云南地方教育对传授云南水利知识的重视程度不够。例如，云南省水力资源总量在全国排名第三，但“云南水力资源总量在全国排第几”这个简单的问题，350 名云南高中生中只有 17 人知道（180 名少数民族高中生中只有 1 人知道），有 233 人不清楚，接近 67%。这个问题云南民众可能不一定了解，但作为接受高中教育的高中生和云南已经成为“西电东输”及中国水电开发的中心这一现状，说明云南地方教育还没有重视起来，忽视了这方面的教育和引导。

170 名云南汉族高中生有 16 人知道正确答案，达到近 10%，而 180 名云南少数民族高中生只有 1 人知道正确答案，不足 1%。针对“云南水力资源总量在全国排第几”这一问题，48 名少数民族高中生选择“第一位”或“第二位”，其中 33 人选择“第一位”，15 人选择“第二位”，选择“第三位”“第四位”“第五位”和“不清楚”的分别是 1 人、23 人、7 人和 117 人（图 1）；31 名汉族高中生选择“第一位”或“第二位”，其中 23 人选择“第一位”，8 人选择“第二位”，选择“第三位”“第四位”“第五位”和“不清楚”的分别是 16 人、5 人、6 人和 116 人（图 2）。由此可见，汉族高中生相比少数民族高中生，云南水利知识掌握得更好一些。

① 傅才武，《三峡工程的文化学研究》课题组．三峡工程的文化学研究——对中、美、法、日四国民众的调查及文化学分析报告（征求意见稿）［D］．2009：17.

② 傅才武，《三峡工程的文化学研究》课题组．三峡工程的文化学研究——对中、美、法、日四国民众的调查及文化学分析报告（征求意见稿）［D］．2009：30.

③ 傅才武，《三峡工程的文化学研究》课题组．三峡工程的文化学研究——对中、美、法、日四国民众的调查及文化学分析报告（征求意见稿）［D］．2009：10-40.

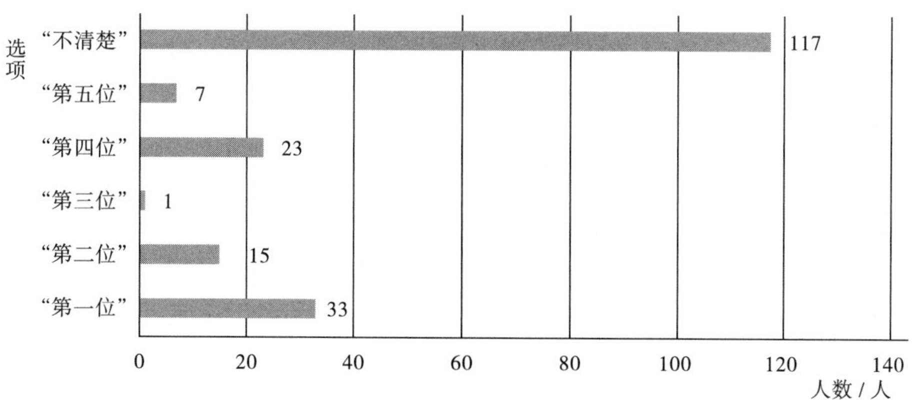


图 1　180 名云南少数民族高中生对“云南水力资源总量在全国排第几”问题答案的选择（可多选）

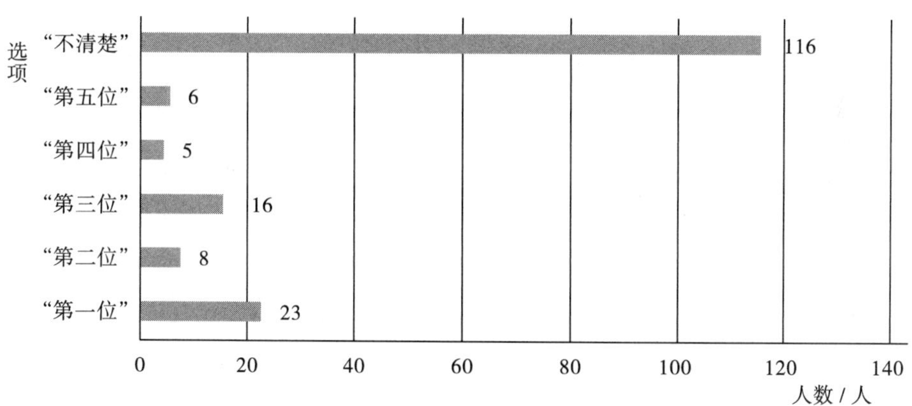


图 2　170 名云南汉族高中生对“云南水力资源总量在全国排第几”问题答案的选择（可多选）

还是以云南水利为例，调查云南高中生两个问题：第一，是否知道云南石龙坝水电站？第二，如果您知道云南石龙坝水电站，请问按照建设时间的早晚它在我国排第几位？

第一个问题的调查结果显示，180 名云南少数民族高中生中有 34 人知道石龙坝水电站；170 名云南汉族高中生中有 56 人知道石龙坝水电站，就知道的比例而言，汉族高中生要高一些。第二个问题的调查结果显示，石龙坝水电站是中国第一个水电站，这条水利知识只有极少数水利专家、学者知道，绝大多数高中生不太了解，故 170 名云南汉族高中生无一选对，而 180 名云南少数民族高中生中有 3 人选择了正确答案。

总体而言，云南高中生对云南水利的认识，整体上处于不了解或不大了解的状态，这对于我们理解云南高中生心中的水利“中国梦”和“云南梦”是有所帮助的。

## 三、对三峡工程的认识

前面所说，180 名云南少数民族高中生和 170 名云南汉族高中生，共 350 名高中生中有 59 人实地参观过三峡工程。接下来对 350 名高中生有关三峡工程的认识进行分析，由此说明，三峡工程确实是云南高中生心中的“中国梦”的集中体现。

云南高中生对三峡工程的认识详见表 2。

表 2　云南高中生对三峡工程的认识

| 序号 | 选项 | 您的态度 | | | |
|---|---|---|---|---|---|
| | | 同意 | 不同意 | 说不清 | 其他 |
| 1 | 三峡工程代表了中国人的光荣与梦想 | （148）154 | （4）4 | （15）16 | （3）6 |
| 2 | 三峡大坝代表了人类的现代科技发展水平 | （128）138 | （19）19 | （19）15 | （4）8 |
| 3 | 三峡工程建设重视经济和科技目标，对生态目标和文化目标重视不够 | （47）52 | （62）82 | （58）38 | （3）8 |
| 4 | 三峡工程集中体现了当代中国的综合国力 | （107）113 | （19）13 | （38）26 | （6）28 |
| 5 | 三峡工程创造了新的现代科技文化景观 | （138）117 | （11）11 | （14）19 | （7）33 |
| 6 | 三峡工程对库区文化遗产造成了破坏 | （64）55 | （55）66 | （46）50 | （5）9 |
| 7 | 中国的长城、故宫代表了中华传统文化的博大精深，中国三峡工程代表了当代中国现代文化的发展水平 | （108）126 | （18）29 | （38）18 | （6）7 |
| 8 | 三峡工程的“百万大移民”是一项扶贫开发工程 | （50）51 | （48）62 | （65）59 | （7）8 |
| 9 | 三峡工程大移民破坏了原有的文化生态，造成了负面影响 | （56）39 | （57）90 | （51）44 | （6）7 |
| 10 | 三峡大坝改善了三峡库区的经济发展环境，创造了机遇 | （135）138 | （6）7 | （22）24 | （7）11 |
| 11 | 三峡大坝对长江流域的自然生态环境带来了负面影响 | （75）68 | （45）49 | （45）52 | （5）11 |
| 12 | 三峡大坝体现了当代中国的管理水平 | （100）96 | （22）30 | （42）42 | （6）12 |
| 13 | 三峡大坝是中国通向世界的文化名片 | （124）137 | （16）16 | （26）21 | （4）6 |
| 14 | 与中国的繁荣富强同步，是中国现代化进程的显著标志 | （139）152 | （10）8 | （16）13 | （5）7 |

续表

| 序号 | 选项 | 您的态度 | | | |
|---|---|---|---|---|---|
| | | 同意 | 不同意 | 说不清 | 其他 |
| 15 | 创造了中国新的文化旅游资源和文化旅游品牌 | （119）148 | （18）8 | （27）13 | （6）11 |
| 16 | 为古老的中华文化注入现代文化的内涵 | （123）132 | （18）20 | （24）18 | （5）10 |
| 17 | 增强了中华民族的认同感 | （133）136 | （12）14 | （17）19 | （8）11 |

注　括号内数据为170名云南汉族高中生选择的人数，括号外数据为180名云南少数民族高中生选择的人数。

1. “正”认同度

排第一的是选项1，即“三峡工程代表了中国人的光荣与梦想”学生最认同，302人同意这种观点，认同度达到86.3%。这说明现代中国高中生有朝气，心中有梦想——“中国梦”。排第二的是选项14，即“与中国的繁荣富强同步，是中国现代化进程的显著标志”，291人同意这种观点，认同度达到83.1%，“梦”之所以受认同，是因为国家富强，而三峡工程是中国现代化的显著标志。排第三的是选项10，即“三峡大坝改善了三峡库区的经济发展环境，创造了机遇”，273人同意这种观点，认同度达到78%，这说明现代中国高中生心中有动力——发展给机遇。排第四的是选项17，即“增强了中华民族的认同感”，269人同意这种观点，认同度接近77%，这说明现代中国高中生心中有认同——中华民族的认同感。排第五的是选项15，即“创造了中国新的文化旅游资源和文化旅游品牌”，267人同意这种观点，认同度达到76.3%，其中少数民族高中生比汉族高中生多29人，由此推测，云南少数民族对于旅游文化认同高，这与少数民族为旅游受益者可能有一定关系，说明现代高中生心中装着文化。排第六的是选项2，即“三峡大坝代表了人类的现代科技发展水平”，266人同意这种观点，认同度达到76%，这说明现代高中生心中装着科技。

2. “负”认同度

排倒数第一的是选项9，即“三峡工程大移民破坏了原有的文化生态，造成了负面影响”，共95人选择该项，认同度仅为27.1%，可见在三峡工程大移民过程中，负面影响较少。排倒数第二的是选项3，即“三峡工程建设重视经济和科技目标，对生态目标和文化目标重视不够”，只有99人选择该项，认同度仅有28.3%，可见在高中生眼里，三峡工程对生态目标和文化目标还是比较重视的。排倒数第三的是选项8，“三峡工程的‘百万大移民’是一项扶贫开发工程”，共101人选择该项，认同度接近29%。可见在高中生眼里，三峡工程是集防洪、发电和航运于一体的工程，与扶贫开发无关。另外，“三峡工程对库区文化遗产造成了破坏”共有 119 人选择，“三峡大坝对长江流域的自然生态环境带来了负面影响”共有 143 人选择，分别排在倒数第四和倒数第五，认同度分别为 34% 和 40.9%，可见大部分高中生对文化遗产和生态环境比较关注。

3. 正负权重比较

以“正”认同度前六位，即选项 1、选项 14、选项 10、选项 17、选项 15、选项 2 来统计，180 名少数民族高中生的选择有 866 人次，除以 180 人，每人约为 4.81 次；170 名汉族高中生的选择有 802 人次，除以 170 人，每人约为 4.72 次。由此可见，少数民族高中生的“正”认同度更高。以“负”认同度倒数五位，即选项 9、选项 3、选项 8、选项 6、选项 11 来统计，汉族高中生的选择有 292 人次，除以 170 人，每人约为 1.72 次；少数民族高中生的选择有 265 人次，除以 180 人，每人约为 1.47 次。由此可见，少数民族高中生的“负”认同度更低。总体来说，少数民族高中生对三峡工程心态更积极，认同度更高。

4. 三峡工程负面影响评价比较

该问题设计为：“您认为三峡工程对中国文化发展可能存在的负面影响是……（在您认为合适的选项后面打√）。”在五项负面影响中，云南高中生将“移民迁徙造成三峡地区部分特色文化消失”排在第一位，共有 168 人选择，占 350 名高中生的 48%，可见移民问题仍然是青年人关注的重点。“库区蓄水损害了三峡地区的文物古迹”是客观事实，共有 137 人选择，排在第二位，认同度达到 39.1%，好在过去十年相关文物古迹保护工作已加强。云南高中生三峡工程负面影响评价分析统计详见表 3。

**表 3　云南高中生三峡工程负面影响评价分析统计表**

| 序号 | 选项 | 您的态度 | | | |
|---|---|---|---|---|---|
| | | 同意 | 不同意 | 说不清 | 其他 |
| 1 | 库区蓄水损害了三峡地区的文物古迹 | （80）57 | （28）54 | （56）60 | （6）9 |
| 2 | 改变和降低了长江三峡自然景观文化价值的完整性 | （69）54 | （50）69 | （51）49 | （0）8 |
| 3 | 破坏了三峡地区文化传承发展的空间，损害了三峡文化生态环境的完整性 | （50）46 | （51）82 | （61）43 | （8）9 |
| 4 | 三峡工程是用水泥构建的与三峡传统文化异质的文化形式，造成了审美趋向的不一致[a] | （31）26 | （85）92 | （87）53 | （0）9 |
| 5 | 移民迁徙造成三峡地区部分特色文化消失 | （96）72 | （32）54 | （36）45 | （6）9 |

注　括号内数据为 170 名云南汉族高中生选择的人数，括号外数据为 180 名云南少数民族高中生选择的人数；a—该选项有多选。

根据表 3 可知，170 名汉族高中生对选项 1 ～选项 5 持“同意”态度的有

326 人次，平均每项 65.2 人次；180 名少数民族高中生对选项 1 ～选项 5 持“同意”态度的有 255 人次，平均每项有 52 人次。反过来，170 名汉族高中生对选项 1 ～选项 5 持“不同意”态度的有 246 人次，180 名少数民族高中生对选项 1 ～选项 5 持“不同意”态度的有 351 人次。根据分析统计结果可知，汉族高中生和少数民族高中生就三峡工程的负面影响在认知上存在较大差异。

## 四、对云南湖泊地理的认识

云南有九大湖泊，本小节主要调查云南高中生对这些湖泊的熟知度或参与度（即旅游或参观情况），并仅从地理角度出发，不涉及移民文化和生态环境等问题。

1. 云南高中生九大湖泊熟知度分析

180 名云南少数民族高中生中，4 人不知道滇池，8 人不知道抚仙湖，12 人不知道洱海（图 3）。170 名云南汉族高中生中，8 人不知道滇池，5 人不知道抚仙湖，17 人不知道洱海（图 4）。整体而言，云南高中生对云南最大的湖泊滇池最为了解，其次是作为我国蓄水量最大的湖泊抚仙湖。滇池有 338 人熟知，抚仙湖有 337 人熟知，两者相差无几，洱海排第三，有 321 人熟知，与前两者差距不大。排第四的星云湖一般不被外地人熟知，分别有 115 人和 129 人选择，共 244 人，熟知度接近 70%。排第五的是泸沽湖，共有 216 人选择，熟知度接近 62%。其他湖泊名气不大，地理空间与调查对象的远近影响了云南高中生对它们的熟知度。

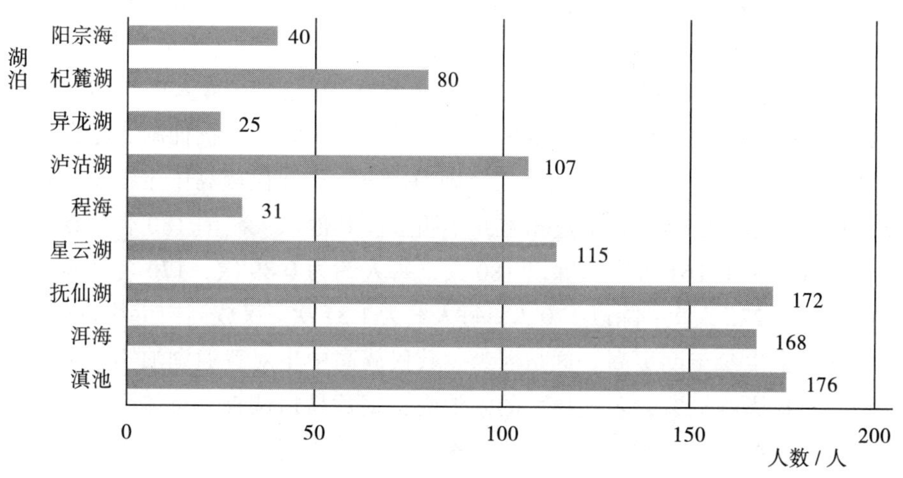


图 3　180 名云南少数民族高中生对云南九大湖泊的认知情况（可多选）

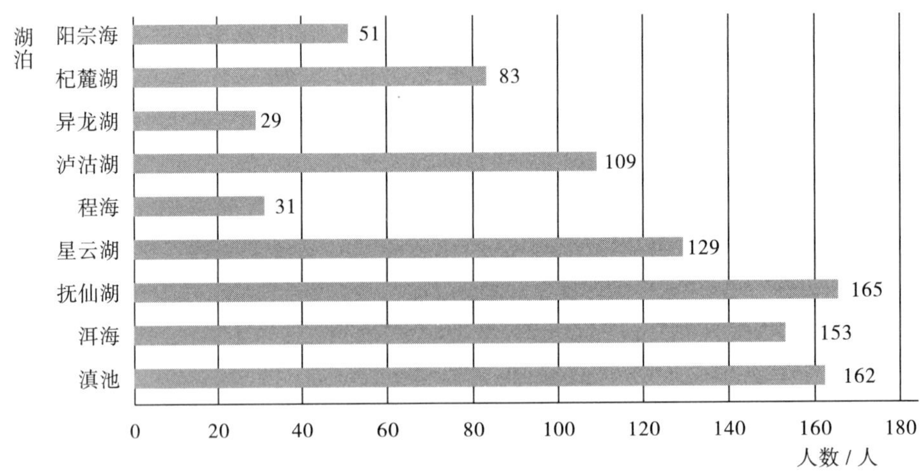


图 4　170 名云南汉族高中生对云南九大湖泊的认知情况（可多选）

由此可见，云南少数民族高中生对滇池、洱海、抚仙湖的熟知度略高于汉族高中生。相比而言，其他六大湖泊汉族高中生更为熟知。这说明了什么问题呢？

滇池、洱海、抚仙湖最为 350 名云南高中生熟知，得益于他们在学习空间、地理空间和生活空间上的优势。其他六大湖泊则属于课外知识，少数民族高中生和汉族高中生相比，整体而言，汉族高中生比少数民族高中生熟知度更高一些，这可能与教育环境、教育条件和学生性格有关，另外与经济条件也有关（经济条件好的，更有可能去这些湖泊旅游过）。

2. 云南高中生九大湖泊参与度分析

180 名云南少数民族高中生和 170 名云南汉族高中生参与云南九大湖泊的情况如图 5 和图 6 所示。

180 名少数民族高中生参观或旅游滇池、洱海、抚仙湖 344 人次，除以 180 人，每人约为 1.91 次；170 汉族高中生参观或旅游滇池、洱海、抚仙湖 332 人次，除以 170 人，每人约为 1.95 次。就这三个湖泊而言，少数民族高中生参与度相比熟知度要比汉族高中生略低，不过相差并不明显。其他六大湖泊 180 名少数民族高中生参观或旅游了 161 人次，除以 180 人，每人约为 0.89 次；170 名汉族高中生参观或旅游了 222 人次，除以 170 人，每人约为 1.31 次。汉族高中生约高 0.42 次，显然汉族高中生参与度更高。这是因为少数民族高中生对普通湖泊不感兴趣，还是他们只选择影响最大、名气最大的湖泊呢？据黄昌怡调查，总体而言，汉族高中生经济条件略好于少数民族高中生，这可能是汉族高中生在其他六大湖泊参与度上高于少数民族高中生的原因。不过，由于少数民族高中生心态积极，在云南九大湖泊总体的参与度上还是达到了汉族高中生的水平。

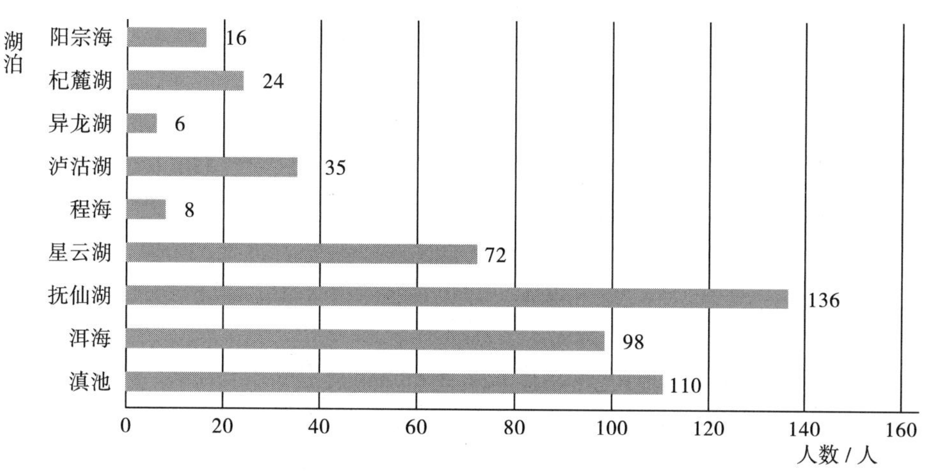


图 5　180 名云南少数民族高中生去过云南九大湖泊的情况（可多选）

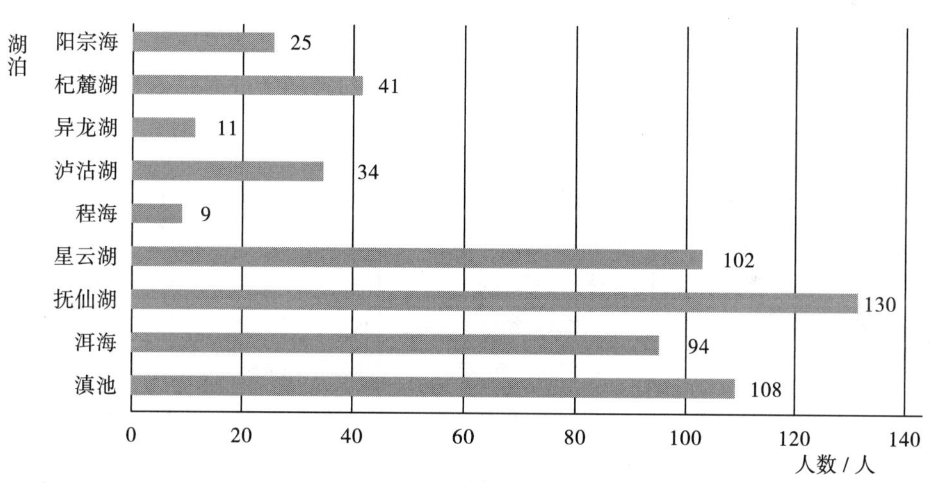


图 6　170 名云南汉族高中生去过云南九大湖泊的情况（可多选）

## 五、对云南引水工程的认识

### 1. 云南高中生全国调水或补水工程认识分析

在调查云南引水工程情况前，首先对全国已建和在建调水或补水工程进行调查。180名云南少数民族高中生有3人对这些水利工程不知道，170名云南汉族高中生没有出现这种情况。其他选项除了数量多少的差别外，没有本质的差别。该问题设计为："您知道哪些已建和在建调水或补水工程？"

熟知度排第一的是滇中引水工程，81＋75①，共156人；排第二的是江苏江水北调工程，73＋59，共132人；排第三的是山东引黄济青工程，50＋49，共99人；排第四的是天津引滦入津工程，38＋56，共94人；排第五的是河北引黄入卫工程，48＋42，共90人；排第六的是牛栏江-滇池补水工程，36＋31，共67人；排第七的是广东东深供水工程，27＋30，共57人；排八的是甘肃引大入秦工程，33＋19，共52人；排第九的是山西引黄入晋工程，28＋17，共45人；排第十的是引江济汉工程，18＋11，共29人；排第十一的是吉林引松入长工程，7＋9，共16人；排十二的是辽宁引碧入连工程，4＋7，共11人（图7和图8）。

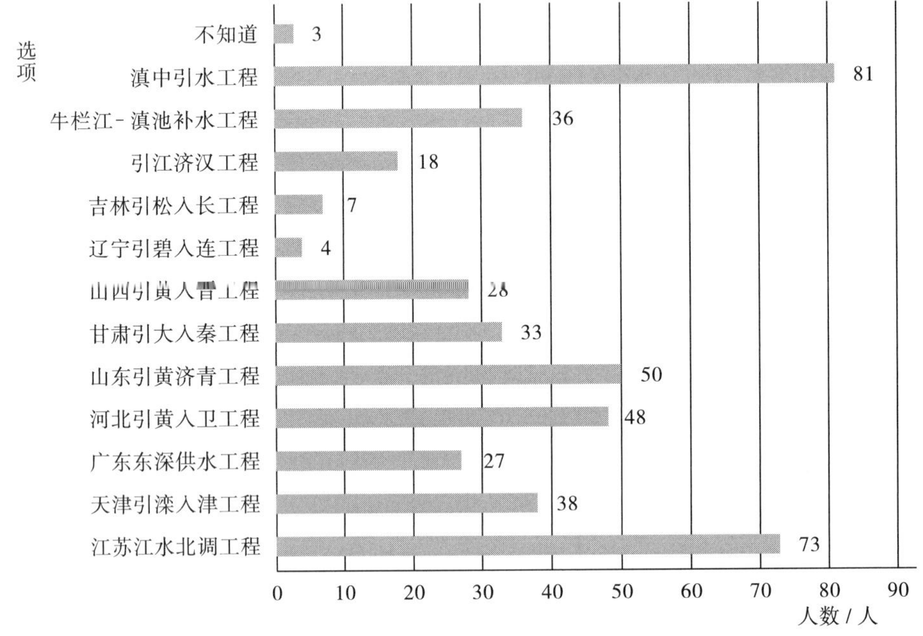


图7　180名云南少数民族高中生对调水或补水工程熟知的情况（可多选）

根据以上数据分析，这些工程显然没有三峡工程、都江堰和南水北调工程影响大，云南高中生对其熟知度整体较低。不过，分析这些数据，我们可以得到一些客观认识。熟知度排第一的是云南在建的滇中引水工程，该工程近年来在云南影响非常大，政府和媒体宣传报道非常多，而350名云南高中生中只有156人了解该工程，熟知度不足45%。排第二的是江苏江水北调工程，有132人了解该工程，

① 加号前为少数民族高中生人数，加号后为汉族高中生人数，下同。

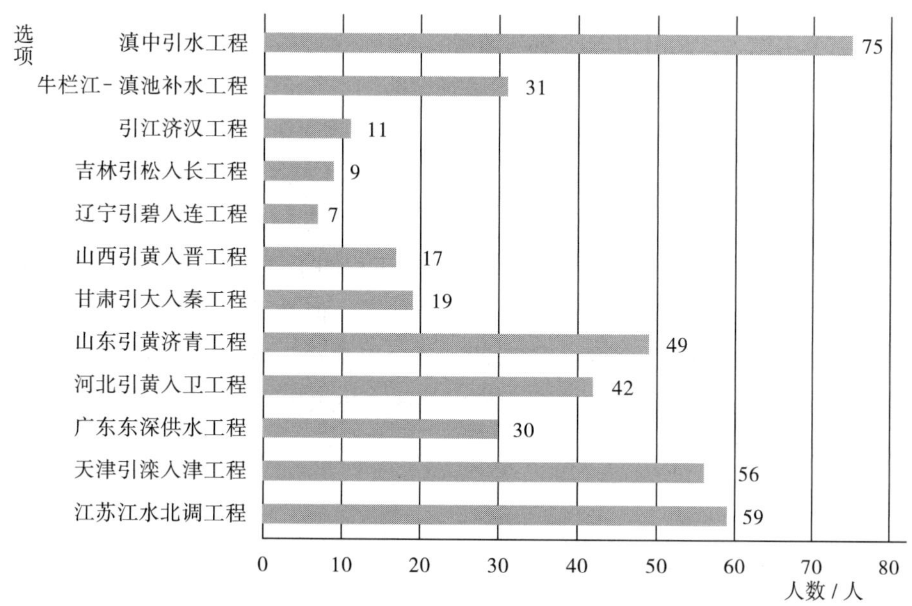


图 8 170 名云南汉族高中生对调水或补水工程熟知的情况（可多选）

熟知度约为 38%；排第三至第五的分别是山东引黄济青工程、天津引滦入津工程、河北引黄入卫工程，这三个工程的熟知度为 26% 左右，差别较小。这些工程在全国有一定的知名度，一些科普书籍有所介绍，故在云南高中生中有一定的熟知度是比较正常的。而吉林引松入长工程、辽宁引碧入连工程很少有人知道，主要在于知名度和宣传力度不够。

引江济汉工程属于南水北调的辅助工程，云南高中生知道得也很少，除了媒体宣传少的缘故，还因该工程在湖北省，湖北水利工程众多，该工程并不显眼。另外，排第六的牛栏江-滇池补水工程共有 67 人熟知，熟知度不足 20%，相比在建、曝光度十分高的滇中引水工程有 156 人知道，牛栏江-滇池补水工程不被学生知道就显得意外了。不过，从教育和生活的角度来分析，又不显得意外。牛栏江-滇池补水工程并没有如三峡工程那样向学生推送资讯，也不如滇中引水工程的曝光度高，即使学生喝着牛栏江-滇池补水工程提供的水也浑然不觉，而该补水工程目前在云南已建的工程中是排第一的。显然，这是宣传和教育的问题。接着，问卷调查的问题是："您知道已经建成的牛栏江-滇池补水工程在云南已经建成的水利调水工程中排第几位？" 180 名云南少数民族高中生有 15 人选择第一位，170 名云南汉族高中生有 12 人选择第一位，共 27 人，正确率不足 8%。180 名少数民族高中生有 131 人选择不知道，170 名汉族高中生有 136 人选择不知道，共 267 人，不知道的比例超过 76%。由此可见，高中生的水文化、水知识教育要从用水、节水做起，从身边的水活动做起。

2. 云南高中生滇中引水工程认识途径分析

该问题设计为："如果您知道云南的滇中引水工程，您是通过哪种途径知道的？"

排第一的是互联网，98 + 79，共 177 人，超过 50% 的人利用互联网了解到云南的滇中引水工程；排第二的是电视，68 + 63，共 131 人，云南地方电视台播报该工程的频率高，这显然会影响高中生对该工程的了解程度；排第三的是报纸，59 + 48，共 107 人，在互联网时代，纸媒衰弱了，但是云南许多家庭订阅了地方报纸，故纸媒是高中生了解地方资讯的一条重要途径。180 名云南少数民族高中生滇中引水工程认识途径和 170 名云南汉族高中生滇中引水工程认识途径分别如图 9 和图 10 所示。

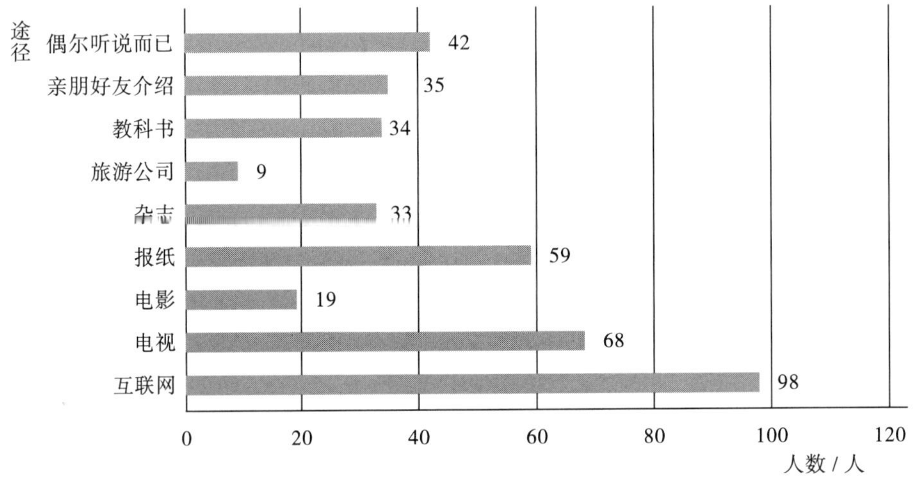


图 9　180 名云南少数民族高中生滇中引水工程认识途径（可多选）

值得讨论的是，"偶尔听说而已"和"亲朋好友介绍"两种途径分别有 97 人和 71 人选择，它们本质上都是道听途说，是最原始的口头传播途径，共 168 人。为何这种原始的口头传播途径几乎和互联网传播的"能量"相当呢？显然因为滇中引水工程在云南社会引起了广泛关注，无形中影响到高中生对该工程的认知和了解。相比成年人熟知并在生活中使用牛栏江-滇池补水工程提供的水，滇中引水工程引起的舆论和社会关注度是非常高的。再看互联网、电视、报纸和口头传播，它们是滇中引水工程为人们熟知的四大途径，教科书、旅游公司、电影等对该工程的影响则较低。而对于旅游公司和教育部门而言，滇中引水工程还没有建成，故没有实现旅游开发并发挥教育传播的作用。

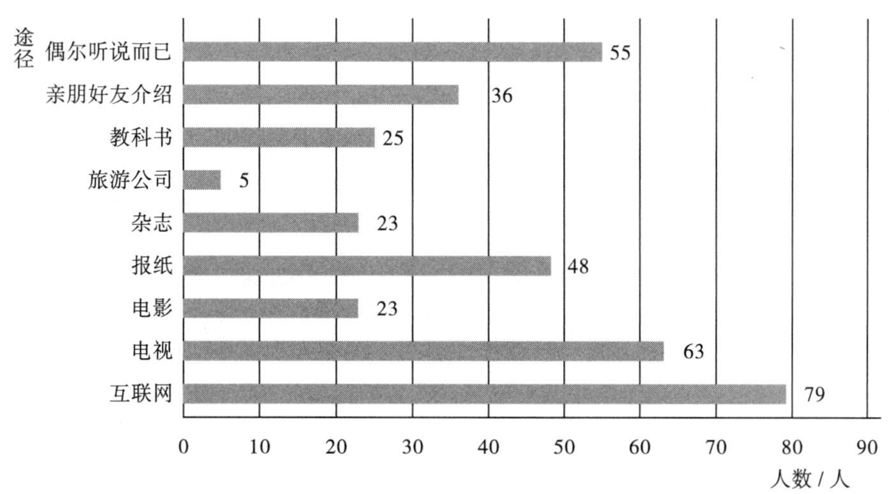


图 10　170 名云南汉族高中生滇中引水工程认识途径（可多选）

3. 云南高中生滇中引水工程开发影响和作用分析

该问题设计为：“您认为云南滇中引水工程开发的影响和作用有哪些？”180 名云南少数民族高中生和 170 名云南汉族高中生的认识差距不大，故一起加以统计分析（图 11 和图 12）。选择的数量排序如下：第一位，“可以解决沿线人民灌溉问题”分别有 122 人和 111 人，共 233 人，认同度接近 67%，之所以能排在第一位，应该与该工程有灌溉作用，而高中生接触的古代水利工程多以灌溉为主（如都江堰、郑国渠等）有关。第二位，“可以解决云南中部和北部的饮水问题”分别有 120 人和 103 人，共 223 人，认同度接近 64%，虽然饮水问题的认同度低于灌溉问题，但总体差距不大，在合理范围内。第三位，“可能影响河流下游供水问题”分别有 77 人和 81 人，共 158 人，认同度超过 45%。该工程从金沙江引水，对下游的水量影响有限，对下游供水几乎没有影响，认同度超过 45% 说明云南高中生有一定的生态环境保护意识。第四位，“可以改善沿线湖泊水质问题”分别有 64 人和 69 人，共 133 人，补水是滇中补水工程最大的作用，排得比较靠后说明学生对生态补水知识了解不够。第五位，“对于我国从西藏雅鲁藏布江调水新疆起到示范作用”分别有 42 人和 34 人，共 76 人，认同度不到 22%。目前云南高中生对整个中国的水利情况不大熟悉，学生视野有限，该选项排第五位情有可原。

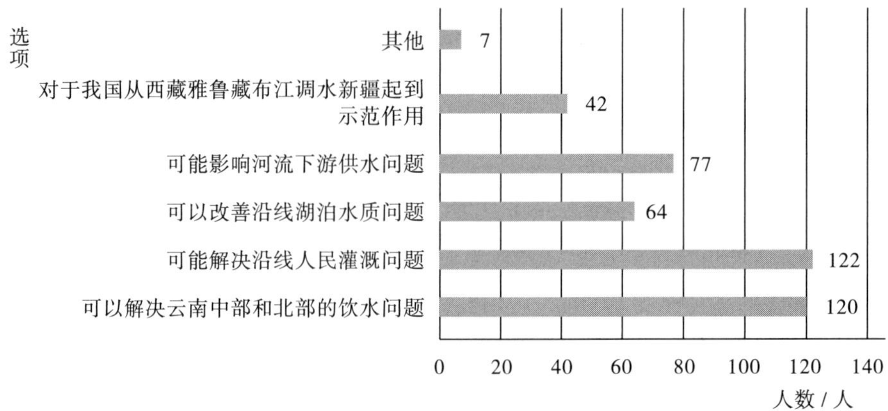


图 11　180 名云南少数民族高中生对滇中引水工程开发影响和作用的认知（可多选）

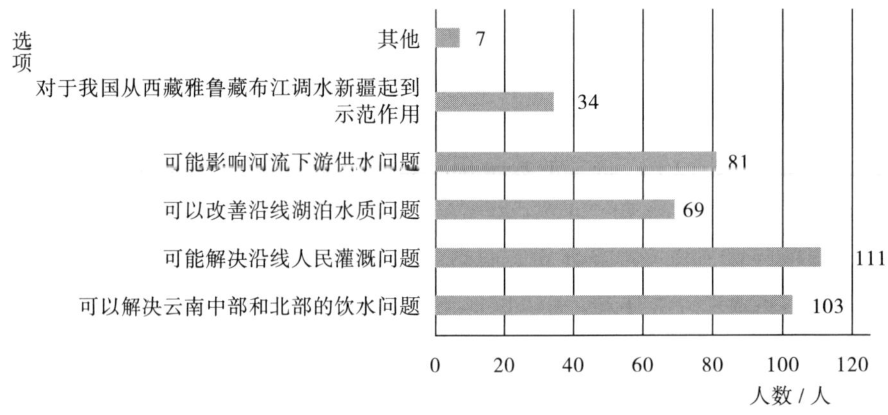


图 12　170 名云南汉族高中生对滇中引水工程开发影响和作用的认知（可多选）

## 六、对云南水电开发以及“云南梦”和“中国梦”的认识

西南地区水利资源丰富，是我国“西电东输”的起点，开发西南地区水力资源也是中国水电开发的巩固和拓展。因此，对地处云南的高中生就西南地区水电开发和“水电梦”进行问卷调查，有助于了解当地高中生对此问题的了解程度，以及他们是如何看待水电开发和“水电梦”的。

1．云南高中生云南水电工程熟知度分析

首先讨论第一个问题，即前文有关滇中引水工程的调查中，有 81 名少数民族高中生熟知，有 75 名汉族高中生熟知。而在水电开发和“水电梦”问卷调查中，熟知的人数有所增加，分别有 93 人和 91 人，各增加了 12 人和 16 人。乍看问卷调查前后的数据似乎出现一些偏差，经过分析，有两个原因。其一，云南高中生有关“滇”的工程有所偏爱，因为“滇”为云南的简称；其二，前文有关滇中引水工程的两个问题，本身就使高中生对该工程加深了了解，也就是说问卷调查本身就是学生熟知该工程的过程。因此，相比前面问题调查的数据，产生偏差是合理的。从另一个角度来看，即使有这 184 名学生了解滇中引水工程，熟知度依然不到 53%，相比三峡工程超过 95% 的熟知度，云南高中生对滇中引水工程的熟悉程度依然不容乐观。下面看看云南高中生对西南水电工程的了解程度（图 13 和图 14）。

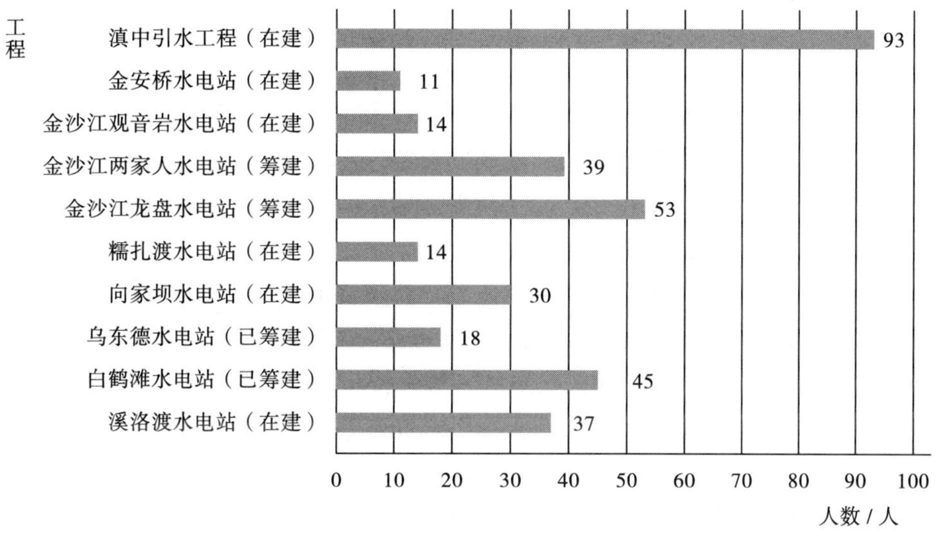


图 13　180 名云南少数民族高中生对云南水电工程的了解程度（可多选）

根据图 13 和图 14 数据分析，云南高中生对云南水电开发工程都不大了解，除了滇中引水工程外，对其他工程的熟知度都非常低。令人意外的是金沙江龙盘水电站各有 53 人熟知，即 350 名云南高中生中共有 106 人熟知该工程，熟知度超过 30%，是除滇中引水工程外最为熟知的水利工程。

理论上，白鹤滩水电站是中国第二大水电站，溪洛渡水电站为第三并且是金沙江最下游的水电站，就影响力而言，除滇中引水工程外，溪洛渡水电站和白鹤滩水电站应该是云南高中生最为熟知的水电站。原因在于，金沙江龙盘水电站原名“虎跳峡水电站”，该水电站是“三江并流”（“三江”指金沙江、怒江、澜

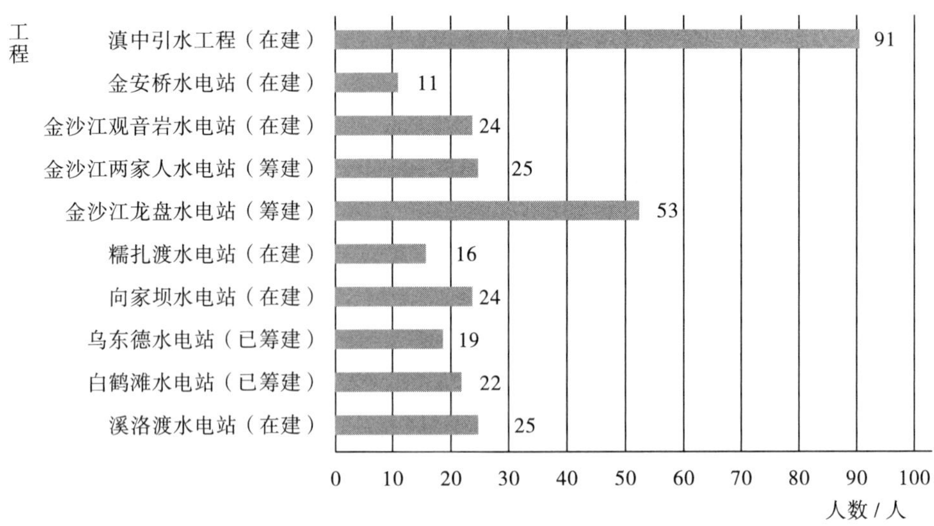


图 14　170 名云南汉族高中生对云南水电工程的了解程度（可多选）

沧江）最为显眼的一个地理文化标志，世界影响巨大。早在 1988 年，经国务院批准，三江并流保护区被定为我国第二批国家级风景名胜区，2003 年 7 月被列入《世界遗产名录》。这些对云南高中生产生了重要影响，因此在云南水电站中，金沙江龙盘水电站成为云南高中生最为熟知的水电站。

金沙江四大水电站分别是白鹤滩水电站、溪洛渡水电站、向家坝水电站和乌东德水电站，经过问卷调查统计，白鹤滩水电站有 67 人熟知，溪洛渡水电站有 62 人熟知，向家坝水电站有 54 人熟知，乌东德水电站有 37 人熟知。云南高中生对这四个电站总体熟知度不高，远不及金沙江龙盘水电站。综上分析，云南高中生对云南水电开发的认识不够全面。

2. 云南高中生云南水电工程利弊认识分析

讨论了云南高中生对云南水电开发相关水利工程的熟知度后，接下来的问题设计为：“您认为云南水电开发和供水工程的作用是怎样的？”

180 名少数民族高中生的情况是，选择“利大于弊”的有 33%，选择“弊大于利”的有 9%，选择“利弊相当”的达到 26%，选择“说不清楚”的有 21%。“利大于弊”和“弊大于利”差不多是 3 ∶ 1 的比例。

170 名汉族高中生的情况是，选择“利大于弊”的有 29%，选择“弊大于利”的有 7%（图 15 和图 16）。

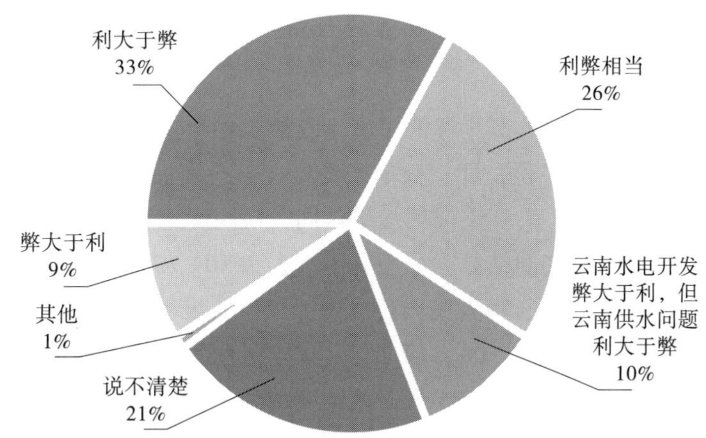


图 15　180 名云南少数民族高中生对云南水电工程利弊的认识（可多选）

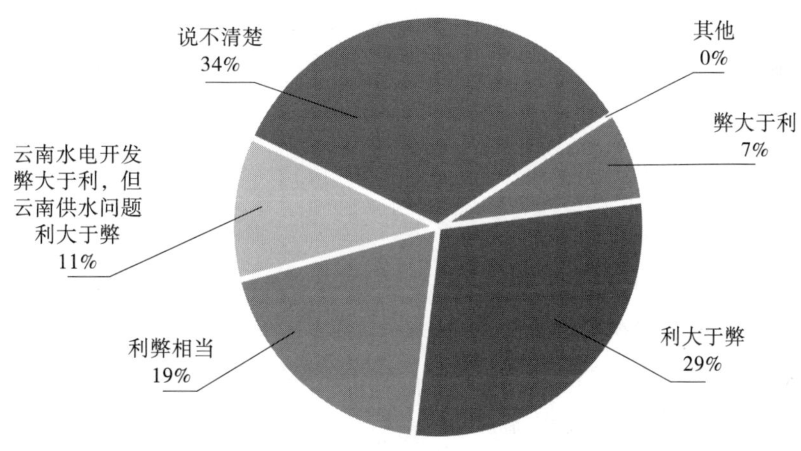


图 16　170 名云南汉族高中生对云南水电工程利弊的认识（可多选）

“云南水电开发弊大于利，但云南供水问题利大于弊”的选项，180 名云南少数民族高中生的认同度为 10%，170 云南汉族高中生的认同度为 11%，相差不大；170 名云南汉族高中生有 34% 选择“说不清楚”，而 180 名云南少数民族高中生中有 21% 选择“说不清楚”，汉族高中生高了 13 个百分点。由此可见，少数民族高中生对云南水电开发的认识更为明确，或者说更感性一些，而汉族高中生更理性一些。即便如此，云南高中生对云南水电开发的认识仍存在较大分歧，思想意识难以统一，这与云南水电开发本身密切相关，与学生关注生态环境的意识也有一定关系。

3. 云南高中生云南水电工程象征性意义分析

最后一个问题设计为："您认为云南历代大型水利工程在云南文明史上的象征性意义有哪些？"

通过对 180 名少数民族高中生和 170 名汉族高中生进行问卷调查，分析结果显示两者差异不大。第一位，即"云南人类科技水平发展的里程碑"分别有 106 人和 118 人选择，共 224 人。该选项最受认同，认同度达 64%；第二位，即"云南人创新精神、开拓勇气的结晶"分别有 103 人和 104 人选择，共 207 人，认同度达 59%；第三位，即"云南人民践行'中国梦'的表现"分别有 98 人和 91 人选择，共 189 人，认同度为 54%；第四位，即"云南人与自然和谐共舞的象征"分别有 92 人和 93 人选择，共 185 人，认同度约为 53%；第五位，即"云南人类与自然的冲突、人类征服自然的历史性标志"分别有 53 人和 51 人选择，共 104 人，认同度约为 30%（图 17 和图 18）。总体而言，云南高中生认同"中国梦"超过了 54%，排在第三位。相比而言，云南高中生对家乡"云南"更有认同感。"云南人类科技水平发展的里程碑"和"云南人创新精神、开拓勇气的结晶"，本质是"云南梦"的体现，"云南梦"实现了，"中国梦"自然也就实现了。

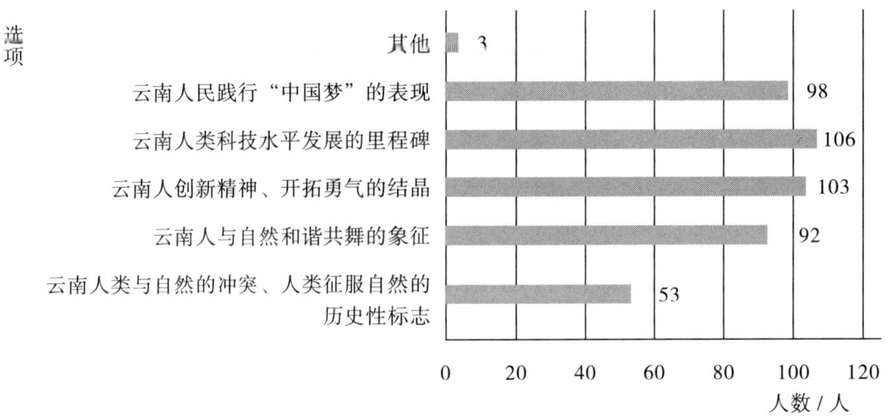


图 17　180 名少数民族高中生对"云南历代大型水利工程在云南文明史上的象征性意义"的认识（可多选）

针对 350 名云南高中生的问卷调查，主要涉及三峡工程、云南水利地理（湖泊）、云南引水工程、云南水电、"云南梦"与"中国梦"等认识。我们可以看到，云南水电虽然正在开发，相比三峡工程，并不为云南高中生了解和熟知，但云南省作为"西电东输"最为重要的省份之一，了解未来建设者——高中生们的思想状态是极其有价值和意义的一件事情。

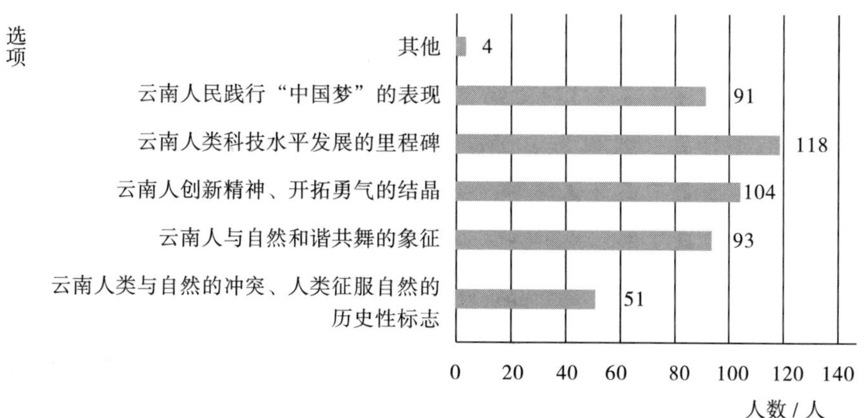


图 18 170 名汉族高中生对“云南历代大型水利工程在云南文明史上的象征性意义”的认识（可多选）

通过问卷调查，总体而言，云南高中生对三峡工程关注度较高，滇中饮水工程其次，其他水利工程则较少。根据问卷调查得知，云南汉族高中生和少数民族高中生对水利的认识，心理状态上有较大差异，而云南水电开发本身也影响了高中生们对云南“水电梦”的理解和认识。这既是机遇也是挑战，面对这种情况，我国在媒体宣传和教育方面，尤其是水利文化或水文化教育需要进一步加强。只有重视存在的问题，“云南梦”与“中国梦”才能和谐并进，未来的接班人才能更好地为中华民族伟大复兴的“中国梦”作出贡献，同时使云南地区的“国之重器”更好地为中华民族服务。

# 后　记

本书部分内容被中国三峡出版传媒公司和长江三峡水文水资源勘测局等部门采纳，这显示了本书的学术价值和社会价值。2019年，三峡大学获批国家社科基金重大项目“建设‘长江三峡生态经济走廊’研究”（项目编号：19ZDA089），因此本书的出版也获得了该项目的资助。

承蒙湖北省人文社科基地三峡文化中心原主任胡绍华教授的赏识，让我在三峡大学三峡文化中心工作。

感谢三峡文化研究会原会长何伟军教授、三峡大学副校长黄悦华教授的鼓励与帮助，感谢蓝勇教授的关心与鼓励，让我的研究从不局限于文献，更多的是实地考察。

感谢我的老师——复旦大学张海英教授，在我读博期间，对我的研究方向予以很大的指导和肯定；感谢研究水利文化的葛剑雄、杨伟兵、冯贤亮、尹玲玲的支持与帮助，在研究水利文化的过程中，让我受益匪浅。

感谢三峡大学文学与传媒学院院长吴卫华，让我负责学院水文化研究所的日常事务；感谢吴芳教授，直接张罗本书的出版工作；感谢学术委员会许文年、王作新，学科办周宜红、卢悦的关心和大力支持，学科办资助了出版经费。本书出版工作得益于淡智慧、石金龙老师的具体指导。在此一并感谢！

本书第一章由罗美洁、李鹏撰写，第二章至第五章由黄权生、罗美洁撰写，第六章由范晓钰、黄权生撰写，第七章由王雅雯、黄权生撰写，第八章由黄权生撰写，第九章由黄权生撰写，第十章由黄权生、罗美洁撰写，第十一章由黄昌怡、黄权生撰写。黄昌怡、黄萍统计数据，杨珑媛制作图表。

由于作者水平所限，书中难免存在不足之处，欢迎专家和学者批评指正，以便今后修订完善。

谨以此书祝贺三峡大学水文化研究院成立！

黄权生

2021年1月1日